高等职业教育“互联网+”创新型系列教材

电子线路CAD项目教程

主　编　周明理　梁雪英

副主编　罗思思　王华金　刘玉媛

参　编　卢志椿　覃文周　梁原著　陈满先

主　审　朱新琰

机 械 工 业 出 版 社

本书以 Altium Designer 21.0.3 Build 12 为平台，介绍了 Altium Designer 21 的基本功能、操作方法和实际应用技巧，从实际应用出发，以项目的形式介绍了 Altium Designer 21 软件的设计环境、原理图设计、PCB（印制电路板）设计和集成元器件库的创建等相关设计内容。最后通过介绍实例操作，使读者更好地掌握设计电子电路图的完整过程。

本书可供高等职业院校应用电子技术、电子信息工程技术等电子信息类专业学生使用，也可以作为工程技术人员的参考书。

为方便教学，本书植入二维码视频，配有电子课件、拓展训练答案、模拟试卷及答案等，凡选用本书作为授课教材的教师可登录机械工业出版社教育服务网（www.cmpedu.com）注册后下载配套资源。本书咨询电话：010-88379564。

图书在版编目（CIP）数据

电子线路 CAD 项目教程 / 周明理，梁雪英主编 .—北京：机械工业出版社，2023.4（2025.1 重印）

高等职业教育“互联网 +”创新型系列教材

ISBN 978-7-111-73036-1

Ⅰ. ①电… Ⅱ. ①周… ②梁… Ⅲ. ①电子电路 – 计算机辅助设计 – AutoCAD 软件 – 高等职业教育 – 教材 Ⅳ. ① TN702

中国国家版本馆 CIP 数据核字（2023）第 069807 号

机械工业出版社（北京市百万庄大街 22 号　邮政编码 100037）

策划编辑：冯睿娟　　　　责任编辑：冯睿娟　王　荣

责任校对：韩佳欣　赵文婕　　封面设计：马若濛

责任印制：常天培

固安县铭成印刷有限公司印刷

2025 年 1 月第 1 版第 2 次印刷

184mm×260mm · 13.5 印张 · 324 千字

标准书号：ISBN 978-7-111-73036-1

定价：49.00 元

电话服务　　　　　　　　网络服务

客服电话：010-88361066　机　工　官　网：www.cmpbook.com

010-88379833　机　工　官　博：weibo.com/cmp1952

010-68326294　金　书　网：www.golden-book.com

　机工教育服务网：www.cmpedu.com

前 言

“电子线路 CAD”是电子信息类专业学生必须学习的一门计算机辅助设计课程，因为掌握 EDA（Electronic Design Automation，电路设计自动化）软件对于相关专业的学生来说很有必要，除了为后续专业课程的学习打下基础外，还能为走出校门、走向工作岗位奠定坚实的理论知识和基本操作技能。

本书的编写主要有以下几个特点：

1. 在内容的组织上，遵循“实用、易懂”的思路，主要介绍了 Altium Designer 21 的常用功能以及电子电路设计过程中息息相关的知识。

2. 采用项目化的编写模式，以工作任务的形式，融“教、学、做”为一体，从而培养学生的职业能力。

3. 本书围绕实际电路设计实例展开，把相关的理论知识放在实例设计过程中讲解，使读者在进行电路设计的过程中掌握理论知识，实际操作技能也同时得到提升。由于本书使用 Altium Designer 21 绘制原理图，因此全书元器件图形符号与软件中保持一致，未采用国标符号，读者阅读时需注意。

4. 每个项目后都配有【拓展活动】，通过查阅讨论“芯片女神”“80 后科学家姚蕊”等相关案例与事迹，让学生专业教育与素质培养并行，弘扬爱国主义精神，发挥榜样力量，树立“科技兴国、科技强国、科技报国”的使命感。

本书由周明理、梁雪英担任主编，罗思思、王华金和刘玉媛担任副主编，参加编写工作的还有卢志椿、覃文周、梁原著、陈满先，主审工作由朱新琰担任。周明理、梁雪英对本书的编写思路与大纲进行了总体策划并指导全书的编写，对全书的内容进行了统稿和定稿。罗思思、卢志椿编写了项目一，刘玉媛、覃文周编写了项目二，梁雪英编写了项目三，王华金、陈满先编写了项目四，周明理、梁原著编写了项目五和项目六。

由于编者水平有限，书中难免存在疏漏和不妥之处，敬请广大读者和专家批评指正，并提出宝贵意见，以便进一步修改和提高。

编 者

二维码索引

目 录

项目一

分压式偏置放大电路的设计

项目目标

知识目标

1. 了解 Altium Designer 21 主窗口的组成及作用。
2. 掌握放置原理图元器件的方法和步骤。
3. 掌握原理图的绘制方法，包括放置元器件、节点、电源、接地符号及放置线连接电路，并按要求修改元器件参数。
4. 掌握 PCB（印制电路板）图的绘制方法，对 PCB 进行手动布局、手动布线并对布线进行调整。

能力目标

1. 会启动 Altium Designer 21，新建和保存工程及原理图文件。
2. 会根据项目要求绘制原理图。
3. 会使用 Altium Designer 21 PCB 编辑器。
4. 会根据项目要求绘制 PCB 图。

项目描述

Altium Designer 21 是 Altium 公司推出的一款电子电路设计软件，它为设计者提供了统一的电子产品开发环境，包括原理图绘制、PCB 设计、电路仿真分析和 FPGA（现场可编程门阵列）硬件设计等。整个电子产品开发的过程是，先设计出电路原理图，再对其进行仿真分析，最后设计出 PCB 图。

本项目以如图 1-1 所示分压式偏置放大电路的设计为例，介绍 Altium Designer 21 的基本操作、原理图及 PCB 图的绘制方法。

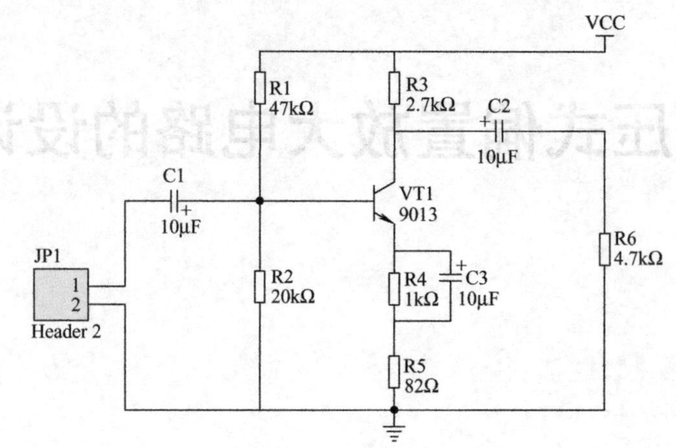

图 1-1　分压式偏置放大电路

项目计划

1. 准备工作。查看“附录一 Altium Designer 21 软件中常用原理图库元器件”，了解常用元器件的名称、图形符号和库中名称等信息。

2. 在教师指导下，根据具体情况将学生分为若干小组，由组长填写如附录三所示的角色分配表。

3. 熟悉分压式偏置放大电路设计的工作过程，并填写电路设计任务单，见表 1-1。

表 1-1　电路设计任务单

项目名称			
工作人员			
工作开始时间		工作完成时间	
设计内容	1. 基于 Altium Designer 21 原理图库绘制电路原理图 2. 基于 Altium Designer 21 PCB 库设计电路 PCB		
设计要求	按相关规范绘制 PCB		

4. 根据电路原理图、电路功能，选择合适的电路元器件及其绘制方式和封装方式，并列出如附录四所示的电路元器件清单。

项目实施

任务一 Altium Designer 21 的基本操作

任务目标

1. 会用不同方法启动 Altium Designer 21 软件，掌握 Altium Designer 21 窗口组成及功能。
2. 会用不同方法创建工程文件、添加原理图文件。

相关知识

一、启动 Altium Designer 21 软件

启动 Altium Designer 21 软件有两种方法。

方法 1：执行“开始”→“所有程序”→“Altium”→“Altium Designer”。

方法 2：用鼠标双击 Windows 桌面的快捷方式图标（安装好 Altium Designer 21 软件后，先把 Altium Designer 21 软件的快捷图标发送到 Windows 的桌面）。

二、认识 Altium Designer 21 窗口

（一）Altium Designer 21 的主窗口

按照上述方法启动 Altium Designer 21 后进入主窗口，如图 1-2 所示。Altium Designer 21 主窗口由菜单栏、工具栏、面板控制区和用户工作区等部分组成。用户可以使用该窗口进行项目文件的操作，如创建新项目、打开文件和配置等。

（二）Altium Designer 21 的原理图编辑器窗口

图 1-3 为创建好的一个原理图编辑器的窗口，Altium Designer 21 的原理图编辑器窗口主要由菜单栏、工具栏、绘制工具栏、编辑工作区和系统面板等组成，下面简单介绍菜单栏、工具栏、绘制工具栏和编辑工作区。

1. 菜单栏

Altium Designer 21 原理图编辑环境中的菜单栏如图 1-4 所示，在设计过程中，对原理图的各种编辑操作都可以通过菜单栏中相应的命令完成。

2. 工具栏、绘制工具栏

原理图编辑器的工具栏、绘制工具栏为用户提供了一些常用的文件操作快捷方式，如保存、打开、放置线、放置电源、放置地和放置端口等，以按钮图标的形式表示，工具栏、绘制工具栏分别如图 1-5、图 1-6 所示。将鼠标放置并停留在某个按钮图标上，则相应的功能就会在图标下方显示出来，便于用户操作使用。

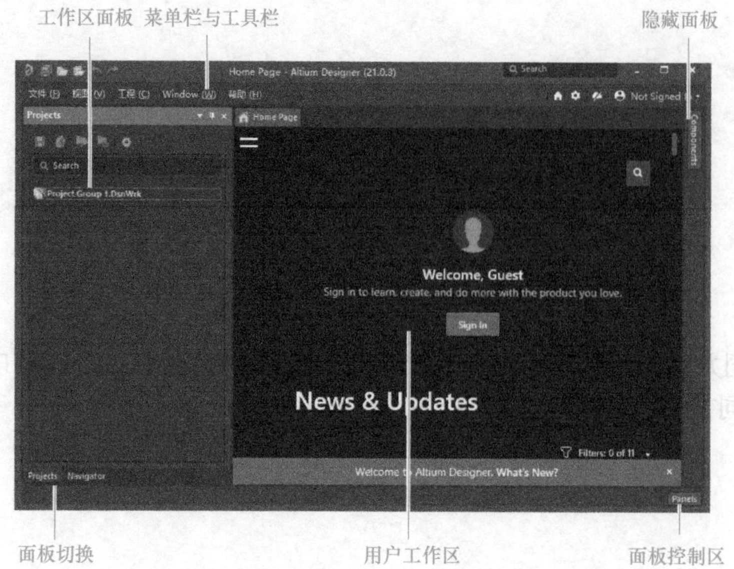

图 1-2　Altium Designer 21 的主窗口

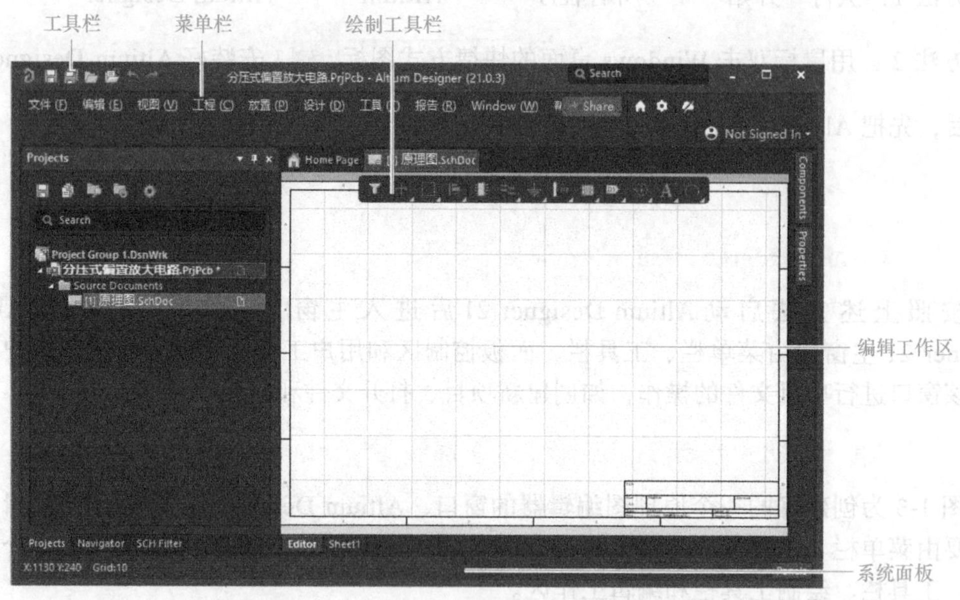

图 1-3　Altium Designer21 的原理图编辑器窗口

图 1-4　菜单栏

图 1-5　工具栏　　　　图 1-6　绘制工具栏

3. 编辑工作区

编辑工作区是进行电路原理图设计的工作平台，用户可以新建原理图，也可以对现有的原理图进行编辑和修改。

三、工程文件的创建

工程是电子产品设计的基础，工程文件中可包括设计中生成的一切文件，如原理图文件、PCB 图文件、各种报表文件及保留在项目中的所有库或模型。工程文件类似 Windows 系统中的文件夹，在其中可以执行对文件的各种操作，如新建、打开、关闭、复制与删除等。但需注意的是，工程文件只是起到管理的作用，在保存文件时，工程中的各个文件是以单个文件的形式保存的。

创建工程文件步骤如下：

1）执行菜单命令“文件”→“新的”→“项目”，如图 1-7 所示，弹出“Create Project”界面，如图 1-8 所示。

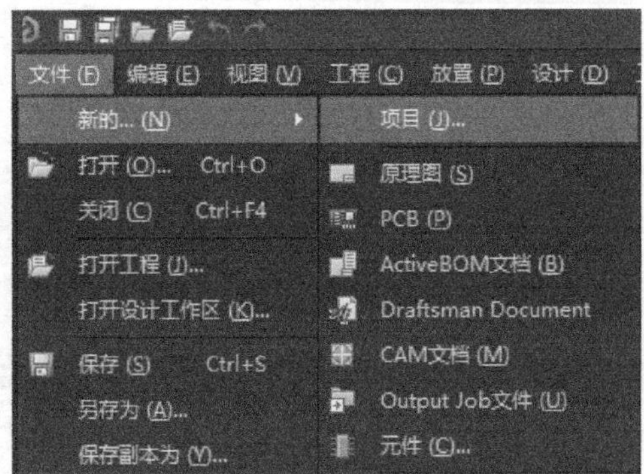

图 1-7　新建工程

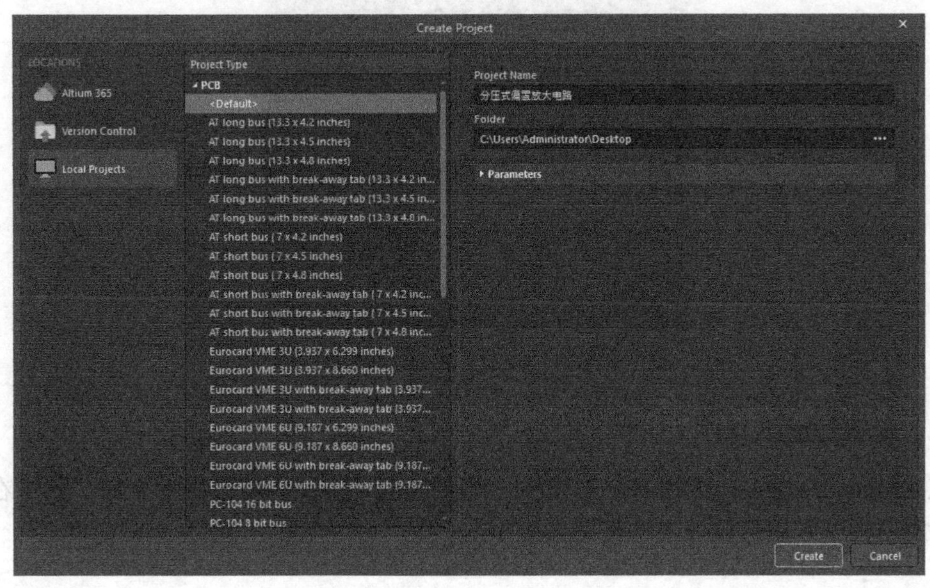

图 1-8　“Create Project”界面

2）在“Create Project”界面的“Project Types”中选择“PCB”下的“Default”或者相应的工程类型。在右侧的“Project Name”下输入新建工程的名称（如“分压式偏置放大电路”）；在“Folder”下修改保存的路径，比如想把新建的工程保存到电脑桌面，则单击右侧的“…”，保存路径选择“桌面”，设置窗口如图 1-9 所示，接着单击右下角的“选择文件夹”按钮返回图 1-8 的“Create Project”界面。然后在图 1-8 的“Create Project”界面单击右下角的“Create”按钮即可完成名称为“分压式偏置放大电路”工程文件的创建，如图 1-10 所示。

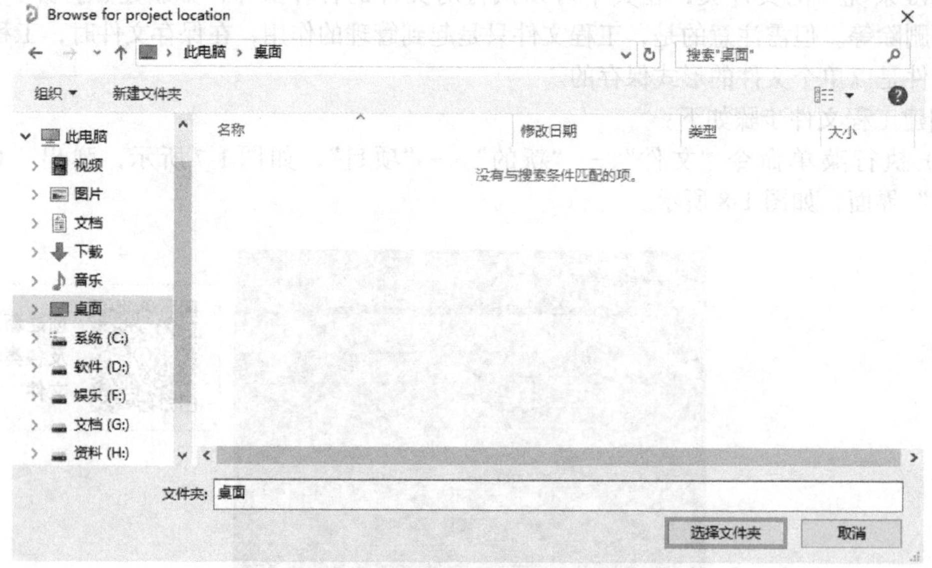

图 1-9 保存路径设置窗口

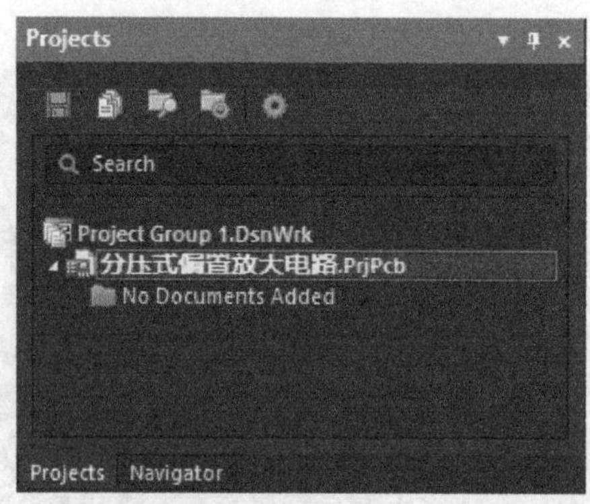

图 1-10 完成工程文件的创建

四、创建原理图文件

在 Altium Designer 21 的每个工程中，都可以包含多种类型的设计文件，其中在电子产品开发过程中常用的设计文件类型见表 1-2。

表 1-2　常用的设计文件类型

设计文件	扩展名	设计文件	扩展名
原理图文件	*.SchDoc	原理图库文件	*.SchLib
PCB 文件	*.PcbDoc	PCB 库文件	*.PcbLib
VHDL 文件	*.Vhd	Verilog 文件	*.V
C 语言源文件	*.c	C++ 源文件	*.cpp
C 语言头文件	*.h	ASM 源文件	*.asm
Text 文件	*.Txt	CAM 文件	*.Cam
输出工作文件	*.OutJob	数据库链接文件	*.DBLink

电路原理图的基本组成是电子元器件符号和连接导线，电子元器件符号包含了该元器件的符号和参数，连接导线则包含了元器件的电气连接信息，所以电路原理图设计的质量好坏直接影响到 PCB 的设计质量。绘制电路原理图时应遵循以下原则：首先应该保证整个电路原理图的连线正确，信号流向清晰，便于阅读分析和修改；其次应该做到元器件的整体布局合理、美观和实用。

创建原理图文件有两种方法。

方法 1：在创建的 PCB 工程上右击，执行“添加新的…到工程”→“Schematic”。

方法 2：执行菜单“文件”→“新的”→“原理图”命令。

按照上述方法在之前创建的“分压式偏置放大电路”PCB 工程文件中添加一个默认名为“ Sheet1.SchDoc”的空白原理图文件，在原理图文件名上右击，执行快捷菜单中的“保存”，将原理图文件名改为“分压式偏置放大电路”，最后单击“保存”按钮即可完成原理图文件的创建，如图 1-11 所示。

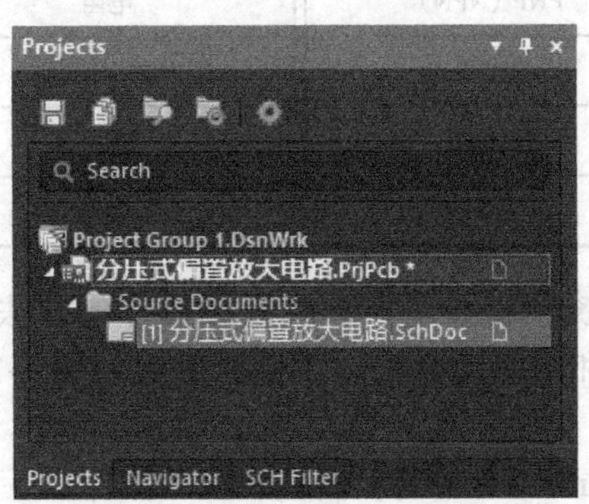

图 1-11　原理图文件的创建

任务实施

启动 Altium Designer 21 软件，熟悉 Altium Designer 21 窗口组成及功能，创建工程文件，用不同方法添加原理图文件。

任务二 绘制分压式偏置放大电路原理图

任务目标

1. 掌握查找和放置元器件的方法。
2. 掌握元器件的特定属性，掌握对元器件属性的编辑和设置方法。
3. 掌握用导线连接原理图的方法。
4. 掌握放置电源和接地端口的方法。

相关知识

一、元器件的查找和放置

Altium Designer 21 中有两个系统已默认加载的集成元器件库，即 Miscellaneous Devices.IntLib（常用分立元器件库）和 Miscellaneous Connetors.IntLib（常用接插件库），包含了常用的各种元器件和接插件。表 1-3 为部分常用元器件和接插件列表。

表 1-3 部分常用元器件和接插件列表

名称	关键字	名称	关键字
整流桥	BRIDGE	电池	BATTERY
电容	CAP	晶体振荡器	CRYSTAL
二极管	DIODE	数码管	DPY
电感	INDUCTOR	发光二极管	LED
晶体管	PNP（NPN）	电阻	Res2
滑动变阻器	RPOT	开关（按钮）	SW
变压器	TRANS	插口	CON
接头	HEADER	插头	PLUG

Altium Designer 21 系统中提供了 3 种放置元器件的方法，分别利用了 Components（元器件）面板、菜单命令和绘制工具栏，下面以放置如图 1-1 所示电路图中的电阻器为例介绍。

方法 1：利用 Components（元器件）面板放置元器件。

打开 Components 面板，在元器件库下拉列表中选中“Miscellaneous Devices.IntLib”元器件库，通过下拉菜单选择元器件“Res2”或在过滤器中输入元器件名称“Res2”均可找到电阻器，查找元器件如图 1-12 所示，Components 面板中除了显示元器件名、描述和库信息之外，还可显示元器件符号及 3D 视图等信息。选定电阻器后右击，在弹出的选择列表中单击“Place Res2”或者选中电阻器后按住鼠标左键（或者双击）将其放置在原理图中。

如果当前元器件库中的元器件非常多，逐一浏览查找比较烦琐，可以使用过滤器快速定位需要的元器件。例如需要查找电容，可在过滤器中输入 CAP，名为 CAP 的电容将呈现在元器件列表中。若只记得元器件是以字母 C 开头，可在过滤器中输入“C*”进行查找，通配符“*”表示任意个字符。若记得元器件的名字是以 CA 开头，则可在过滤器中键入“CA ?”，通配符“?”表示一个字符。

在放置元器件的过程中，可以按 <Space> 键使元器件旋转 90°。如需要连续放置多个相同的元器件，可以连续单击放置，放置完毕后可右击退出元器件放置状态，或者按 <Esc> 键。

方法 2：利用菜单命令放置元器件。

执行“放置”→“器件”命令，系统会打开 Components 面板，接下来的其他操作同方法 1。

方法 3：利用绘制工具栏放置元器件。

单击绘制工具栏中的图标或在原理图编辑器的编辑工作区中右击，在弹出的快捷菜单中执行“放置”→“器件”命令，系统会打开 Components 面板，接下来的其他操作同方法 1。

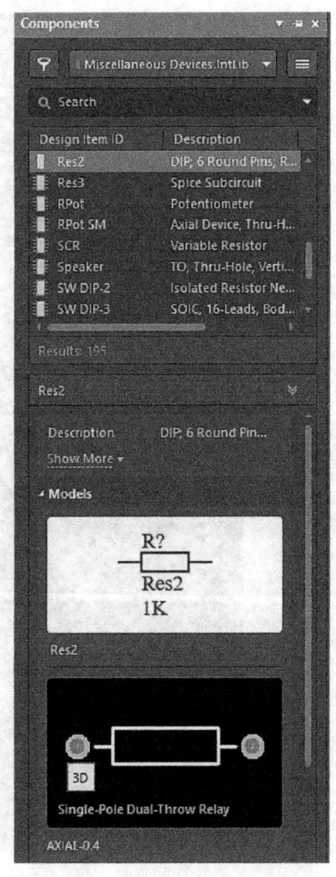

图 1-12　Components 面板查找元器件

二、元器件属性的设置

在原理图上放置的所有元器件都具有自身的特定属性，因此需要对每一个元器件的属性进行正确的编辑和设置。

在把元器件放置到原理图编辑器之后，在原理图上双击某个元器件，即可打开该元器件的属性对话框，如图 1-13 所示。在元器件的属性设置对话框中，常用设置有如下几项。

1）Designator（标识符）。元器件的唯一标识，用来标识原理图中不同的元器件，如电阻可将其设置为 R1、电容可将其设置为 C1 等。用来选择是否可见；用来选择是否可更改。

2）Comment（注释）。通常用来设置元器件的大小参数，如电阻的阻值、电容的容值、晶体管的型号和 IC（集成电路）的芯片型号等。

3）Description（描述）。用来填写元器件的功能描述，如“数模转换 DAC”“逻辑器件；移位寄存器；串转并”等，或者直接填写元器件芯片型号，这个根据用户的实际需要进行填写。

4）Footprint（封装）。在右边列项中的 Footprint 表示该元器件对应的元器件封装，该封装关系到 PCB 的制作。

完成元器件的相关属性设置后单击“OK”按钮关闭元器件属性对话框。

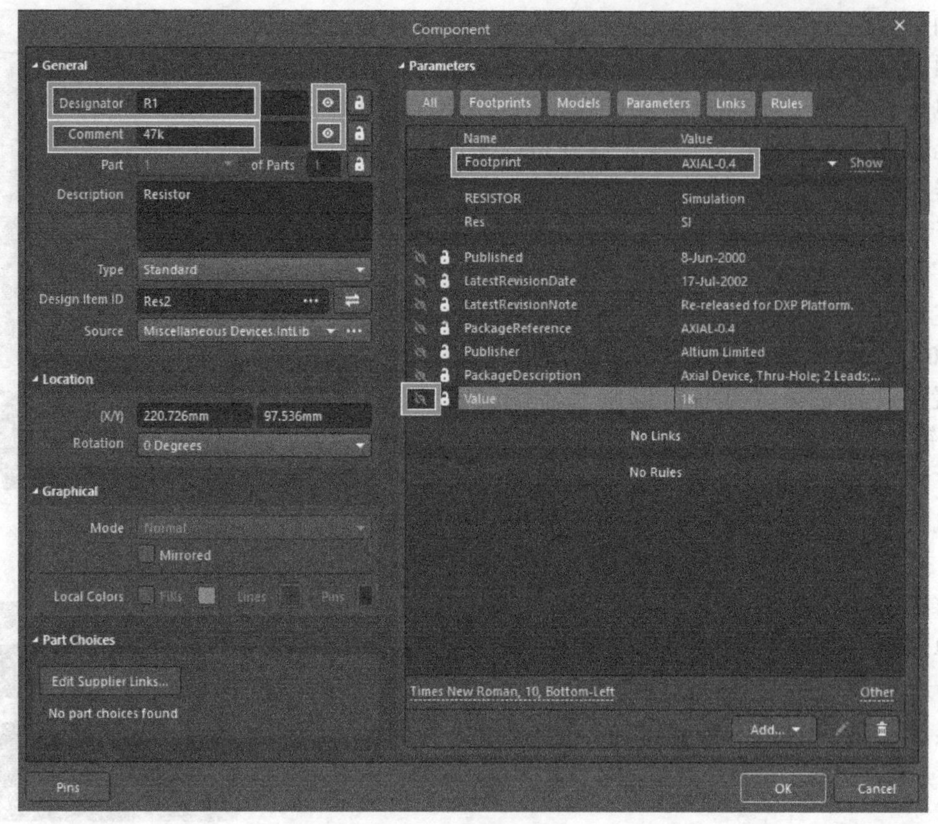

图 1-13　元器件属性对话框

三、使用导线连接元器件

将各元器件连接起来即电气连接，有两种实现方式，一种是直接使用导线将各个元器件连接起来，称为“物理连接”，另一种是通过设置网络标号而不需要实际的相连，称为“逻辑连接”。

Altium Designer 21 提供了 3 种用导线对原理图进行连接的方法。

方法 1：使用菜单命令。执行“放置”→“线”。

方法 2：使用绘制工具栏。单击绘制工具栏中“放置线”图标。

方法 3：使用快捷键 <P+W>。

执行绘制导线命令后，光标变为十字形。移动光标到欲放置导线的起点位置（元器件引脚），出现一个米字标志，单击确定导线的起点，拖动鼠标形成一条导线，拖动到要连接的另一个元器件的引脚处，同样出现一个米字标志，再次单击确定导线的终点，完成两个元器件的连接。右击或按 <Esc> 键退出导线绘制状态。

导线绘制过程中，可根据实际需要，随时单击以确定导线的拐点位置和角度，或者按照原理图编辑窗口下面状态栏中的提示，按 <Shift+Space> 键来切换选择导线的拐弯模式，有直角、45° 角和任意角。

双击所绘制的导线，将弹出导线属性设置对话框，如图 1-14 所示；或在绘制导线的状态下按 <Tab> 键，也可弹出导线属性设置对话框，如图 1-15 所示。

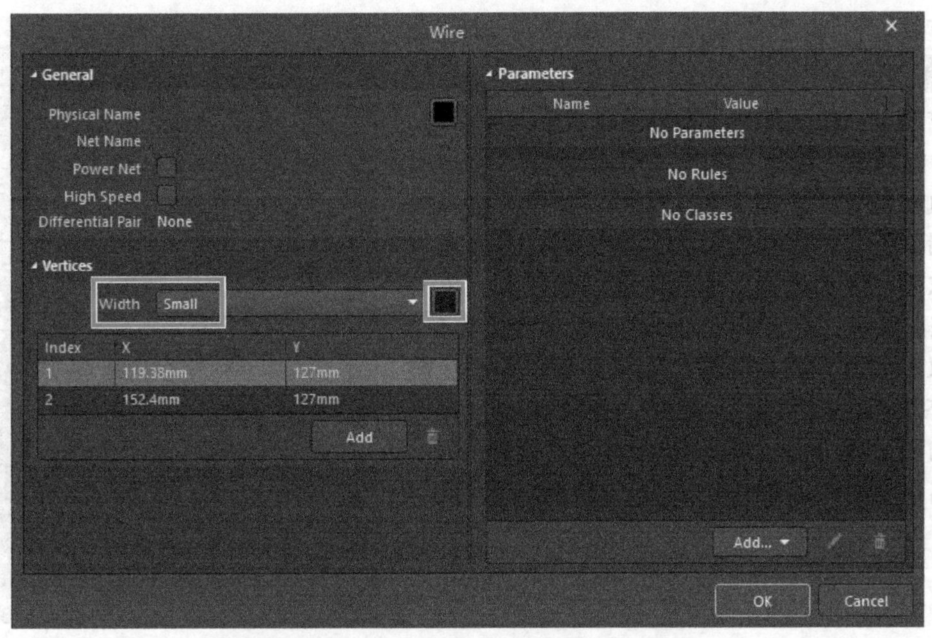

图 1-14　双击导线弹出的导线属性设置对话框

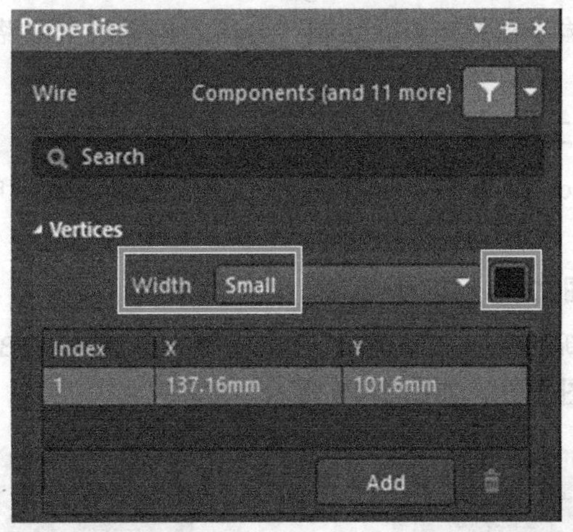

图 1-15　按 <Tab> 键弹出的导线属性设置对话框

1）■：颜色设置，主要是有针对性地对一些网络进行颜色设置，比如一些大电流的走线设置为红色，方便设计者或者 PCB 工程师进行识别。

2）Width：线宽设置，这个设置和颜色设置的目的是一样的。

四、放置电源及接地端口

电源端口和接地端口是电路原理图中必不可少的组成部分。系统为用户提供了多种电源和接地端口的形式，每种形式都有一个相应的网络标号作为标识。放置电源和接地端口有 3 种方法。

方法 1：执行菜单“放置”→“电源端口”命令。

方法 2：单击绘制工具栏中的“GND 端口” 。

方法 3：在原理图编辑器编辑工作区中右击，在弹出的列表中选择“放置”→“电源端口”命令。

执行操作后光标变为十字形，并带有电源或接地端口符号，移动光标到适当位置，当出现米字标志时，表示光标已捕捉到电气连接点，单击即可完成放置，右击或按 <Esc> 键退出放置状态。

双击所放置的电源端口或接地端口（或在放置状态下按 <Tab> 键），打开“电源端口”对话框，如图 1-16 所示。在该对话框中可设置颜色、网络名称、网络名称是否可见、类型以及位置等属性。

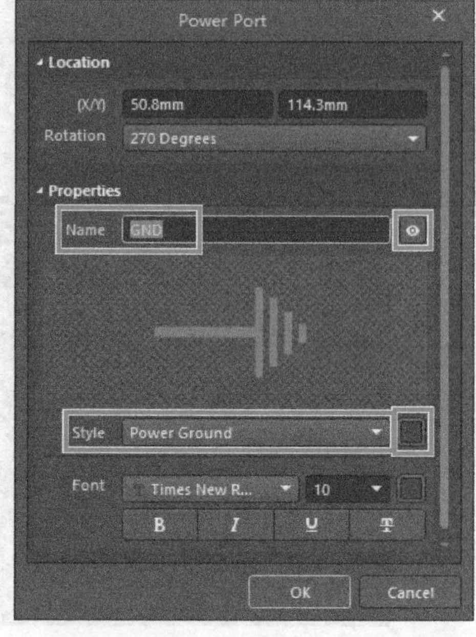

图 1-16 “电源端口”对话框

任务实施

掌握 Altium Designer 21 工程文件的创建、原理图编辑器文件的添加，熟悉 Altium Designer 21 窗口组成及功能，以及学习相关知识后绘制“分压式偏置放大电路”的原理图，其基本步骤如下：

步骤 1：创建 PCB 工程

启动 Altium Designer 21 软件，创建名为“分压式偏置放大电路”的 PCB 工程，如图 1-17 所示。

步骤 2：添加原理图文件

执行“文件”→“新的”→“原理图”，为步骤 1 创建的 PCB 工程添加名为“分压式偏置放大电路”的原理图文件，如图 1-18 所示。

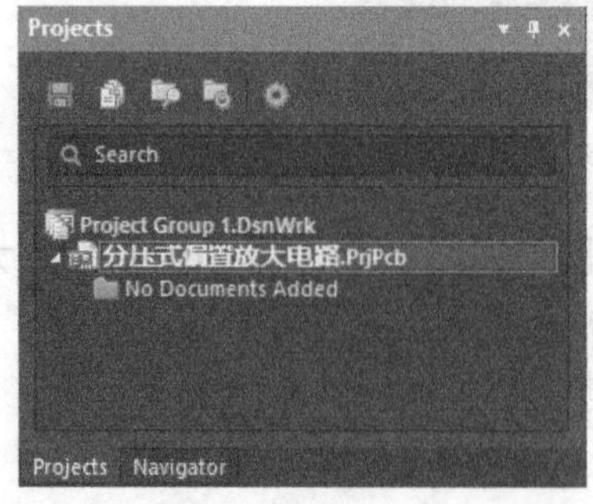

图 1-17 创建 PCB 工程

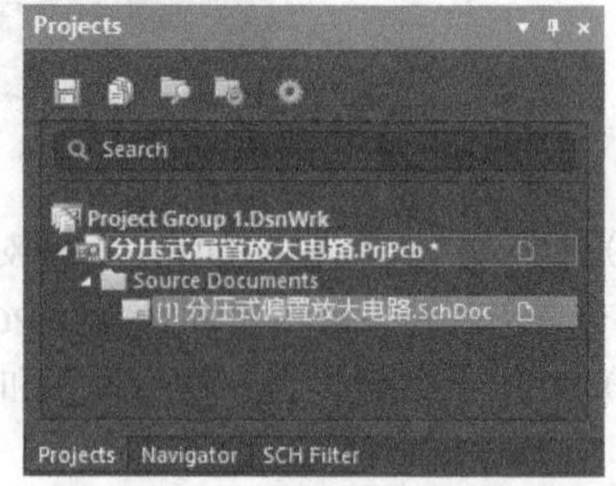

图 1-18 添加原理图文件

原理图的绘制

步骤 3：原理图的绘制过程

1）打开原理图编辑器，单击编辑工作区右上侧的“Components”标签按钮，如图 1-19 所示。

2）在弹出的“Components”面板中，在元器件显示区域单击，激活该区域，如图 1-20 所示。

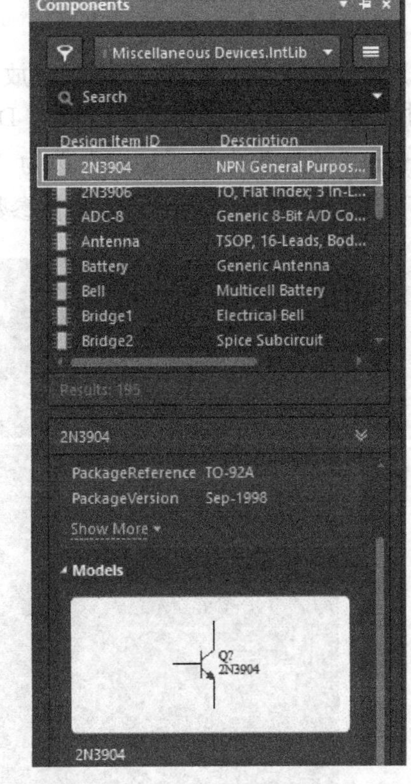

图 1-19　元器件库的调用　　　　图 1-20　查找元器件的方法

3）在键盘上用下移键“↓”或用键盘输入“Res2”，找到所需要放置的电阻，双击该元器件，如图 1-21 所示，即可放置电阻。

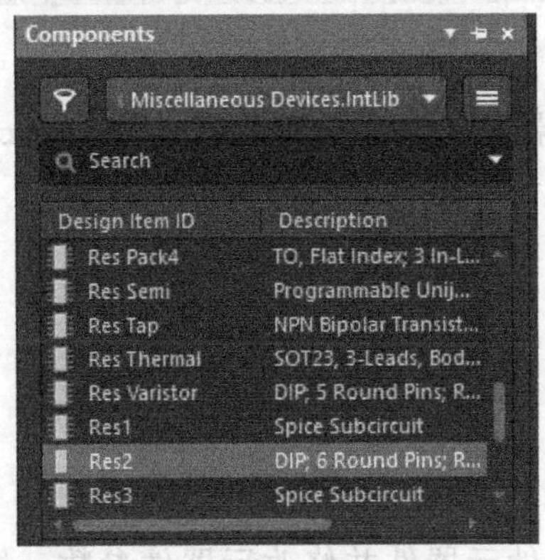

图 1-21　调用电阻 Res2

4）在原理图工作区，所放置的电阻元器件处于悬浮状态，如图 1-22 所示。

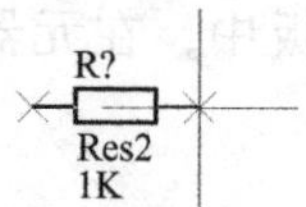

图 1-22　处于悬浮状态的电阻元器件

5）按 <Tab> 键（如果元器件已放置到图纸中，可双击该元器件），弹出元器件属性对话框，修改元器件参数：将“Designator”文本框内的“R ?”改为“R1”，将“Comment”文本框内的“Res2”改为“47k”，将对话框右侧“Value”选项左边的设置为不可见，如图 1-23 所示。元器件参数修改完毕后，单击“OK”按钮。

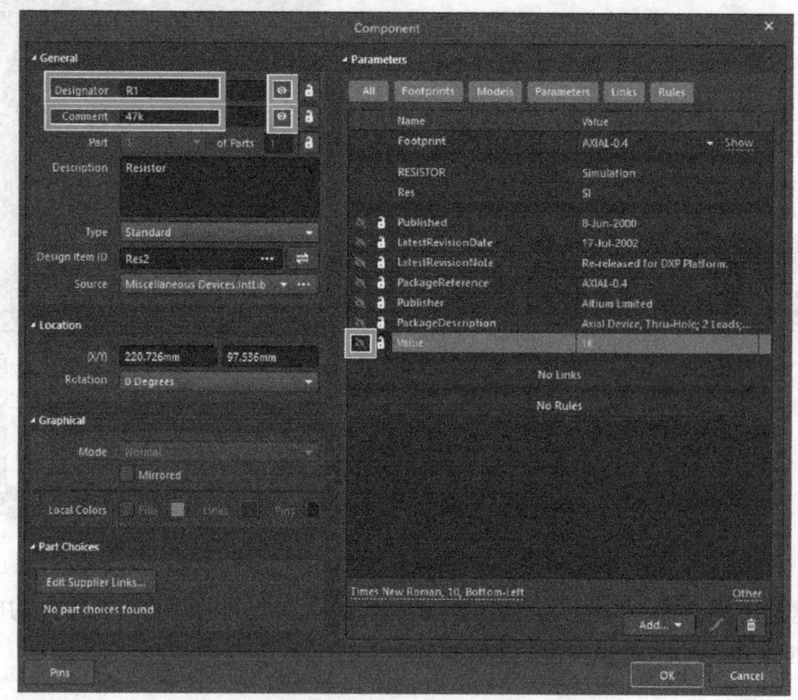

图 1-23　修改元器件参数

6）修改参数后的电阻元器件为水平放置状态，按 <Space> 键改为垂直放置状态，如图 1-24 所示。

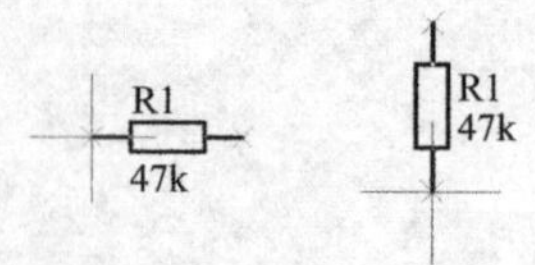

图 1-24　元器件放置状态的改变

7）用同样的方法放置其他元器件并修改元器件参数，如果元器件的位置需要调整，可用鼠标直接拖动（按住鼠标左键不松开）元器件到合适位置即可。元器件放置完毕的状态如图 1-25 所示。

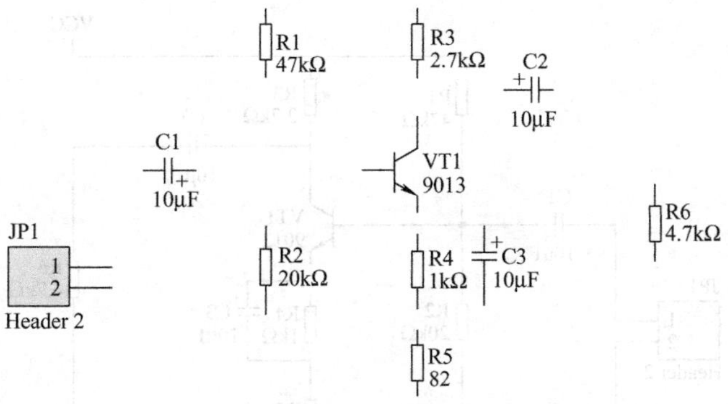

图 1-25　元器件放置完毕的状态

8）当元器件放置完毕时，需要用导线将元器件连接起来，单击绘制工具栏中的放置线图标，如图 1-26 所示，系统自动进入放置导线状态。

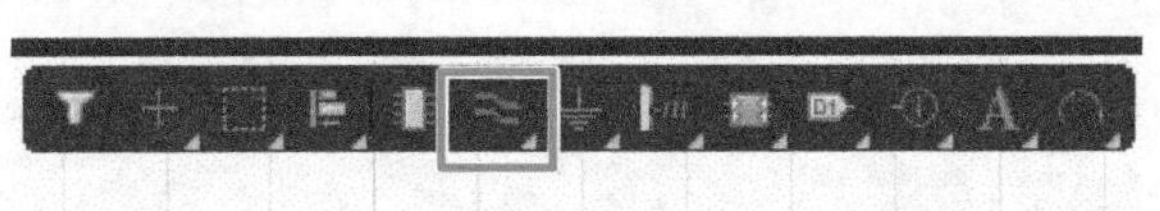

图 1-26　放置线图标

9）单击需要导线连接的起点和终点，即可用导线将两点连接起来。如果连接导线需要有折点，在折点处单击即可。放置导线完毕，右击退出放置导线状态。用导线连接完毕的电路图如图 1-27 所示。

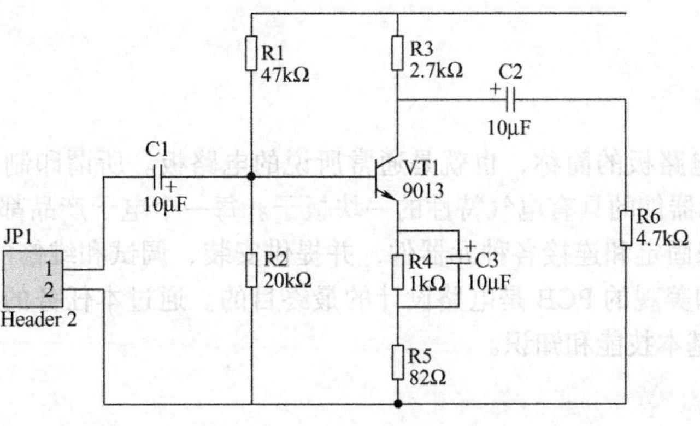

图 1-27　用导线连接完毕的电路图

10）单击绘制工具栏的“GND 端口”，即可在电路图中放置电源或接地端口。如果需要修改参数，按 <Tab> 键进入修改参数状态。

11）当电路图放置电源、接地端口后，电路图绘制完毕。绘制完成的电路图如图 1-28 所示，保存文件。

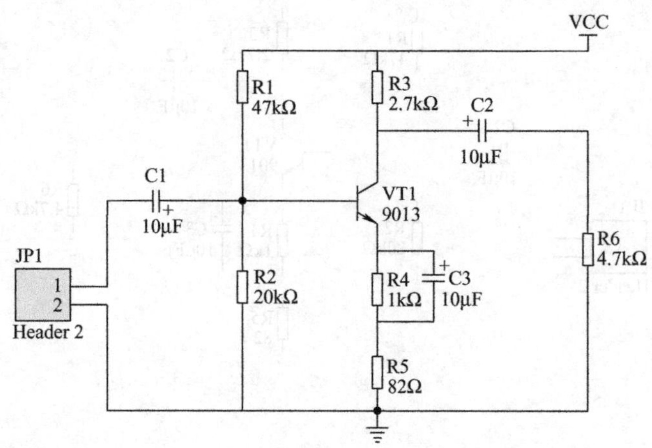

图 1-28 绘制完成的电路图

任务三 绘制分压式偏置放大电路 PCB

任务目标

1. 会使用 Altium Designer 21 PCB 编辑器，会打开、关闭 PCB 文件及编辑属性。
2. 会创建 PCB 文件。
3. 掌握 PCB 设计中各板层的基本含义。
4. 会放置图元，并进行属性编辑。
5. 会 PCB 的手动布局。
6. 会 PCB 的手动布线并对布线进行调整。

相关知识

一、PCB 的概念

PCB 是印制电路板的简称，也就是通常所说的电路板。所谓印制电路板，就是用来固定、连接各种元器件的具有电气特性的一块板子。每一个电子产品都必须包含至少一个印制电路板，用来固定和连接各种元器件，并提供安装、调试和维修的一些数据。因此，制作正确、可靠和美观的 PCB 是电路设计的最终目的。通过本任务的学习，读者将初步掌握 PCB 设计的基本技能和知识。

二、PCB 编辑器的启动与界面简介

（一）PCB 文件的创建与启动

PCB 文件的创建一般有两种方法，分别如下。

方法 1：启动 Altium Designer 21 软件，执行菜单命令“文件→新的”→“PCB”，如图 1-29 所示。

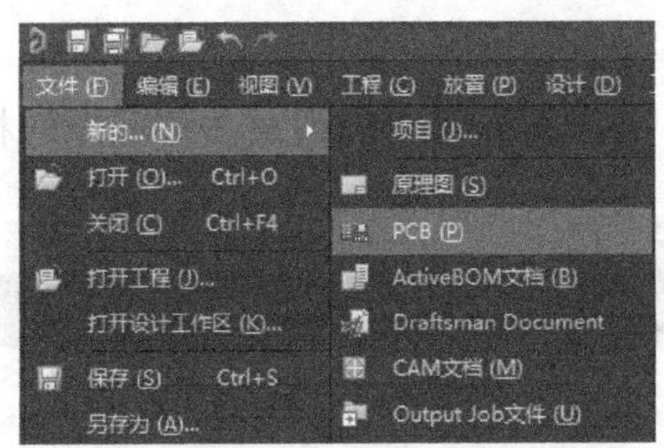

图 1-29　通过菜单创建 PCB 文件

方法 2：在创建的 PCB 工程上右击，执行“添加新的…到工程”→“PCB”，如图 1-30 所示。

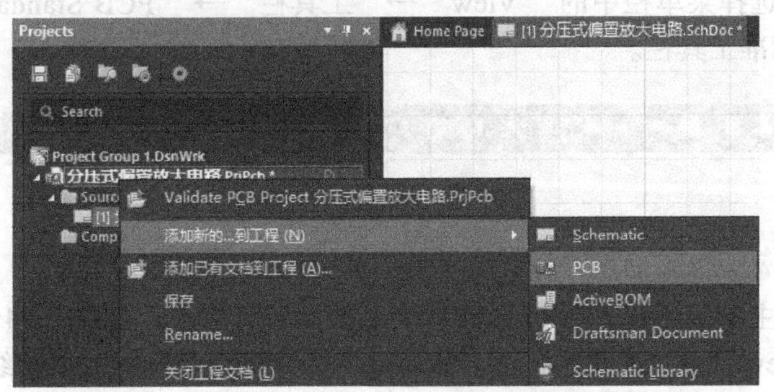

图 1-30　右击 PCB 工程创建 PCB 文件

（二）PCB 编辑器简介

PCB 编辑器主要包括主菜单、PCB 标准工具栏、布线工具栏、应用工具栏、过滤器工具栏、导航工具栏、层次标签和编辑区等，如图 1-31 所示，与前期版本编辑设计环境类似。

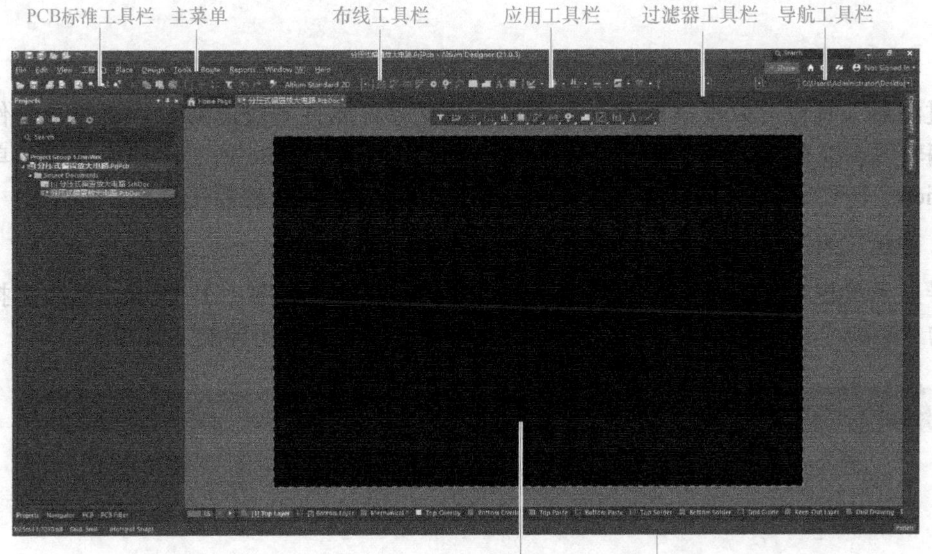

图 1-31　PCB 编辑器

1. 主菜单

在设计 PCB 的过程中，各项操作都可以通过主菜单中的相应命令来完成，如图 1-32 所示。

图 1-32　主菜单

2. PCB 标准工具栏

PCB 编辑环境的标准工具栏如图 1-33 所示，该工具栏为用户提供了一些常用操作的快捷方式。依次选择菜单栏中的“ View”→“工具栏”→“ PCB Standard”命令可以打开或关闭 PCB 标准工具栏。

图 1-33　PCB 标准工具栏

3. 布线工具栏

布线工具栏主要用于在进行 PCB 布线时，放置各种对象，如图 1-34 所示。依次选择菜单栏中的“View”→“工具栏”→“Wiring”命令可以打开或关闭布线工具栏。

4. 应用工具栏

应用工具栏包括 6 个按钮，每一个按钮都有一个下拉工具栏，如图 1-35 所示。依次选择菜单栏中的“View”→“工具栏”→“Utilities”命令可以打开或关闭应用工具栏。

图 1-34　布线工具栏　　图 1-35　应用工具栏

5. 过滤器工具栏

过滤器工具栏可以根据网络、元器件号或元器件属性等过滤参数，使符合条件的对象在编辑区内高亮显示，不符合条件的部分则变暗，如图 1-36 所示。依次选择菜单栏中的“View”→“工具栏”→“Filter”命令可以打开或关闭过滤器工具栏。

6. 导航工具栏

导航工具栏主要用于实现不同界面之间的快速切换，如图 1-37 所示。依次选择菜单栏中的“View”→“工具栏”→“导航”命令可以打开或关闭导航工具栏。

图 1-36　过滤器工具栏　　图 1-37　导航工具栏

7. 层次标签

层次标签页可以显示不同的层次图纸，如图 1-38 所示。每层的元器件和走线都用不同颜色加以区分，以方便对多层板进行设计。

图 1-38　层次标签

8. 编辑区

编辑区主要用于元器件的布局和布线。在编辑窗口中，我们可以对 PCB 进行放大、缩小和拖动等操作。

三、PCB 板层与参数的设置

（一）PCB 的板层设置

Altium Designer 21 提供了图层堆栈管理器，可以对各种板层进行设置和管理。在图层堆栈管理器中，可以添加、删除和移动工作层面等。

1. 电路板的显示

单击 PCB 编辑环境界面右下角的 Panels 按钮，弹出快捷菜单，选择“View Configuration”（视图配置）命令，打开 View Configuration 面板，如图 1-39 所示。在“Layer Sets”（层设置）下拉列表中选择“All Layers”（所有层）即可看到系统提供的所有层。

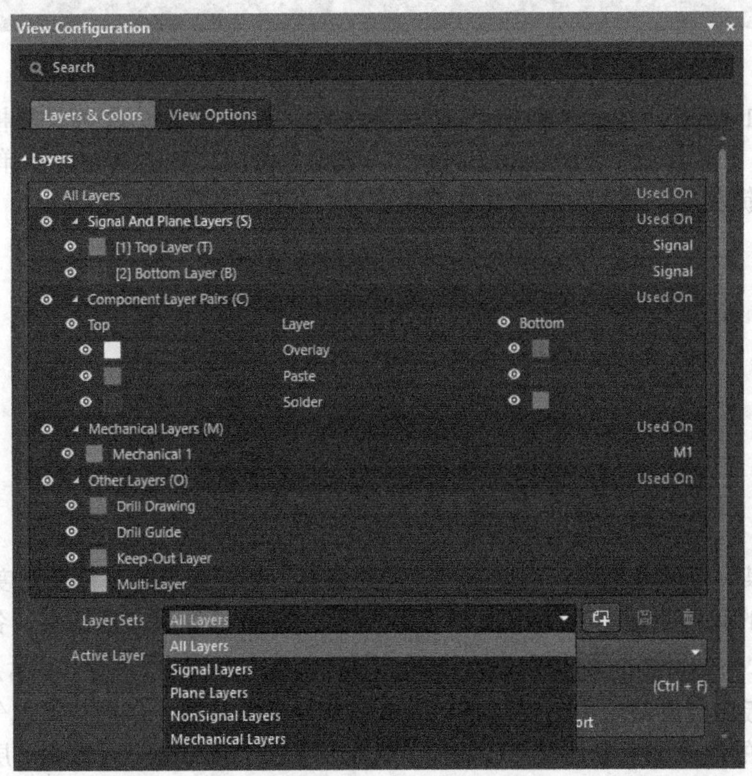

图 1-39　View Configuration 面板

也可以在“Layer Sets”（层设置）下拉列表中选择“Signal Layers”（信号层）、“Plane

Layers”（平面层）、“NonSignal Layers”（非信号层）和“Mechanical Layers”（机械层），分别在电路板中单独显示对应的层。

2. 图层堆栈管理器的应用

1）依次选择菜单栏中的“Design”→“Layer Stack Manager”命令，系统将打开扩展名为“.PcbDoc”的文件，如图 1-40 所示。在扩展名为“.PcbDoc”的文件中可以增加层、删除层和移动层所处的位置，以及对各层的属性进行编辑。

Home Page　分压式偏置放大电路.PcbDoc *　分压式偏置放大电路.PcbDoc [Stackup]

Features

#	Name	Material	Type	Weight	Thickness	Dk	Df
	Top Overlay		Overlay				
	Top Solder	Solder Resist	Solder Mask		0.4mil	3.5	
1	Top Layer		Signal	1oz	1.4mil		
	Dielectric 1	FR-4	Dielectric		12.6mil	4.8	
2	Bottom Layer		Signal	1oz	1.4mil		
	Bottom Solder	Solder Resist	Solder Mask		0.4mil	3.5	
	Bottom Overlay		Overlay				

Stackup　Impedance　Via Types

图 1-40　扩展名为“.PcbDoc”的文件

2）在图 1-40 中，显示了当前 PCB 的层结构。系统默认设置为双层板，即只包括“Top Layer”（顶层）和“Bottom Layer”（底层）两层，右击某一层，弹出快捷菜单，用户可在该快捷菜单中插入、删除或移动新的层，如图 1-41 所示。

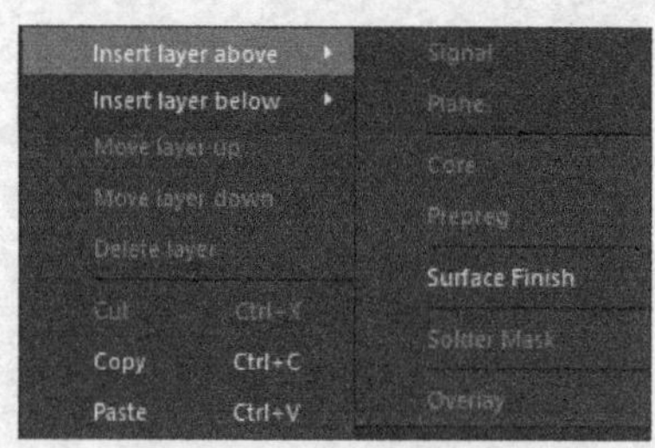

图 1-41　快捷菜单

3）双击某一层的名称可以直接修改该层的属性，如对该层的名称及厚度进行设置。

4）PCB 的设计中最多可以添加 32 个信号层、26 个电源层和地线层。各层的显示与否可在 View Configuration 面板中进行设置，即是否选中各层中的◎（显示）按钮。

5）电路板的层叠结构中不仅包括拥有电气特性的信号层，还包括无电气特性的绝缘层。两种典型的绝缘层主要是指“Core”（填充）层和“Prepreg”（塑料）层。

层的堆叠类型主要是指绝缘层在电路板中的排列顺序。默认的 3 种堆叠类型是“Layer Pairs”（Core 层和 Prepreg 层自上而下间隔排列）、“Internal Layer Pairs”（Prepreg 层和 Core 层自上而下间隔排列）和“Build-up”（顶层和底层为 Core 层，中间全部为

Prepreg层）。改变层的堆叠类型会改变Core层和Prepreg层在层栈中的分布，只有在信号完整性分析需要使用盲孔或深埋过孔时才需要设置层的堆叠类型。

（二）工作层面颜色的设置

1. 打开View Configuration面板

工作层面颜色设置对话框用于设置PCB板层的颜色。打开工作层面颜色设置对话框的方式如下。

单击PCB编辑环境界面右下角的“Panels”按钮，弹出快捷菜单，选择“View Configuration”（视图配置）命令，打开View Configuration面板，该面板包括PCB板层颜色设置和系统默认颜色的显示两部分，如图1-42所示。

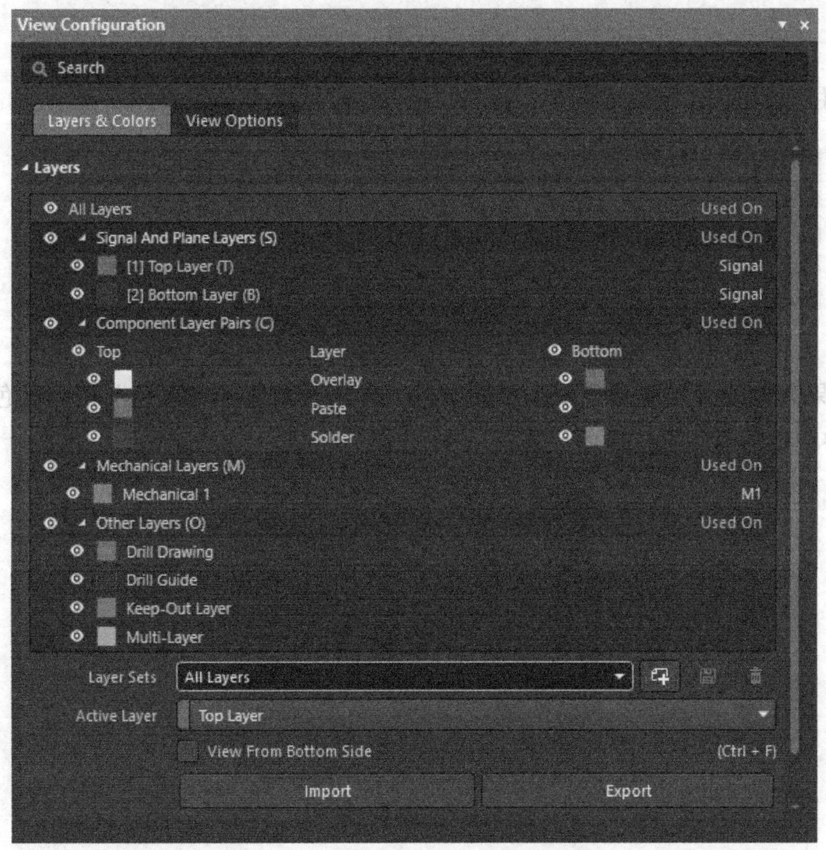

图1-42　打开View Configuration面板

2. 设置对应层面的显示与颜色

Layers（层）选项组用于设置对应层面和系统的显示颜色。

1）（显示）按钮用于设置对应层是否在PCB编辑器内显示。不同位置的（显示）按钮启用/禁用的层不同。

① 在每个层组中启用或禁用一个层、多个层或所有层。启用/禁用全部的元器件层如图1-43所示。

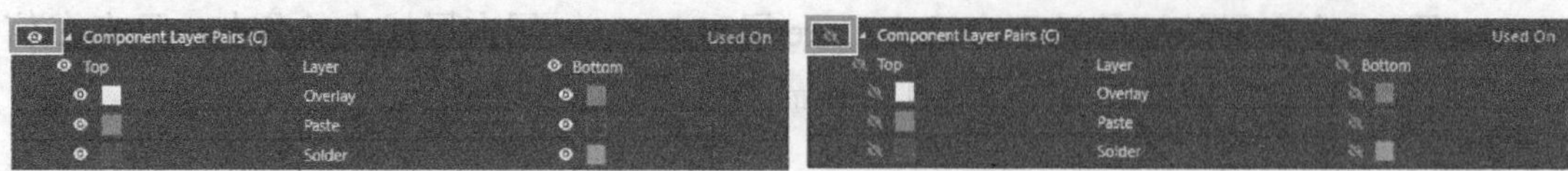

a) 启用全部元器件层　　b) 禁用全部元器件层

图 1-43　启用 / 禁用全部的元器件层

② 启用 / 禁用整个层组。启用 / 禁用所有的 Top Layers 如图 1-44 所示。

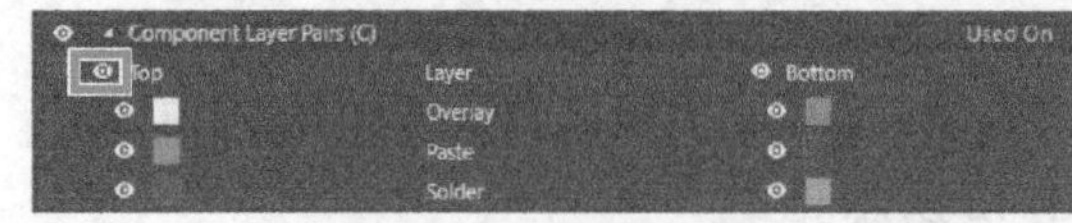

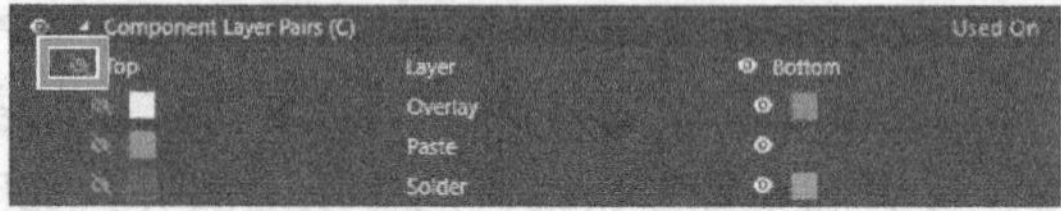

a) 启用所有Top Layers　　b) 禁用所有Top Layers

图 1-44　启用 / 禁用所有的 Top Layers

③ 启用 / 禁用每个层组中的单个条目。启用 / 禁用单个条目如图 1-45 所示。

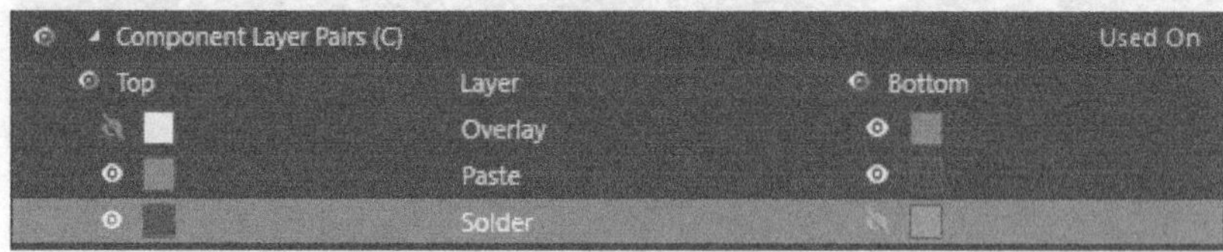

图 1-45　启用 / 禁用单个条目

2）如果要修改某层的颜色或系统的颜色，单击其对应的“颜色”栏内的色条即可在弹出的选择颜色列表中进行修改，如图 1-46 所示。

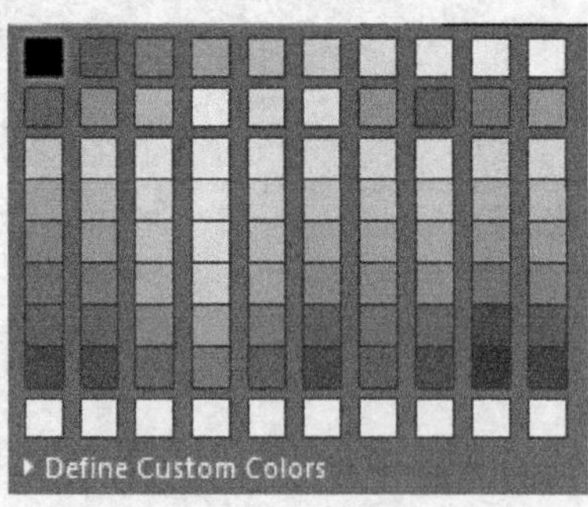

图 1-46　选择颜色列表

3）在 Layer Sets（层设置）设置栏中，有 All Layers（所有层）、Signal Layers（信号层）、Plane Layers（平面层）、NonSignal Layers（非信号层）和 Mechanical Layers（机械层）5 个选项。通过在 Layer Sets 下拉列表中选择不同的选项可以设置在板层和颜色面板中是显示全部的层面，还是只显示图层堆栈中设置的有效层面。一般地，为使面板简洁明了，默认选择 All Layers（所有层），只显示有效层面，可以忽略未用层面的颜色设置。

单击相应层后面的“Use On”（使用的层打开）按钮即可选中该层的（显示）按钮，取消其余所有层的选中状态。

3. 显示系统的颜色

在 System Color（系统颜色）栏中可以对系统的两种可视格点类型的显示或隐藏进行设置，还可以对不同的系统对象进行设置。

（三）环境参数的设置

在设计 PCB 之前，除了需要设置电路板的板层参数外，还需要设置环境参数。

通过 Properties（属性）对话框设置环境参数。打开 Properties 对话框中的 Board（板）属性编辑界面，如图 1-47 所示。

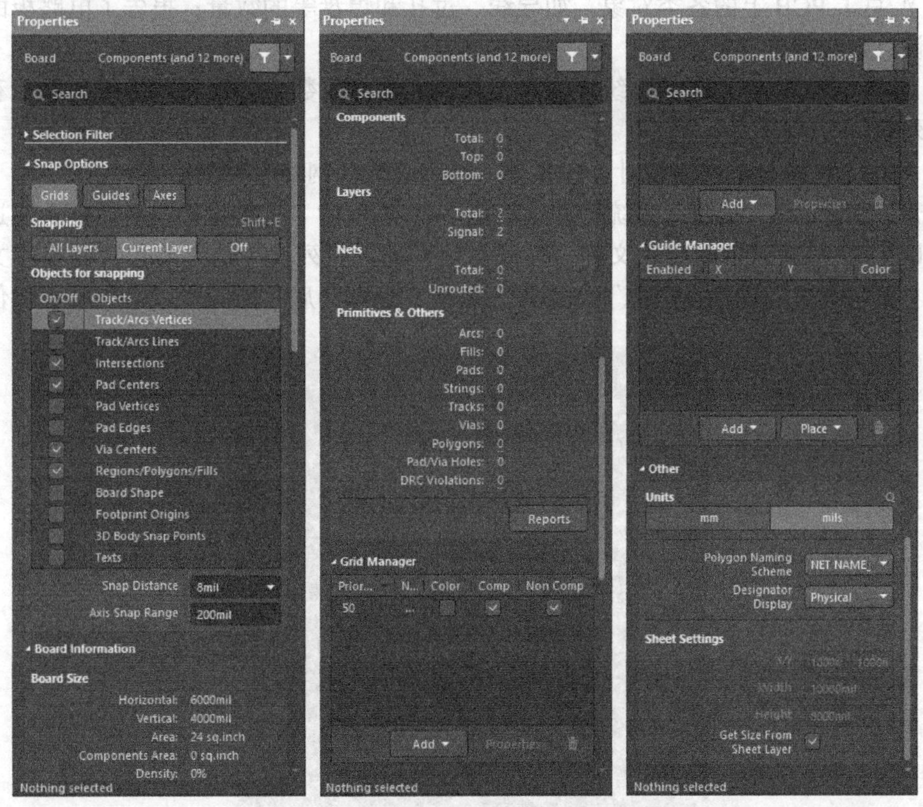

图 1-47　Board（板）属性编辑界面

1）Search（搜索）文本框：允许在面板中搜索所需条目。

2）Selection Filter（选择过滤器）选项组：设置过滤对象。也可以单击 中的下拉按钮，弹出如图 1-48 所示的对象选择过滤器。

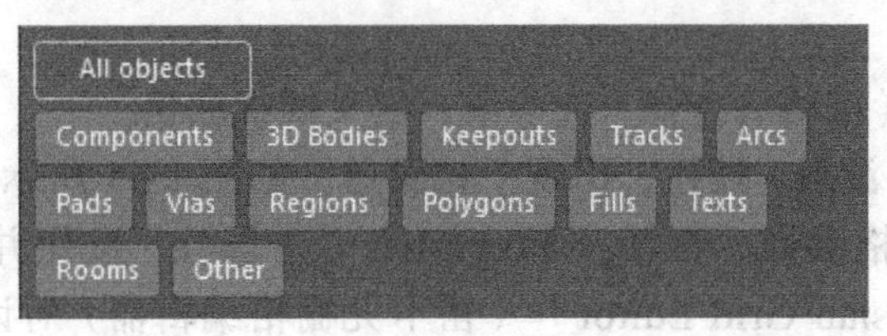

图 1-48　对象选择过滤器

3）Snap Options（捕捉选项）选项组：设置图纸是否启用捕获功能。

①“Grids”按钮：单击该按钮，捕捉到栅格。

②“Guides”按钮：单击该按钮，捕捉到向导线。

③“Axes”按钮：单击该按钮，捕捉到对象坐标。

4）Snapping 选项组：捕捉的对象热点所在层包括 All Layers（所有层）、Current Layer（当前层）和 Off（关闭）。

5）Board Information（板信息）选项组：显示 PCB 文件中元器件和网络的完整细节信息。图 1-47 显示的是未选定对象时的状态，包含的信息如下。

① 汇总了 PCB 上的各类对象，如导线、过孔和焊盘等的数量；报告了电路板的尺寸信息和设计规则检查违例数量。

② 报告了 PCB 上元器件的统计信息，包括元器件总数、各层元器件放置数目和元器件标号列表。

③ 列出了电路板的网络统计，包括导入网络总数和网络名称列表。

单击“Reports”按钮，系统将弹出如图 1-49 所示的“板级报告”对话框，通过该对话框可以生成 PCB 信息的报表文件，在该对话框的下拉列表中选择要包含在报表文件中的内容。若勾选了“仅选择对象”复选框，单击“全部开启”按钮可以选择所有板信息。

图 1-49 “板级报告”对话框

报表列表选项设置完毕后，单击“板级报告”对话框中的“报告”按钮，系统将生成“Board Information Report”报表文件，并自动在工作区内打开该报表文件。PCB 信息报表如图 1-50 所示。

6）Grid Manager（栅格管理器）选项组：定义捕捉栅格。

① 单击“Add”（添加）按钮，出现下拉菜单，如图 1-51 所示。

② 选择添加的栅格参数，激活“Properties”（属性）按钮并单击该按钮，弹出如图 1-52 所示的“Cartesian Grid Editor”（笛卡儿栅格编辑器）对话框，在该对话框中可以设置栅格间距。

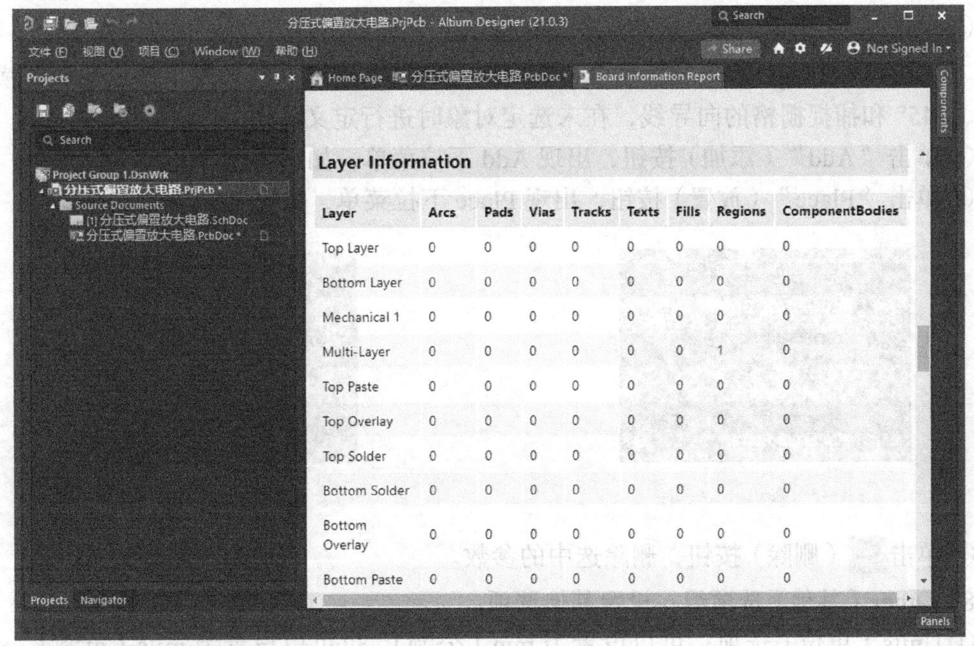

图 1-50　PCB 信息报表

Add Cartesian Grid

Add Polar Grid

图 1-51　下拉菜单

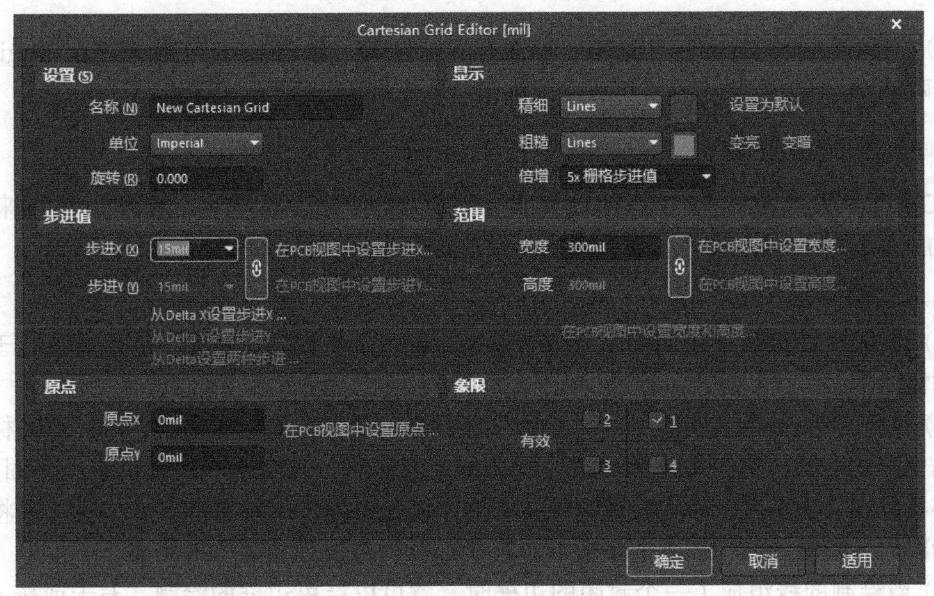

图 1-52　“Cartesian Grid Editor”（笛卡儿栅格编辑器）对话框

③ 单击 （删除）按钮删除选中的参数。

7）Guide Manager（向导管理器）选项组：定义电路板的向导线，添加或放置横向、竖向、+45° 和捕捉栅格的向导线，在未选定对象时进行定义。

① 单击“Add”（添加）按钮，出现 Add 下拉菜单，如图 1-53 所示。

② 单击“Place”（放置）按钮，出现 Place 下拉菜单，如图 1-54 所示。

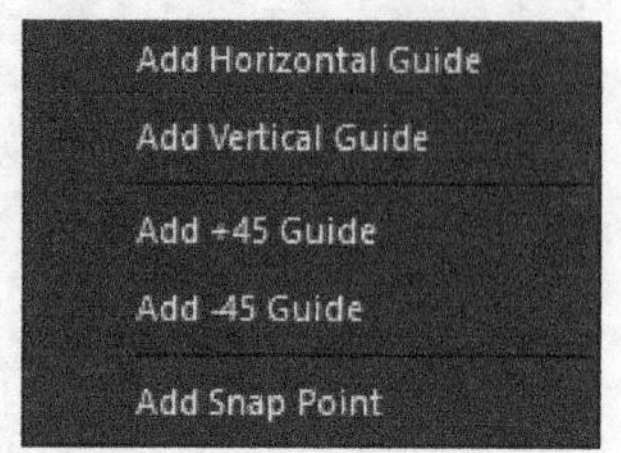

图 1-53 Add 下拉菜单

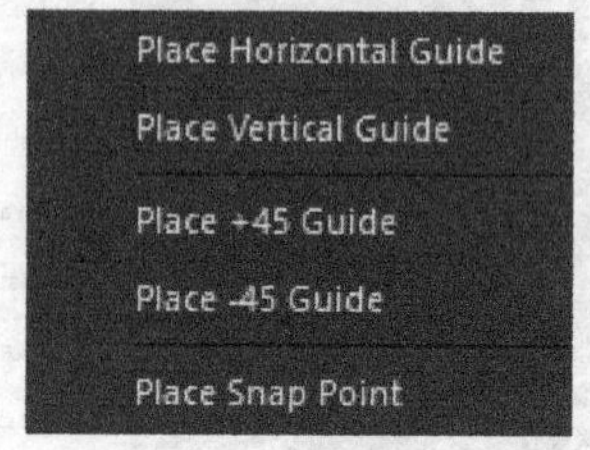

图 1-54 Place 下拉菜单

③ 单击 （删除）按钮，删除选中的参数。

8）Other（其他）选项组：设置其他选项。

① Units（单位）选项：可以设置为 mm（公制），也可以设置为 mils（英制）。一般在绘制和显示时设为 mils。

② “Polygon Naming Scheme”选项：选择多边形命名格式，有 4 种，如图 1-55 所示。

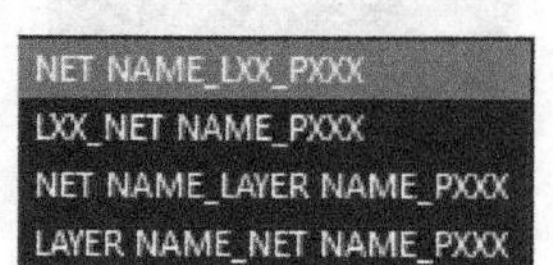

图 1-55 4 种多边形命名格式

③ “Designator Display”选项：标识符显示方式，有 Physical（物理的）、Logic（逻辑的）两种。

（四）PCB 边界设定

PCB 边界设定包括 PCB 物理边界设定和 PCB 电气边界设定。物理边界用来界定 PCB 的外部形状，电气边界用来界定元器件放置和布线的区域范围。

1. 设定物理边界

1）单击 PCB 编辑环境界面下方的 Mechanical 1（机械层）选项，使机械层处于当前的工作窗口中。

2）执行“Place”（放置）→“Line”（线条）命令，光标变成十字形。将光标移动到工作窗口的合适位置，单击即可进行线条的放置操作，每单击一次就确定一个固定点。通常将板形定义为矩形，但在特殊情况下，为了满足电路的某种特殊要求，也可以将板形定义为圆形、椭圆形或不规则的多边形。这些都可以通过放置菜单来完成。

3）当绘制的线组成了一个封闭的边框时，就可以结束边框的绘制，右击或按 <Esc> 键即可退出该操作。设置边框后的 PCB 图如图 1-56 所示。

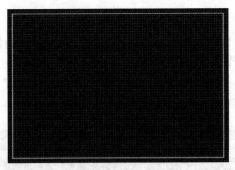

图 1-56　设置边框后的 PCB 图

4）设置边框线属性。双击任一边框线即可打开该边框线的 Properties 面板，如图 1-57 所示。

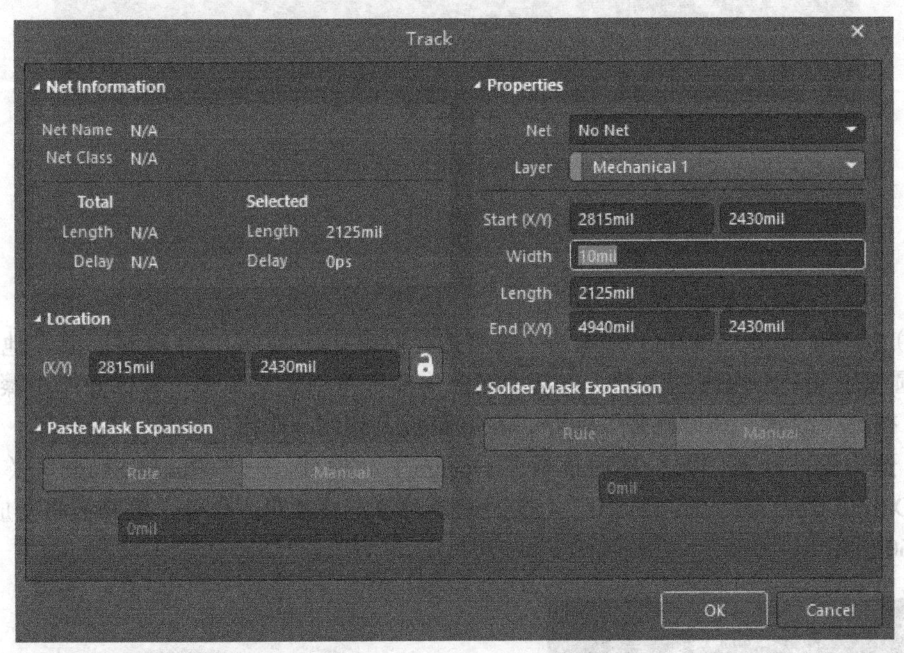

图 1-57　边框线的 Properties 面板

为了确保 PCB 图中的边框线为封闭状态，可以在 Properties 面板中对线的起点和终点进行设置，使一根线的终点为下一根线的起点。下面介绍一些其余选项的含义。

① Layer（层）下拉列表：用于设置当前边框线所在的电路板层。用户在画线之前可以不选择“Mechanical 1”层。在此处进行工作层的修改也可以实现上述操作 1）～ 3）所实现的效果，只是这样需要对所有边框线进行设置，操作比较麻烦。

② Net（网络）下拉列表：用于设置边框线所在的网络。通常边框线不属于任何网络，即不存在任何电气特性。

③ （锁定）按钮：单击 Location（位置）选项组下的锁定按钮，边框线将被锁定，无法对该线进行移动等操作。

按 <Enter> 键结束对边框线的属性设置。

2. 板形的修改

对边框线进行设置的目的主要是为制板商提供制作板形的依据。用户也可以在设计时直接修改板形，即在工作窗口中直接对板形进行修改。

依次选择菜单栏中的“Design”（设计）→“Board Shape”（板子形状）命令，系统弹出 PCB 板形设定命令菜单，如图 1-58 所示。

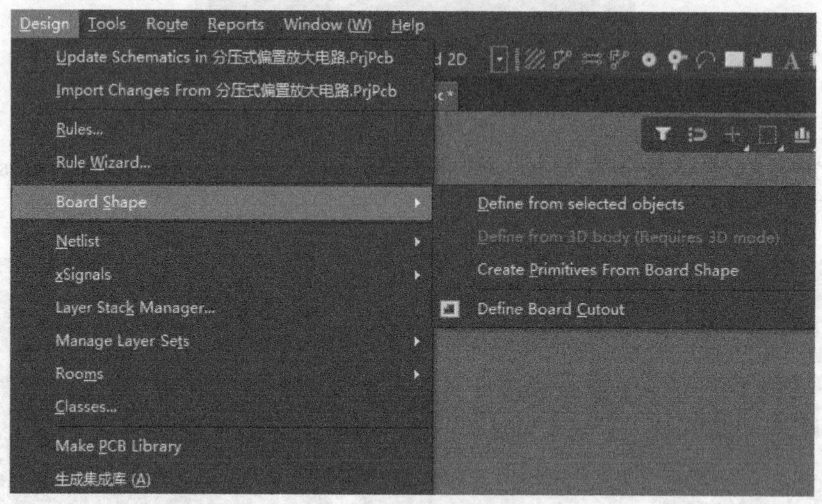

图 1-58　PCB 板形设定命令菜单

（1）Define from selected objects（按照选择对象定义板形）　在机械层或其他层利用线条或圆弧定义一个内嵌的边界，以新建对象为参考重新定义板形，具体操作步骤如下。

1）执行“放置”→“圆弧”命令，在电路板上绘制一个圆，如图 1-59 所示。

2）选中刚才绘制的圆，然后执行“Design”（设计）→“Board Shape”（板子形状)→“Define from selected objects”（按照选择对象定义板形）命令，电路板将变成圆形，如图 1-60 所示。

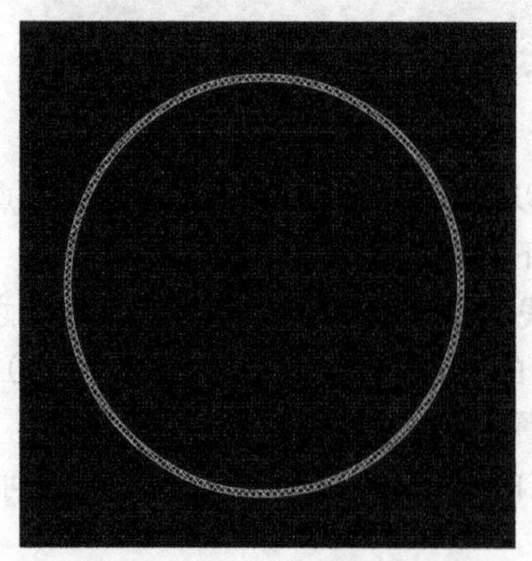

图 1-59　在电路板上绘制一个圆

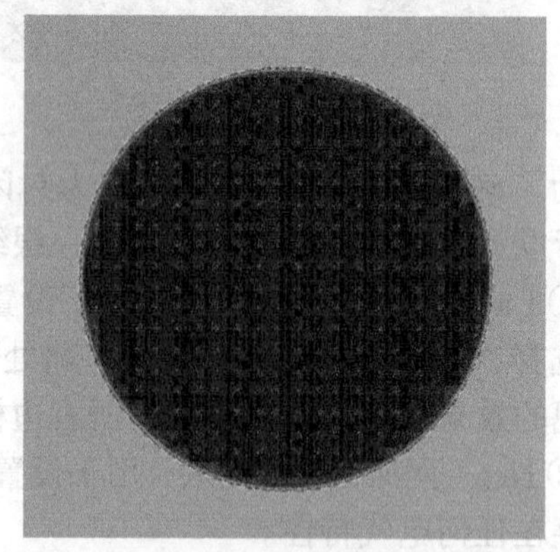

图 1-60　电路板变成圆形

（2）Create Primitives From Board Shape（根据板形生成线条）　在机械层或其他层将板子边界转换为线条。具体操作方法为：执行“Design”（设计）→“Board Shape”（板子形状）→“Create Primitives From Board Shape”（根据板形生成线条）命令，弹出“从板外形而来的线 / 弧原始数据”对话框，如图 1-61 所示。按照需要设置参数，单击“确定”按钮，退出“从板外形而来的线 / 弧原始数据”对话框，板边界自动转换为线条，如图 1-62 所示。

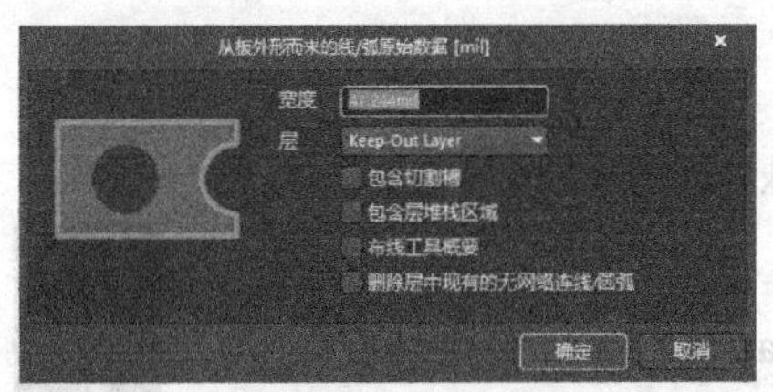

图 1-61　“从板外形而来的线 / 弧原始数据”对话框

图 1-62　板边界自动转换为线条

3. 设定电气边界

在进行 PCB 元器件自动布局和自动布线时，电气边界是必不可少的，它界定了元器件放置和布线的范围。设定电气边界的步骤如下：

1）在设定了物理边界的前提下，单击 View Configuration 面板中的“Keep-Out Layer”（禁止布线层）选项，将其设定为当前层。

2）依次选择菜单栏中的“Place”（放置）→“Keepout”（禁止布线）→“Track”（线径）命令，光标变成十字形，绘制一个封闭的多边形。

3）绘制完成后，单击退出绘制状态。

至此，PCB 的电气边界就设定完成了。

四、元器件的手动布局

在元器件布局时，可以采用手动布局，也可以采用自动布局。如果电路中元器件数量较少，可以完全采用手动布局的方法；如果电路中元器件的数量较多、电路复杂，可以采用自动布局的方法，也可以采用自动布局和手动布局相结合的方法。这里先介绍手动布局的操作方法，自动布局的操作方法将在项目二中详细介绍。

手动布局时，用鼠标左键按住相应的元器件，拖动元器件到 PCB 编辑区，进行摆放。而在摆放元器件时，有以下几种方法：

1）改变元器件方向：按 <Space> 键可 90° 旋转元器件，<X> 键可以使元器件左右翻转，<Y> 键可以使元器件上下翻转。

2）交互布局：在原理图中选中部分元器件，在 PCB 中相应的元器件也将被选中，对元器件进行摆放调整。

3）对选定的元器件快速布局：先选中一部分要布局的元器件，“Tools”（工具）→“Component Placement”（元器件布局）→“Reposition Selected Components”（重新定位选择的元器件），然后在 PCB 要重新布局的区域单击，防止放好一个元器件后，系统会自动将下一个已选的元器件调出到光标，免去了反复选中拖动的动作，实现了快速布局。

五、电路板的手动布线

无论哪一款 PCB 设计软件都具有自动布线的功能，但是电路板的自动布线布通率和可行性都不高，有时候使用自动布线的板子几乎不能实现其功能，因此手动布线显得尤为重要。通常选择自动布线和手动布线相结合的方法。这里先介绍手动布线的操作方法，自动布线的操作方法将在项目二中详细介绍。

放置导线有 3 种方法：

1）选择菜单命令“Place”（放置）→“Track”（线径）。

2）采用布线工具栏中的图标。

3）选择菜单命令“Route”（布线）→“Interactive Routing”（交互式布线）。

单击工作区下方的“Bottom Layer”，将布线层置为底层。如果需要将如图 1-63 所示的元器件 C1 与 P1 连接起来，则将鼠标移动到图样中 C1 的左侧引脚处，单击确定起点，再将鼠标移动到元器件 P1 的上侧引脚处，单击确定终点，右击或按 <ESC> 键退出绘制状态。

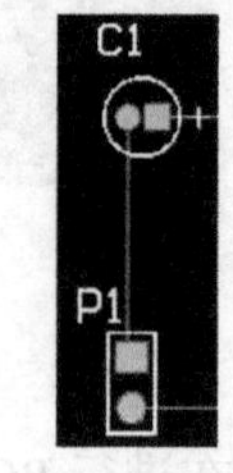

图 1-63 连接元器件 C1 与 P1

任务实施

完成“分压式偏置放大电路”原理图的绘制，以及 PCB 相关知识的学习后，接下来将绘制“分压式偏置放大电路”的 PCB，其基本步骤如下。

步骤 1：打开工程文件，添加 PCB 文件

1）执行菜单栏“文件”→“打开”命令，或者单击工具栏的“打开”图标，打开本项目创建的“分压式偏置放大电路”的 PCB 工程文件，如图 1-64 所示，可以看到 PCB 工程、原理图文件都一并打开。

2）执行菜单“文件”→“新的”→“PCB”命令，创建一个名为“分压式偏置放大电路 .PcbDoc”的 PCB 文件，如图 1-65 所示。

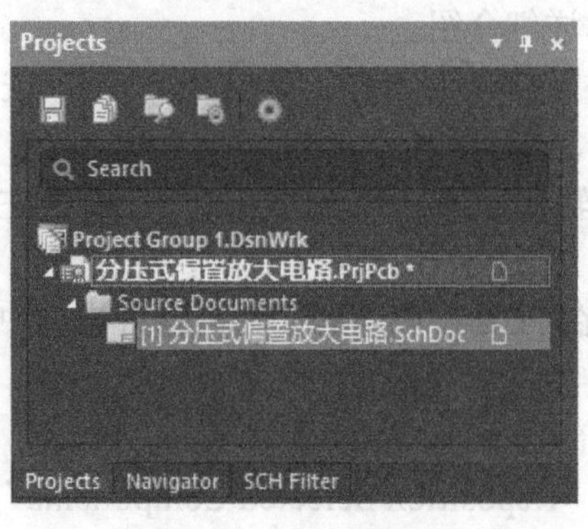

图 1-64 打开工程文件

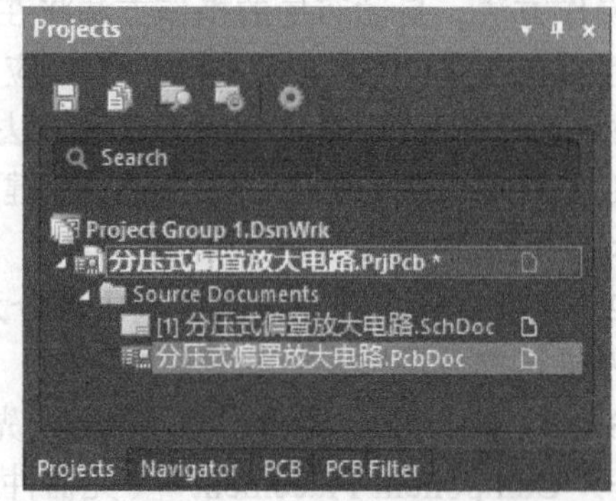

图 1-65 创建 PCB 文件

3）规划 PCB。根据本任务中“PCB 边界设定”的内容，将当前工作层设置为“Mechanical 1”（机械层），绘制一个尺寸为 1400mil × 1500mil（$1mil=25.4\times10^{-6}m$）的矩形，从而设定 PCB 的物理边界；将当前工作层设置为 Keep-Out Layer（禁止布线层），绘制一个尺寸为 1300mil × 1400mil 的矩形，从而设定 PCB 的电气边界。规划好的 PCB 如图 1-66 所示。

图 1-66　规划好的 PCB

PCB 的绘制

步骤 2：将原理图信息同步到 PCB 文件中

有如下两种方法可以将原理图信息导入到目标 PCB 文件中。

1）在原理图中使用“设计”→“Update PCB Document 分压式偏置放大电路 .PcbDoc”命令。

2）在 PCB 编辑器中使用“Design”（设计）→ Import Changes From 分压式偏置放大电路 .PrjPcb”命令。系统打开“工程变更指令”对话框，如图 1-67 所示。单击“验证变更”“执行变更”按钮，系统将完成设计数据的导入。检查无误的信息会以绿色的√表示，检查出错的信息会以红色的╳表示。在信息栏中描述了检测不能通过的原因，如图 1-68 所示。

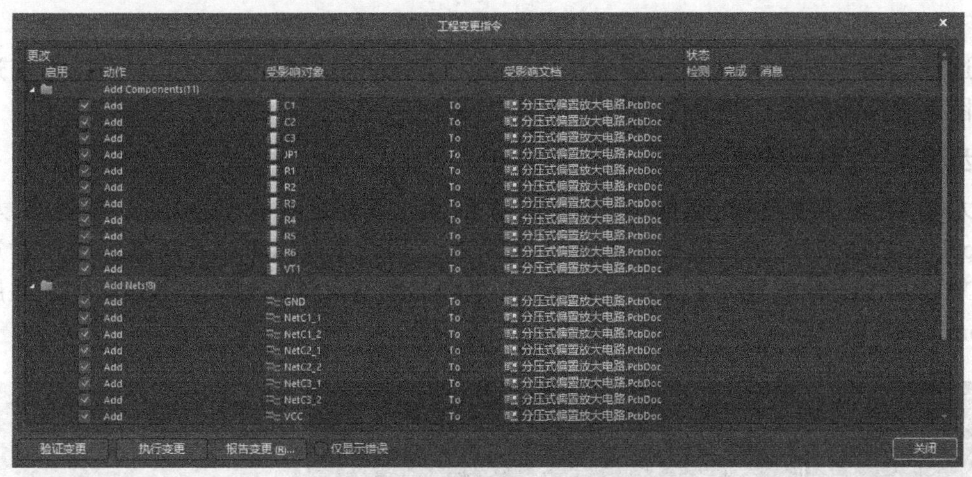

图 1-67　“工程变更指令”对话框

图 1-68　信息栏

若在导入的时候存在问题，必须反复修改，直到完全导入，如图 1-69 所示。

工程变更指令

更改

启用	动作	受影响对象		受影响文档	检测	完成	消息
	Add Components(11)						
✓	Add	C1	To	分压式偏置放大电路.PcbDoc	✓	✓	
✓	Add	C2	To	分压式偏置放大电路.PcbDoc	✓	✓	
✓	Add	C3	To	分压式偏置放大电路.PcbDoc	✓	✓	
✓	Add	JP1	To	分压式偏置放大电路.PcbDoc	✓	✓	
✓	Add	R1	To	分压式偏置放大电路.PcbDoc	✓	✓	
✓	Add	R2	To	分压式偏置放大电路.PcbDoc	✓	✓	
✓	Add	R3	To	分压式偏置放大电路.PcbDoc	✓	✓	
✓	Add	R4	To	分压式偏置放大电路.PcbDoc	✓	✓	
✓	Add	R5	To	分压式偏置放大电路.PcbDoc	✓	✓	
✓	Add	R6	To	分压式偏置放大电路.PcbDoc	✓	✓	
✓	Add	VT1	To	分压式偏置放大电路.PcbDoc	✓	✓	
	Add Nets(8)						
✓	Add	GND	To	分压式偏置放大电路.PcbDoc	✓	✓	
✓	Add	NetC1_1	To	分压式偏置放大电路.PcbDoc	✓	✓	
✓	Add	NetC1_2	To	分压式偏置放大电路.PcbDoc	✓	✓	
✓	Add	NetC2_1	To	分压式偏置放大电路.PcbDoc	✓	✓	
✓	Add	NetC2_2	To	分压式偏置放大电路.PcbDoc	✓	✓	
✓	Add	NetC3_1	To	分压式偏置放大电路.PcbDoc	✓	✓	
✓	Add	NetC3_2	To	分压式偏置放大电路.PcbDoc	✓	✓	
✓	Add	VCC	To	分压式偏置放大电路.PcbDoc	✓	✓	

验证变更　执行变更　报告变更(R)...　仅显示错误　关闭

图 1-69　完全导入

这样元器件就导入到 PCB 图样了。关闭“工程变更指令”窗口，下面就可以进行 PCB 图元器件的布局了。

步骤 3：元器件布局

元器件导入到 PCB 图样后，工作区已经自动切换到“分压式偏置放大电路.PcbDoc”，此时元器件的布局如图 1-70 所示。从图中可以看出，从原理图传输过来的 PCB 图将所有的元器件定义到“Room”里面。拖动元器件到禁止布线区内，并删除“Room”。

图 1-70　元器件的布局

由于本电路元器件数量较少，可以完全采用手动布局的方法来对元器件进行布局，布局后的电路板如图 1-71 所示。

步骤 4：手动布线

本电路比较简单，导线也比较少，采用手动布线方法实现布线。所有元器件连接后的效果图如图 1-72 所示。

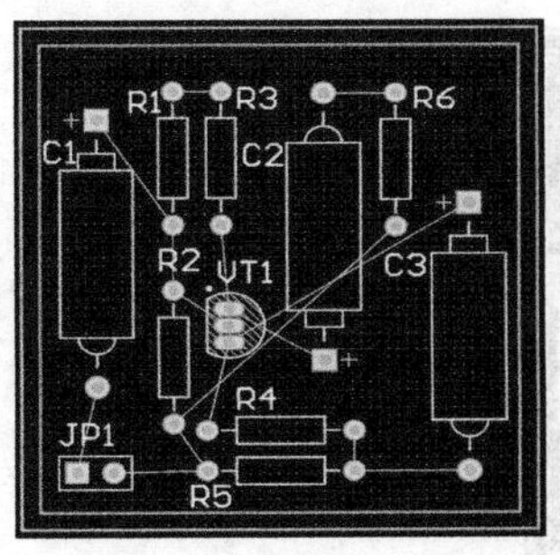

图 1-71　布局后的电路板

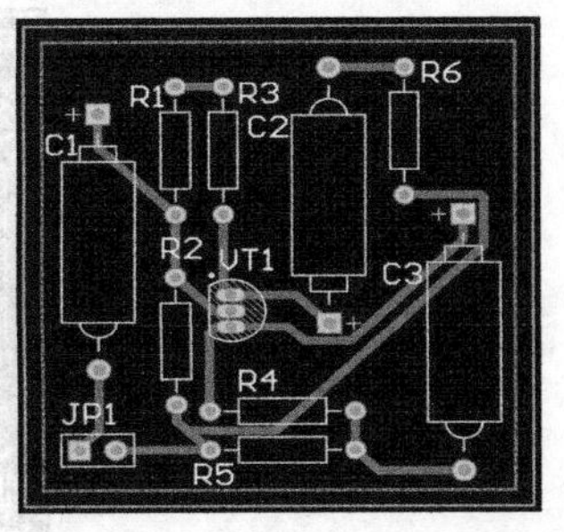

图 1-72　所有元器件连接后的效果图

至此，分压式偏置放大电路的 PCB 绘制完毕，最后再次保存即可。

步骤 5：放置“分压式偏置放大电路”字符串

在电路板中，有时添加一些文字说明，可增加电路板的可读性。文字说明一般放置在丝印层。在此，往电路板上标注电路板的名称“分压式偏置放大电路”有如下 3 种方法：

1）执行菜单命令：“Place”（放置）→“String”（字符串）。

2）单击布线工具栏中的 A 按钮。

3）使用快捷键 <P+S>。

执行完命令后，光标变成十字形并带有字符串，移动光标到图样中需要文字标注的位置，单击鼠标放置字符串。此时系统仍处于放置状态，可以继续放置字符串。放置完成后，右击退出。

在放置状态下按 <Tab> 键，或者双击放置完成的字符串，系统弹出“Text”属性对话框，如图 1-73 所示。

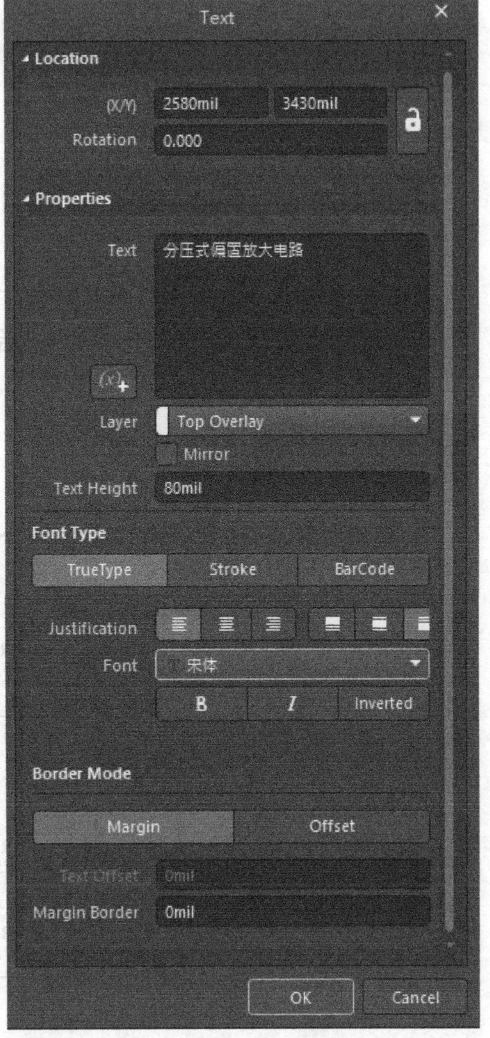

图 1-73　“Text”属性对话框

在“Text”属性对话框中可以设置字符串的内容、所在的层、字体、位置和倾斜角度等。此处在“Properties”的“Text”中填入“分压式偏置放大电路”，字体选择“TrueType”，“Text Height”为“80mil”，层为“Top Overlay”。字体选择“TrueType”后，在下面“Font”可以设置字体名、粗体和斜体等参数。设置好后，单击“OK”按钮，关闭对话框。放置好字符串之后的电路板如图 1-74 所示。

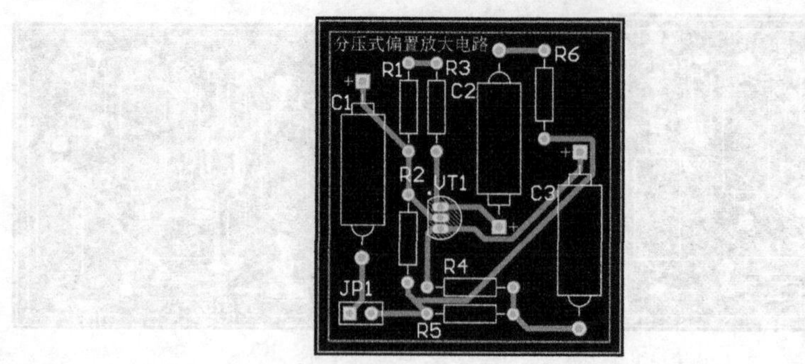

图 1-74　放置好字符串之后的电路板

项目验收与评价

1. 项目验收

根据 PCB 设计的相关规范进行项目验收，按照附录五所示的评分标准进行评分。

2. 项目评价

1）各小组学生代表汇报小组完成工作任务情况。

2）填写如附录六所示的小组学习活动评价表。

拓展训练

1. 绘制如图 1-75 所示两级阻容耦合晶体管放大电路的原理图及 PCB。

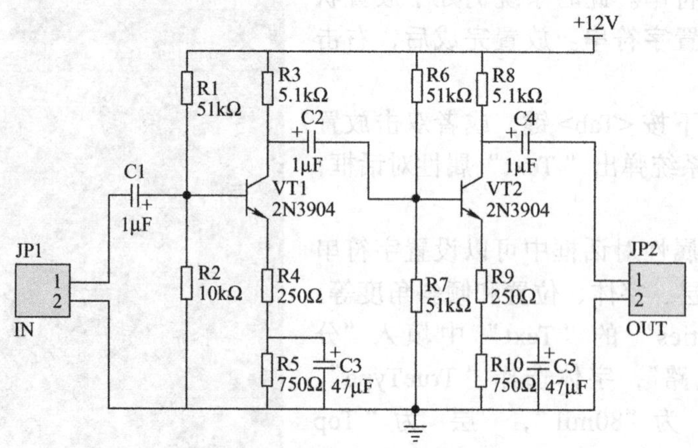

图 1-75　两级阻容耦合晶体管放大电路

2. 绘制如图 1-76 所示信号源电路的原理图及 PCB。

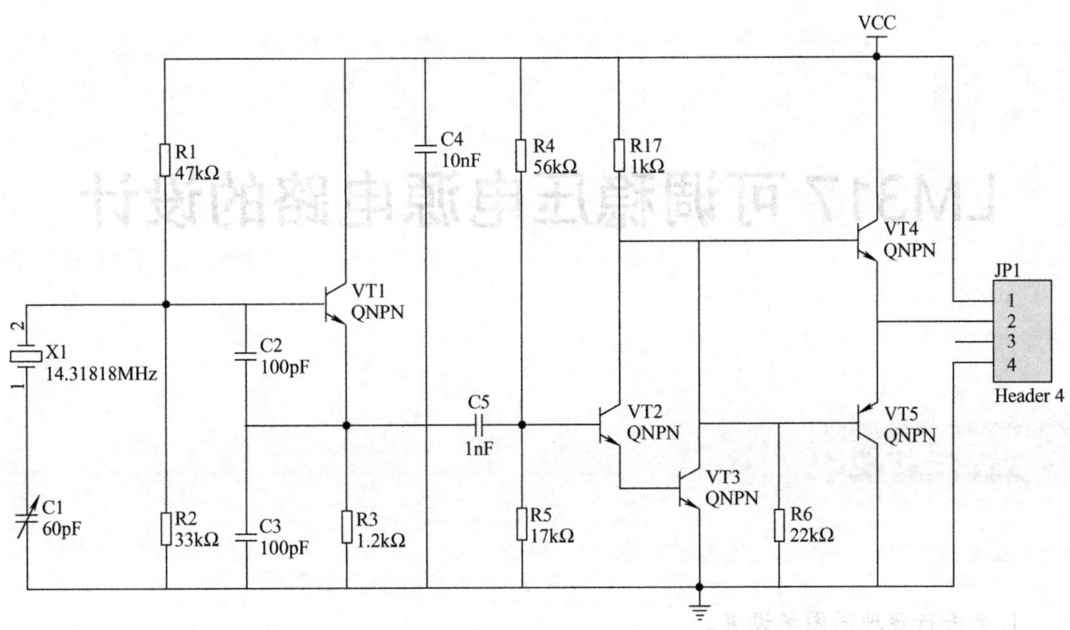

图 1-76　信号源电路

拓展活动

北京 2022 年冬奥会是科技成果的一次秀场，更是对全民进行科学普及的一次大型科普宣传活动。请读者查阅 2022 年北京冬奥会推动科技创新与科学普及的具体事项。

项目二

LM317 可调稳压电源电路的设计

项目目标

知识目标

1. 会进行原理图图纸设置。
2. 会原理图图纸模板及标题栏设计。
3. 会元器件库的加载与删除。
4. 会进行元器件的查找。
5. 会对元器件库已有的元器件进行修改。

能力目标

1. 会查询电路功能，并根据 LM317 可调稳压电源电路原理图正确选用电子元器件。
2. 会根据所选元器件参数型号查询并记录元器件封装尺寸信息。
3. 能通过网络、书籍等收集、筛选和整理信息。

项目描述

电子电路通常都需要电压稳定的直流电源供电，直流稳压电源是一种将 220V 工频交流电转换成稳定的直流电压输出的装置，它通常由降压电路、整流电路、滤波电路和稳压电路 4 部分组成，下面用 Altium Designer 21 软件进行 LM317 可调稳压电源电路的设计，要求自己设计 B5 图纸模板，并设计标题栏，标题栏内容、格式以及直流稳压电路原理图如图 2-1 所示。

手动布局、手动布线可以满足简单 PCB 的绘制。但是，电路通常都是比较复杂的，如果完全采用手动布局、手动布线是行不通的，这时就得借助自动布局、自动布线等操作才能完成电路 PCB 的设计。本项目的设计要求使用自动布局、自动布线等操作来完成 PCB 设计，且要求接地线的宽度为 30mil，其余导线的宽度为 20mil。

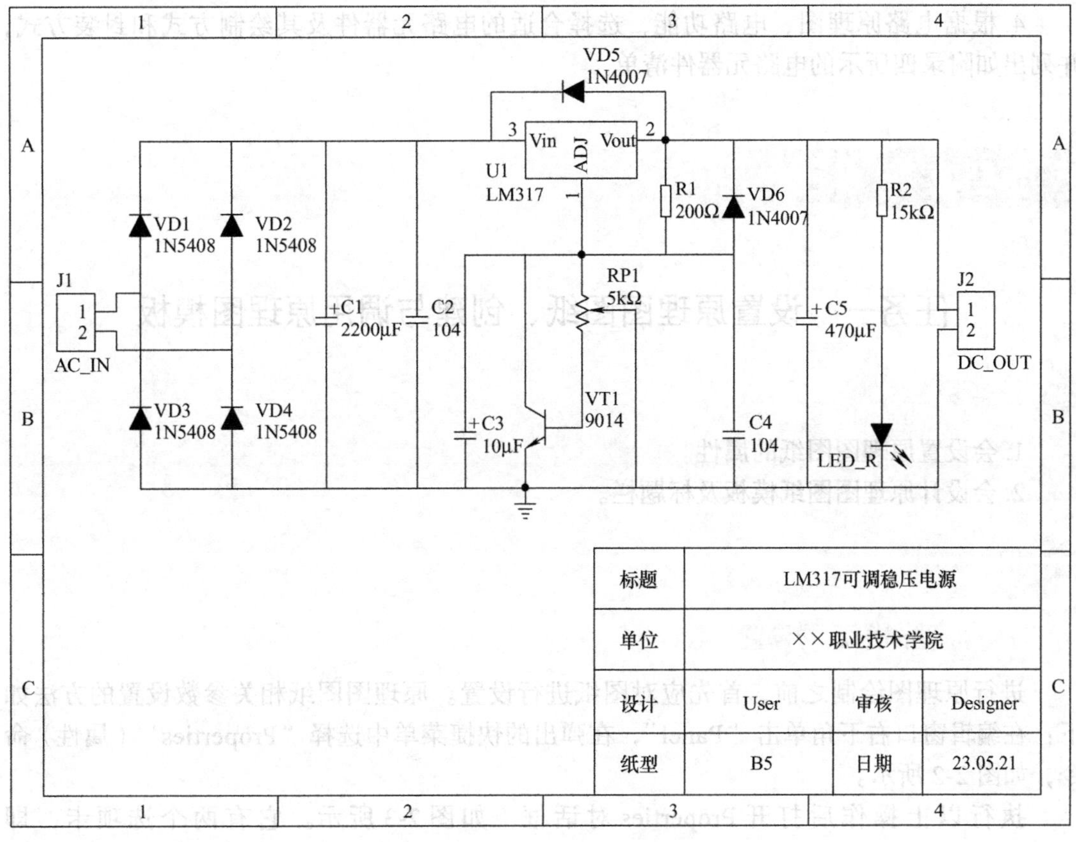

图 2-1 LM317 可调稳压电源电路

项目计划

1. 准备工作。查看"附录一 Altium Designer 21 软件中常用原理图库元器件"，了解常用元器件的名称、图形符号和库中名称等信息。

2. 在教师指导下，根据具体情况将学生分为若干小组，由组长填写如附录三所示的角色分配表。

3. 熟悉 LM317 可调稳压电源电路设计的工作过程，并填写电路设计任务单，见表 2-1。

表 2-1 电路设计任务单

项目名称			
工作人员			
工作开始时间		工作完成时间	
设计内容	1. 基于 Altium Designer 21 原理图库绘制电路原理图 2. 基于 Altium Designer 21 PCB 库设计电路 PCB		
设计要求	按相关规范绘制 PCB		

4. 根据电路原理图、电路功能，选择合适的电路元器件及其绘制方式和封装方式，并列出如附录四所示的电路元器件清单。

项目实施

任务一　设置原理图图纸、创建与调用原理图模板

任务目标

1. 会设置原理图图纸的属性。
2. 会设计原理图图纸模板及标题栏。

相关知识

一、原理图图纸的设置

进行原理图绘制之前，首先应对图纸进行设置。原理图图纸相关参数设置的方法如下：在编辑窗口右下角单击“Panel”，在弹出的快捷菜单中选择“Properties”（属性）命令，如图 2-2 所示。

执行以上操作后打开 Properties 对话框，如图 2-3 所示。它有两个选项卡，即“General”（通用）和“Parameters”（参数）。

（一）基本参数的设置

在 Properties 面板的“General”选项卡中，可以设置图纸的栅格、尺寸、方向、标题栏和颜色等。

1. 设置图纸尺寸

打开 Properties 面板中的“Page Options”（图面选项）选项组，“Formatting and Size”（格式与尺寸）选项用于设置图纸尺寸。Altium Designer 21 给出了 3 种图纸尺寸的设置方式，一种是 Template（模板），一种是 Standard（标准），还有一种是 Custom（自定义）。用户可以根据设计需要选择，默认的设置方式为 Standard。

（1）Standard　使用 Standard 方式设置图纸，可以在“Standard”下拉列表中选择已定义好的图纸标准尺寸。标准格式共有 18 种，包括公制图纸格式（A0 ～ A4）、英制图纸格式（A ～ E）、OrCAD 格式（OrCAD A ～ OrCAD E）及其他格式（Letter、Legal 和 Tabloid），各种规格的图纸尺寸见表 2-2。

（2）Custom　Custom 风格可以自定义图纸的尺寸，设置图纸参数，包括定制宽度、定制高度、X 区域计数、Y 区域计数以及刃带宽等。

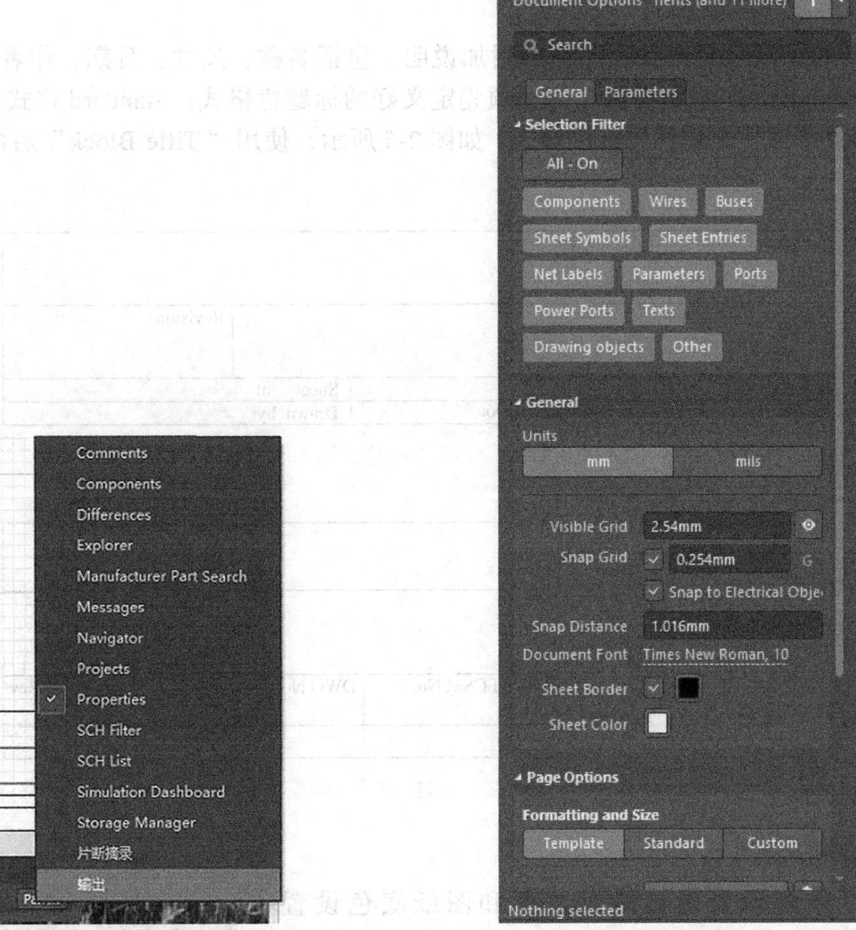

图 2-2　快捷菜单　　　　图 2-3　Properties 面板

表 2-2　各种规格的图纸尺寸　（单位：in）

代号	尺寸	代号	尺寸	代号	尺寸
A4	11.5 × 7.6	B	15 × 9.5	OrCAD C	20.6 × 15.6
A3	15.5 × 11.5	C	20 × 15	OrCAD D	32.6 × 20.6
A2	22.3 × 15.7	D	32 × 20	OrCAD E	42.8 × 32.6
A1	31.5 × 22.3	E	42 × 32	Letter	11 × 8.5
A0	44.6 × 31.5	OrCAD A	9.9 × 7.9	Legal	14 × 8.5
A	9.5 × 7.5	OrCAD B	15.6 × 9.9	Tabloid	17 × 11

注：1in=0.0254m。

2. 设置图纸方向

图纸方向可以通过“Orientation”（定位）的下拉列表来设置，可以设置为“Landscape”（水平方向）或“Portrait”（垂直方向）。一般在绘制及显示时设为水平方向，打印输出时可根据需要设置为水平方向或垂直方向。

3. 设置图纸标题栏

图纸的标题栏是对设计图纸的附加说明，包括名称、尺寸、日期、作者和版本等。Altium Designer 21 系统提供了两种预先定义好的标题栏格式：Standard 格式如图 2-4 所示和 ANSI 格式（美国国家标准格式）如图 2-5 所示，使用“Title Block”后即可进行格式选择。

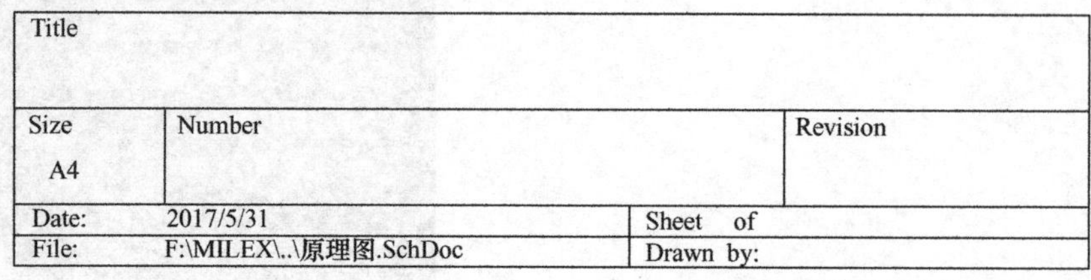

图 2-4　Standard 格式标题栏

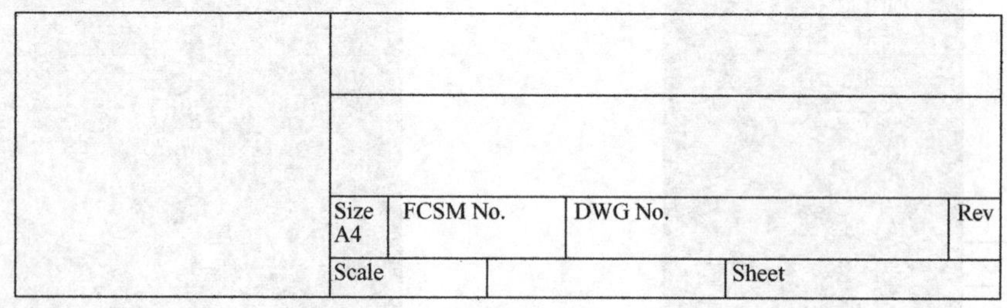

图 2-5　ANSI 格式标题栏

4. 设置图纸颜色

图纸颜色设置包括图纸边框和图纸底色设置。“Sheet Border”用来设置边框颜色，默认为黑色。单击右侧的颜色框，系统将弹出选择颜色对话框，如图 2-6 所示，可选择新的边框颜色。“Sheet Color”用来设置图纸底色，默认为浅黄色。单击右侧的颜色框，系统弹出选择颜色对话框，选择新的颜色后，单击“Apply”按钮即可。

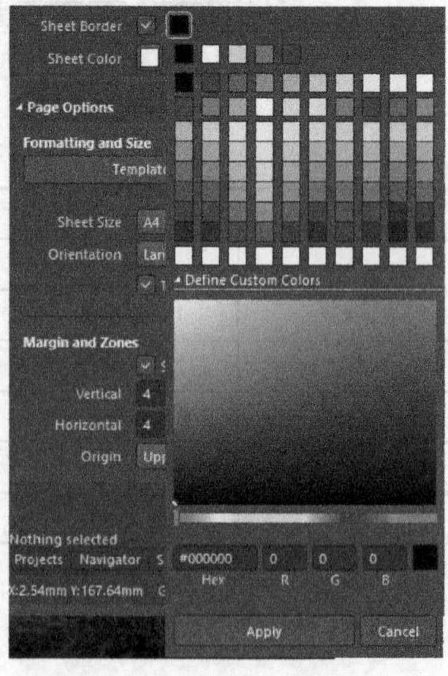

图 2-6　选择颜色对话框

5. 设置栅格

设计原理图时，图纸上的栅格为放置元器件、连接线路等设计工作提供了方便。在图纸的显示设置操作中，可进行栅格的种类以及是否显示栅格的设置。在“General”选项卡中的栅格区域可进行栅格和电气栅格设置。

捕捉栅格：表示用户在放置或移动对象时，光标移动的距离。激活“Snap Grid”功能后，在右边的输入框中输入设定值，可在绘图中快速对准坐标位置。

可视栅格：表示图纸上可视的栅格。激活“Visible Grid”功能后，在右边的输入框中输入设定值，可在原理图中显示栅格。建议捕捉栅格和可视栅格输入相同的数值，使可视栅格与捕捉栅格一致。

电气栅格：表示图纸上的连线捕捉电气节点的半径。选中“Snap to Electrical Object Hotspots”激活电气栅格后，在“栅格范围”右侧输入数值，以当前坐标位置为中心，以设定值为半径向周围搜索电气节点，然后自动将光标移动到搜索到的节点，表示电气连接有效。实际设置时，为能准确快速地捕捉电气节点，电气栅格应设置得比当前捕捉栅格小，否则影响电气对象的定位。

按照上述方法将捕捉栅格和可视栅格的值设置为100mil，电气栅格的值设置为40mil，如图 2-7 所示。

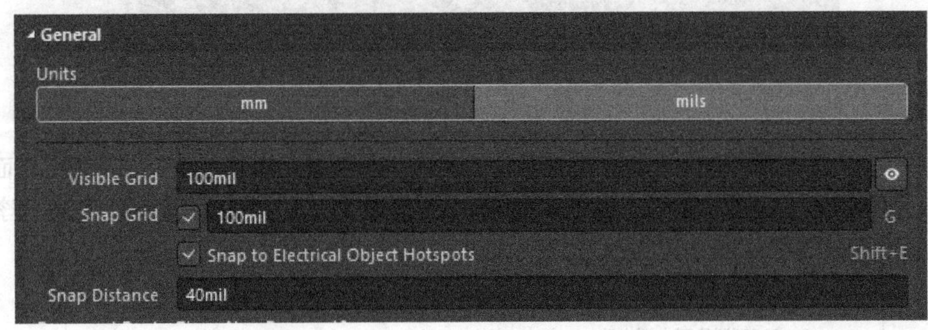

图 2-7 栅格设置

（二）其他参数的设置

1. 图纸参数信息设置

图纸的参数信息记录了电路原理图的设计信息和更新记录。常用参数表见表 2-3。

表 2-3 常用参数表

名称	功能	名称	功能
Address	设计者的地址信息	ApprovedBy	原理图审核者的姓名
Author	原理图设计者的姓名	CheckedBy	原理图校对者的姓名
CompanyName	原理图设计公司的名称	CurrentDate	系统日期
CurrentTime	系统时间	DocumentName	该文件的名称
Revision	原理图的版本	SheetNumber	原理图页面数
SheetTotal	整个设计项目的图纸数	Title	原理图的名称

参数赋值需做如下操作：单击工具栏中的添加放置文本字符串按钮 A ，按 <Tab> 键，打开“Text”对话框，如图 2-8 所示。可在“Rotation”中选择文本翻转的角度，在“Properties”下的“Text”中输入需要放置的文本，在“Font”中设置字体颜色、大小等属性，接着按 <Enter> 键或 <Esc> 键，退出“Text”对话框，然后在标题栏中相应参数名称处单击即可放置文本。

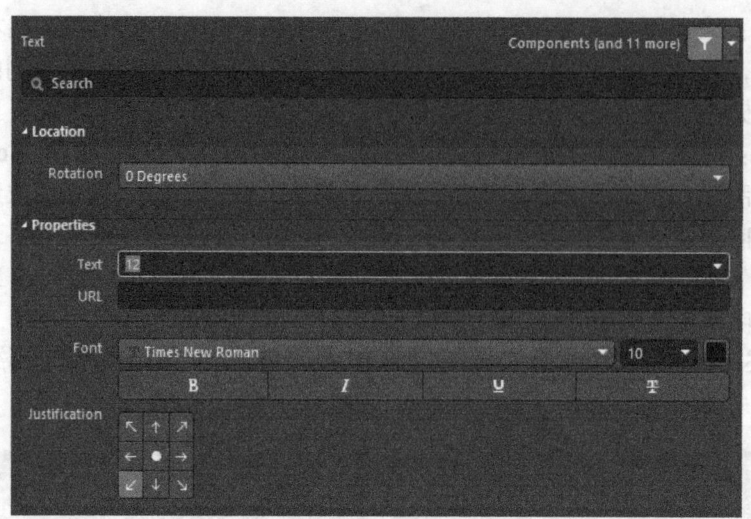

图 2-8 “Text”对话框

按照上述方法将原理图的名称设置为“LM317 可调稳压电源电路”，原理图页面数为“1”，原理图版本为“第 2 版”，整个设计项目图纸数为“1”，原理图设计者为“李四”，设置完成后的标题栏如图 2-9 所示。

Title LM317可调稳压电源电路			
Size A4	Number 1		Revision 第2版
Date:	2017/5/21	Sheet of 1	
File:	C:\Users\..\分压式偏置放大电路.SchDoc	Drawn by: 李四	

图 2-9 设置完成后的标题栏

2. 图纸单位设置

原理图中的长度单位可采用英制（mils）或公制（mm）两种。

单击 Properties 面板中“General”选项组“Units”选项卡的“mm”或者“mils”按钮，可以设置对应的单位。

图 2-10 “Units”选项卡

二、原理图模板的创建与调用

原理图模板的创建与调用

Altium Designer 21 提供了一些图纸模板供用户调用，这些模板存放在系统安装目录下的 Templates 子目录里，当模板不满足用户需求时，还可采用系统提供的自定义模板功能。下面介绍创建纸型为 B5 的文档模板以及调用原理图图纸模板的方法。

（一）原理图模板的创建

1. 新建原理图文件

新建一个空白原理图文件，打开 Properties 面板，在“Page Options”选项组的“Formatting and Size”选项中取消勾选“Title Block”复选框，然后将原理图中使用的单位设置为 mm。单击“Formatting and Size”选项中的“Custom”按钮，然后在激活的“Width”编辑框中输入 257，在“Height”编辑框中输入 182，在“Vertical”编辑框中输入 3，在“Horizontal”编辑框中输入 4，“Margin Width”编辑框采用默认值，最后按 <Enter> 键便创建了一个 B5 规格的无标题栏的空白图纸，如图 2-11 所示。

2. 绘制标题栏

执行菜单“放置”→“绘图工具”→“线”命令，绘制如图 2-12 所示的标题栏边框。

图 2-11　创建好的空白 B5 图纸

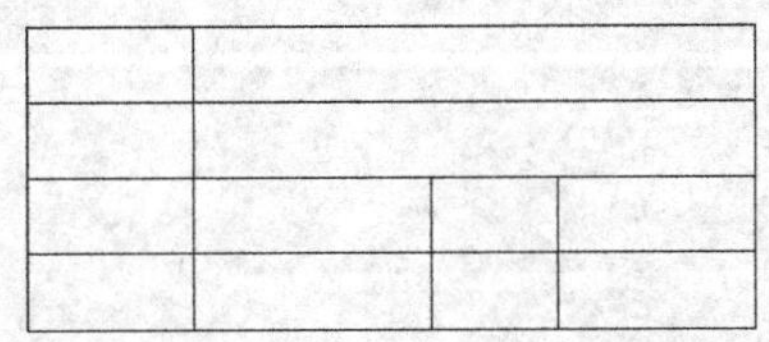

图 2-12　标题栏边框

然后执行菜单“放置”→“文本字符串”命令或者单击快捷工具栏 A 按钮，按 <Tab> 键打开“Text”属性对话框，设置文字颜色为蓝色，字体大小为小二，文本内容如图 2-13 所示，其他默认，依次添加文本。

最后执行菜单“放置”→“文本字符串”命令或者单击快捷工具栏 A 按钮，按 <Tab> 键打开“Text”属性对话框，设置文字颜色为蓝色，字体大小为小二，文字内容如图 2-14 所示，其他默认，依次添加原理图信息。

标题			
单位			
设计		审核	
纸型		日期	

图 2-13　添加文本后的标题栏

标题	LM317 可调稳压电源		
单位	××职业技术学院		
设计	*	审核	*
纸型	B5	日期	*

图 2-14　文字内容

单击“保存”按钮，在弹出的保存对话框中设置文件名为 B5_Template.SchDot，保存类型为原理图模板文件。

（二）原理图图纸模板的调用

1. 新建或打开原理图删除当前模板

首先新建一个空白的原理图文件，或者打开已有的一个原理图文档。接着在菜单中执行“设计”→“模板”→“移除当前模板”打开如图 2-15 所示的“Remove Template

Graphics”对话框，它有 3 个选项用来设置操作的对象范围，包括“Just this document”（仅该文档）、“All schematic documents in the current project”（当前工程的所有原理图文档）和“All open schematic documents”（所有打开的原理图文档）。然后选择“Just this document”（仅仅该文档），单击“OK”按钮，要求用户确认移除原理图图纸模板的操作。

2. 添加创建好的模板

选择主菜单中的“设计”→“模板”→“通用模板”→“Choose Another File”，打开“打开”对话框，选择前面创建好的 B5_Template.SchDot，单击“打开”按钮，弹出如图 2-16 所示的“更新模板”对话框，用户根据需要选择“选择文档范围”和“选择参数作用”选项卡。

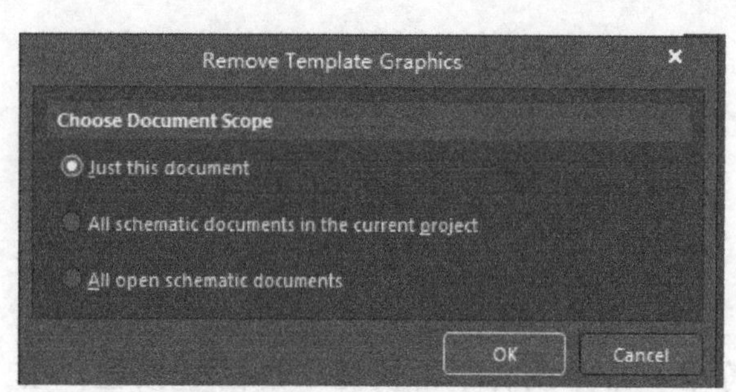

图 2-15 “Remove Template Graphics”对话框

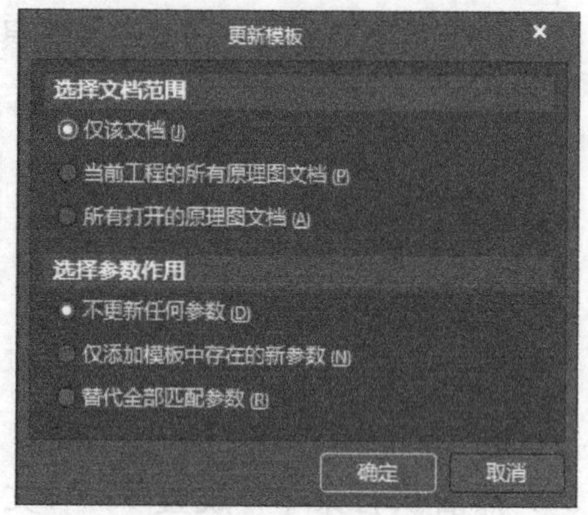

图 2-16 “更新模板”对话框

任务实施

根据上述相关知识，设计 B5 图纸模板并设计标题栏。标题栏的内容和格式如图 2-1 所示。

任务二 修改元器件库已有元器件

任务目标

1. 会进行元器件库的加载与卸载。
2. 会进行元器件的查找。
3. 会对元器件库已有的元器件进行修改。

相关知识

一、元器件库的加载与卸载

Altium Designer 21 软件中元器件数量庞大、种类繁多，一般是按照生产商及其类别功能的不同，将其分别存放在不同的文件内，这些专用于存放元器件的文件就称为库文件。为了方便使用，一般应将包含所需元器件的库文件载入内存中，这个过程就是元器件库的加载。暂时用不到的元器件库，应从内存中移除，这个过程就是元器件库的卸载。

对于元器件和库文件的各种操作，Altium Designer 21 软件提供了一个直观灵活的 Components 面板，如图 2-17 所示。Components 面板主要由以下几部分组成。

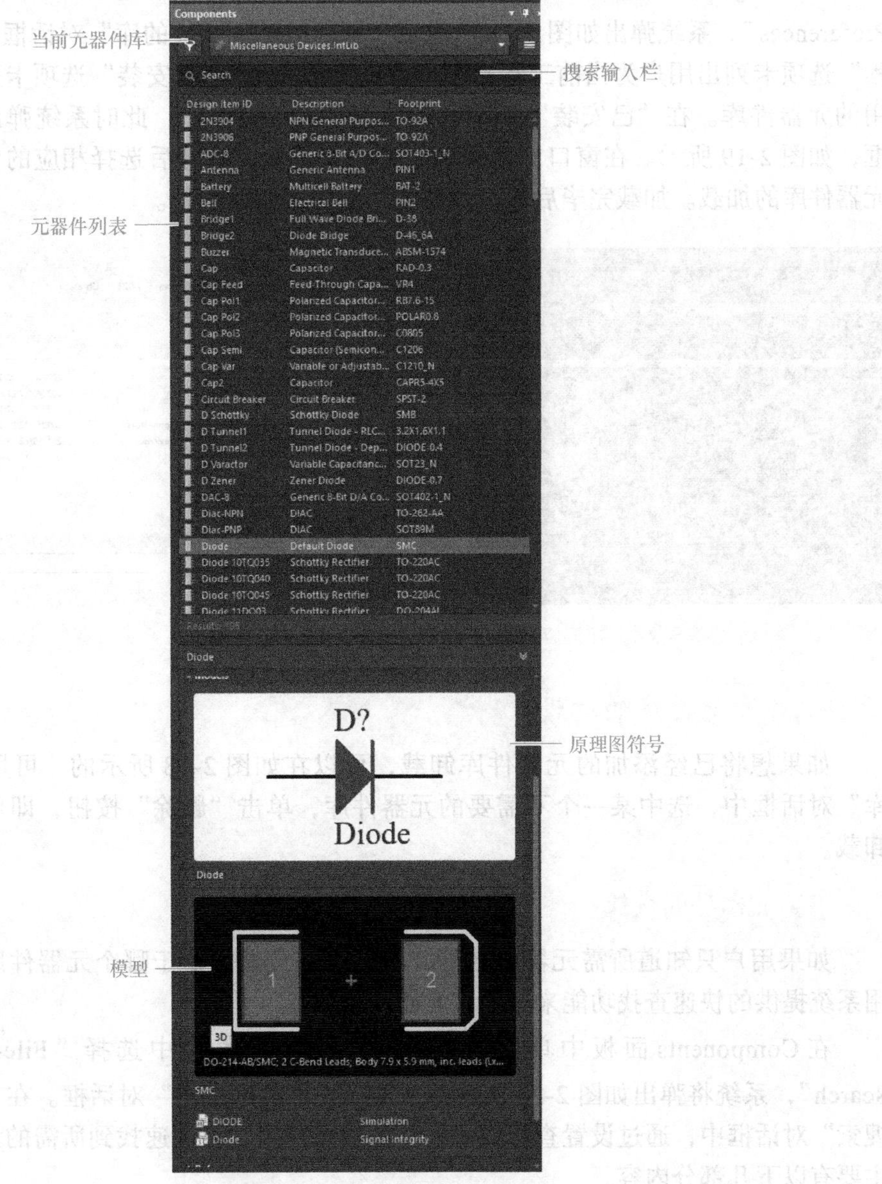

图 2-17　Components 面板

当前元器件库：该文件栏中列出了当前已加载的所有库文件。

“Search”（搜索）输入栏：用于搜索当前库中的元器件，并在下面的元器件列表中显示，其中“*”表示显示库中的所有元器件。

元器件列表：用于列出满足搜索条件的所有元器件。

原理图符号：用于显示当前选择的元器件在原理图中的外形符号。

模型：用于显示当前元器件的各种模型，如 3D 模型、PCB 封装及仿真模型等。

（一）元器件库的加载

在 Components 面板上单击按钮，在下拉菜单中选择“File-based Libraries Preferences”，系统弹出如图 2-18 所示的“可用的基于文件的库”对话框。对话框中“工程”选项卡列出用户为当前工程自行创建的元器件库；“已安装”选项卡列出系统当前可用的元器件库。在“已安装”选项卡中单击“安装”按钮，此时系统弹出“打开”对话框，如图 2-19 所示。在窗口中选择确定的库文件夹，打开后选择相应的元器件库，完成元器件库的加载。加载完毕后单击“关闭”按钮关闭对话框。

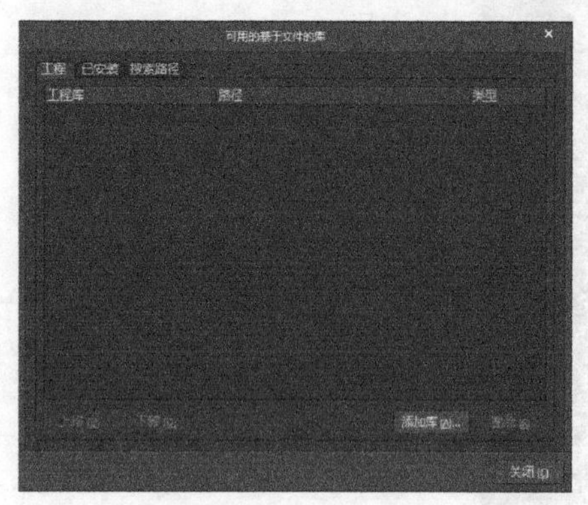

图 2-18 “可用的基于文件的库”对话框

图 2-19 “打开”对话框

（二）元器件库的卸载

如果想将已经添加的元器件库卸载，可以在如图 2-18 所示的“可用的基于文件的库”对话框中，选中某一个不需要的元器件库，单击“删除”按钮，即可将该元器件库卸载。

二、元器件的查找

如果用户只知道所需元器件名称，不知道该元器件处于哪个元器件库中，此时可利用系统提供的快速查找功能来查找该元器件。

在 Components 面板中单击按钮，在下拉菜单中选择“File-based Libraries Search”，系统将弹出如图 2-20 所示的“基于文件的库搜索”对话框。在“基于文件的库搜索”对话框中，通过设置查找的条件、范围及路径，可快速找到所需的元器件，对话框主要有以下几部分内容。

“过滤器”栏：用于设置需要查找的元器件满足的条件，最多可以设置 10 个，单击“添加行”超链接即可增加，单击“移除行”即可删除。“字段”用于列出查找的范围；“运算符”列出了“equals”“contains”“starts with”和“ends with”4 种运算符，可选择设置；“值”用于输入需要查找元器件的型号名称。

“范围”栏：用于设置查找的范围。搜索范围：单击按钮，在弹出的列表中有 4 种类型，即 Components（元器件）、Footprints（封装）、3D Models（3D 模型）和 Database Components（数据库元器件）。可用库：选择该单选按钮，系统会在已经加载的元器件库中查找。搜索路径中的库文件：选中该单选按钮，系统将在指定的路径中进行查找。Refine last search：该单选按钮仅在有查找结果时才被激活，选中后，只在查找结果中进一步搜索。

“路径”栏：用于设置查找元器件的路径，只有在选中“搜索路径中的库文件”单选按钮时才有效。路径：单击右侧的按钮，系统弹出“浏览文件夹”窗口，供用户选择设置搜索路径。若选中下面的“包括子目录”复选框，则包含在指定目录中的子目录也会被搜索。File Mask：用于设定查找元器件的文件匹配域，“*”表示匹配任何字符串。高级：如果需要进行更高级的搜索，单击“高级”，“基于文件的库搜索”对话框将变为如图 2-21 所示的形式。在空白的文本编辑栏中，输入表示查找条件的过滤语句表达式，有助于系统更快捷、更准确地查找，该对话框还增加了以下功能按钮。

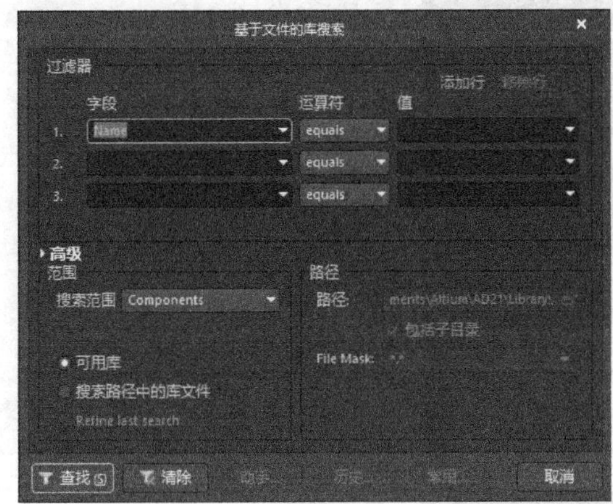

图 2-20　“基于文件的库搜索”对话框

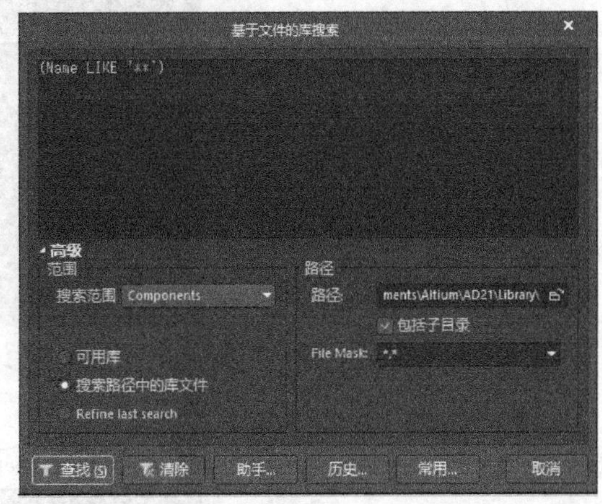

图 2-21　高级“基于文件的库搜索”对话框

“助手”：单击该按钮，即进入系统提供的 Query Helper（帮助器）对话框，该对话框可以帮助用户建立相关的过滤语句表达式。

“历史”：单击该按钮，即打开“语法管理器”对话框中的“历史”选项卡，里面存放了所有搜索记录，供用户查询、参考。

“常用”：单击该按钮，即打开“语法管理器”对话框中的“偏好的”选项卡，用户可以将偏好的过滤语句表达式保存，便于下次查找时直接使用。

例如要查找如图 2-22 所示的“Meter”元器件，可以在图 2-20“基于文件的库搜索”对话框的“字段”项选择“name”，“运算符”项选择“contains”，“值”项输入“Meter”，在“范围”栏中选择“搜索路径中的库文件”；也可以在图 2-21 高级“基于文件的库搜索”对话框的上方直接输入“Meter”，“范围”栏中同样选择“搜索路径中的库文件”。然后单击“查找”按钮，系统开始自动查找。查找结束后的 Components 面板如图 2-23 所示，符合搜索条件的元器件有多个，选择 Meter，其原理图符号、封装形式等将显示在面板上，用户可以详细查看。

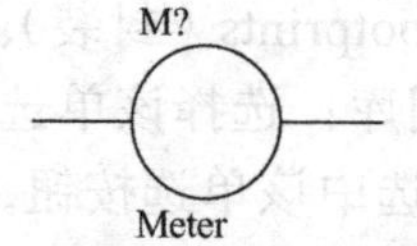

图 2-22　要查找的 Meter 元器件

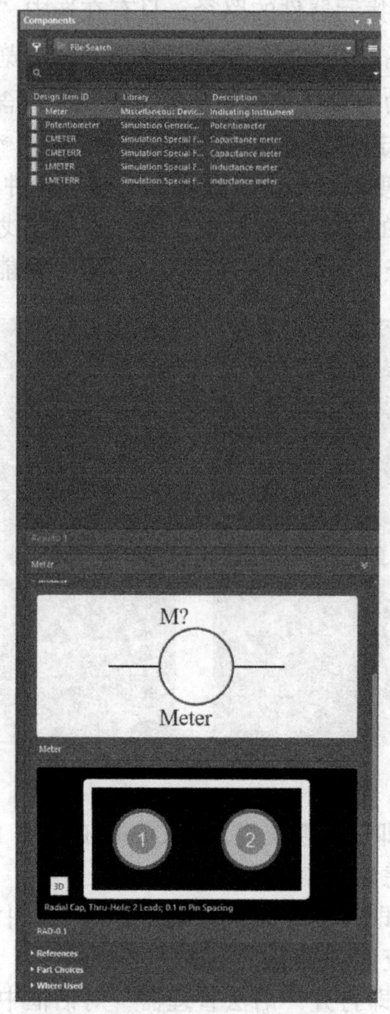

图 2-23　查找结束后的 Components 面板

三、元器件库已有元器件的修改

元器件库已有元器件的修改

在原理图库中，有些元器件已有类似的元器件符号。那么就没有必要重新绘制，可在已有元器件的基础上进行修改，生成符合设计需要的元器件以提高设计效率。下面通过如图 2-24 所示 Volt Reg 元器件（所在元器件库：Miscellaneous Devices）的修改，介绍修改元器件库已有的库元器件以及放置到原理图中的过程。

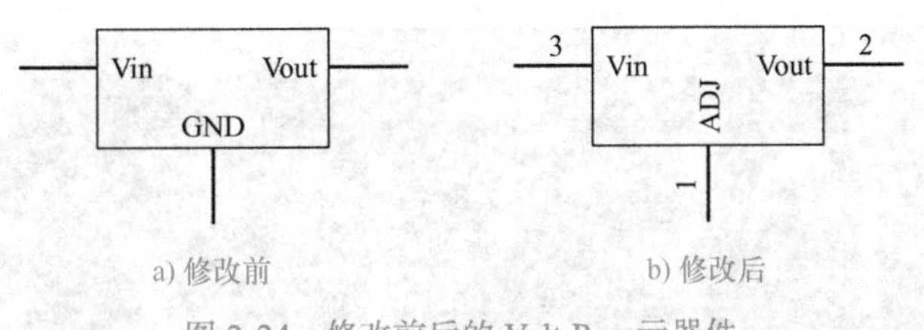

a) 修改前 b) 修改后

图 2-24 修改前后的 Volt Reg 元器件

1. 打开已有元器件 Volt Reg 所在库

执行菜单命令“文件”→“打开”，找到 C：\ 用户 \ 公用 \ 公用文档 \Altium\AD21\ Library 目录下的库文件 Miscellaneous Devices.IntLib。双击打开，系统弹出如图 2-25 所示的“解压源文件或安装”对话框。

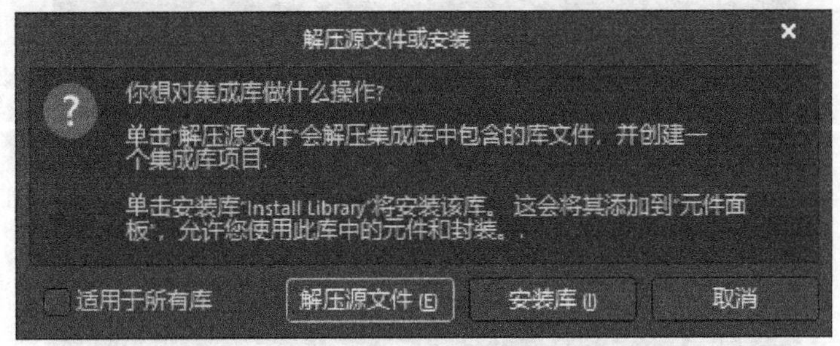

图 2-25 “解压源文件或安装”对话框

单击“解压源文件”按钮，在 Projects 面板上显示出两个分解文件，Miscellaneous Devices.PcbLib 和 Miscellaneous Devices.SchLib，如图 2-26 所示。

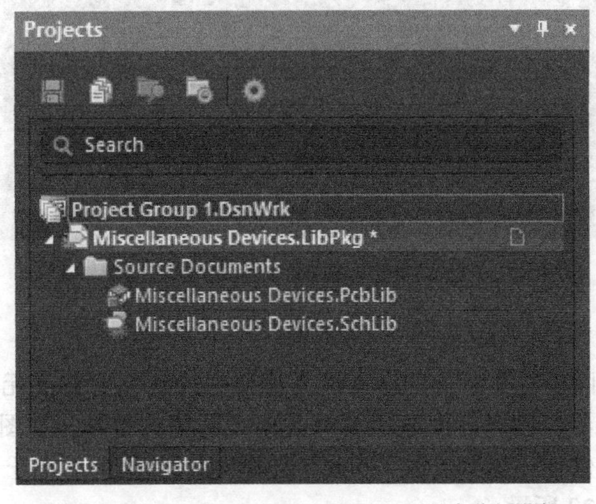

图 2-26 Miscellaneous Devices.IntLib 两个分解文件

双击原理图库文件 Miscellaneous Devices.SchLib，库文件被打开，在 SCH Library 面板栏中显示出所有的库元器件，如图 2-27 所示。

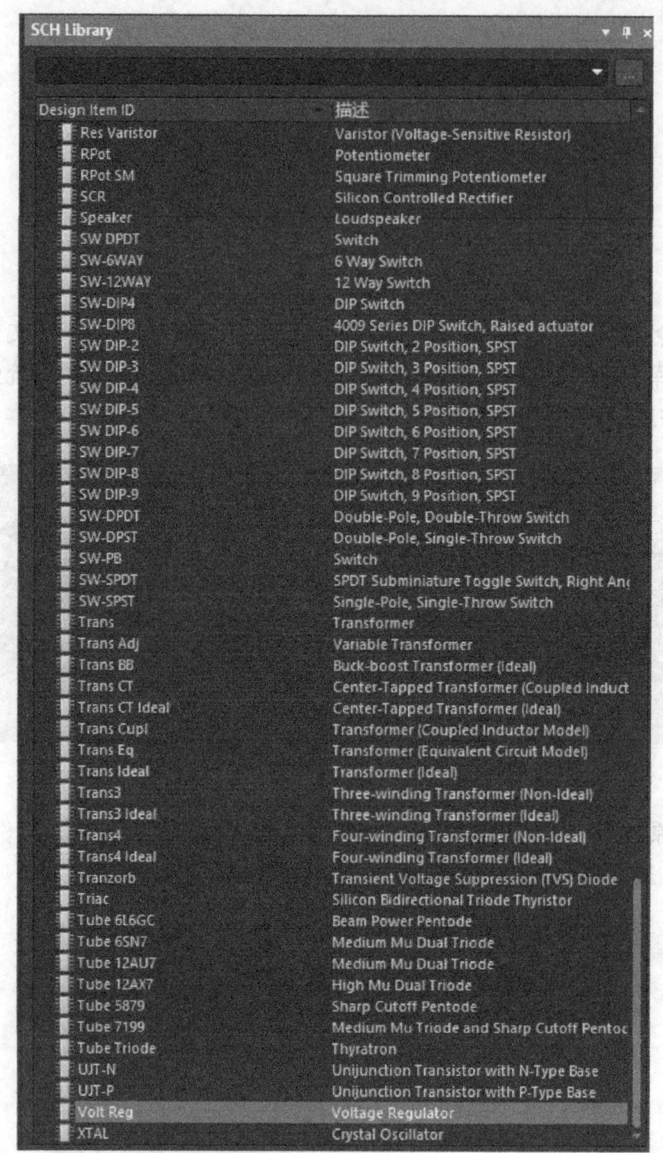

图 2-27　Miscellaneous Devices.SchLib 所有的库元器件

2. 编辑修改元器件

在 SCH Library 面板栏显示出的所有库元器件中找到 Volt Reg 元器件，并单击选中，则在右侧原理图库元器件编辑界面显示 Volt Reg 元器件的符号，如图 2-28 所示。在编辑区双击 Volt Reg 元器件任一引脚（以“Vin”引脚为例），便可以打开“Vin”引脚的引脚属性对话框，如图 2-29 所示。

在图 2-29“Vin”引脚的引脚属性对话框的“Designator”栏中，将文本内容的“1”修改为“3”，将“⊙”选中，其他参数使用默认值，如图 2-30 所示。

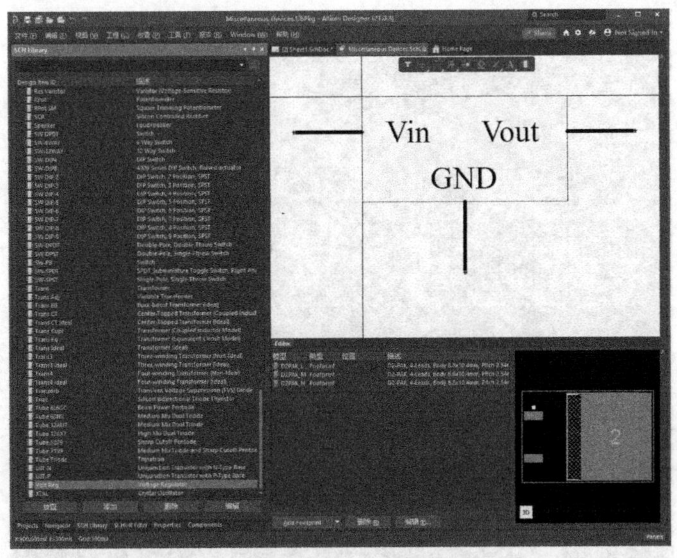

图 2-28　Volt Reg 元器件编辑界面

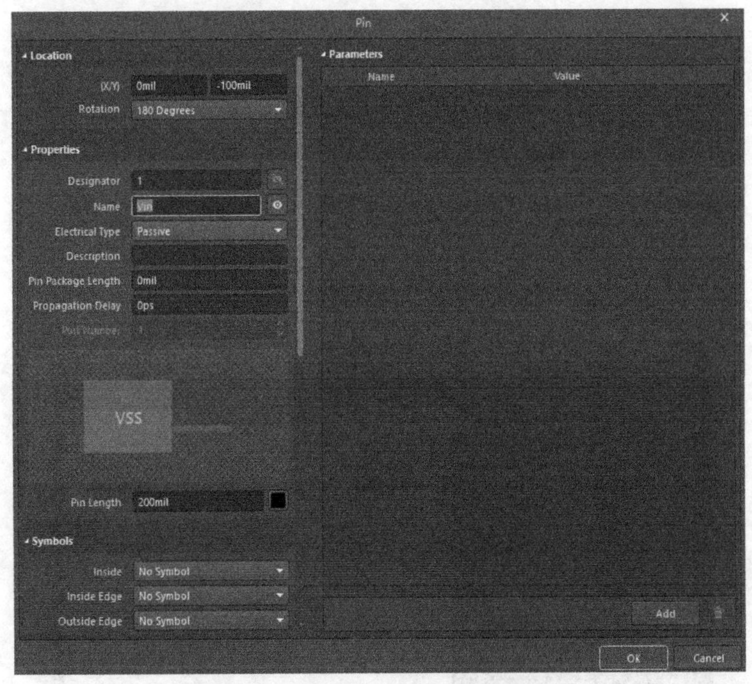

图 2-29　“Vin”引脚属性对话框

修改好“Vin”引脚的属性后，单击引脚属性对话框右下角的“OK”按钮，则完成“Vin”引脚的修改。“Vin”引脚修改前后的对照图如图 2-31 所示。

使用相同的方法修改 Volt Reg 元器件另外的两个引脚，修改好的 Volt Reg 元器件如图 2-32 所示。

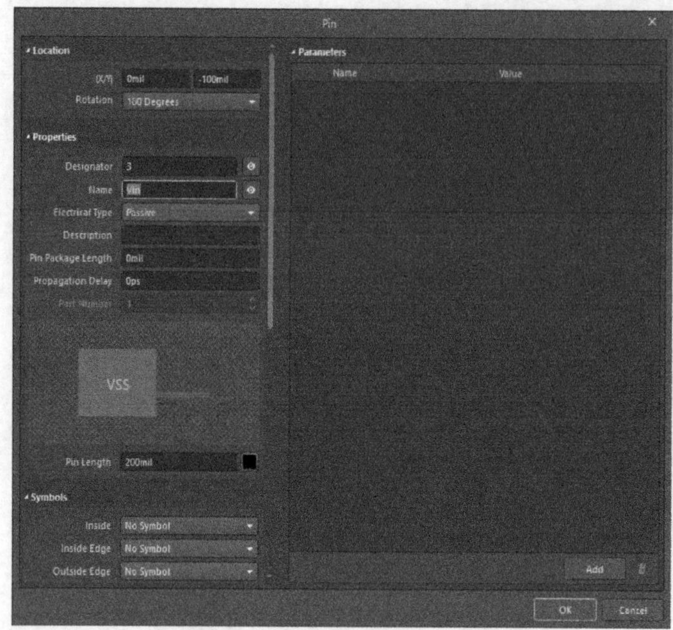

图 2-30　修改“Vin”引脚的属性

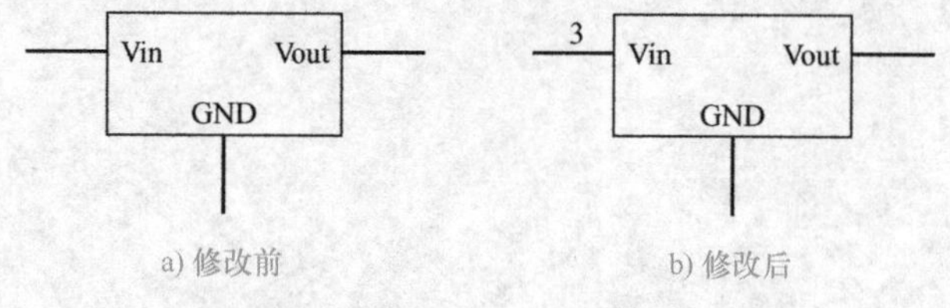

a) 修改前　　b) 修改后

图 2-31　“Vin”引脚修改前后的对照图

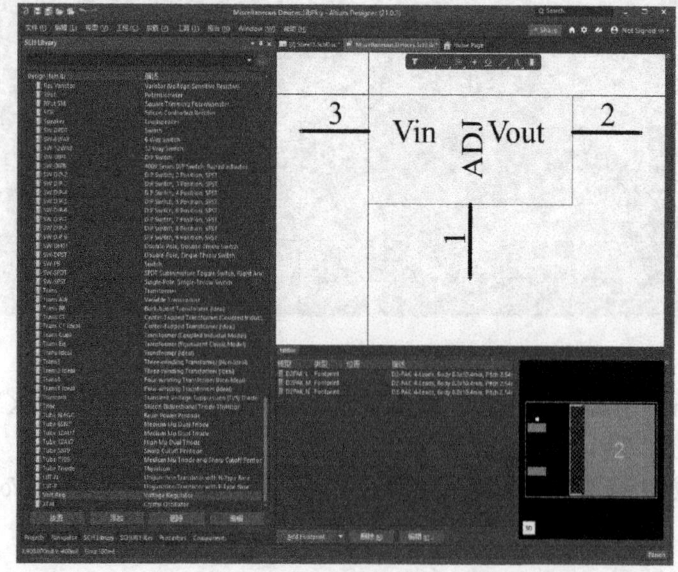

图 2-32　修改好的 Volt Reg 元器件

3. 放置修改好的元器件

在图 2-32 的操作界面中，单击左侧 SCH Library 面板栏中元器件列表下方的“放置”按钮，便可以把修改好的元器件放置到原理图编辑器中，如图 2-33 所示。

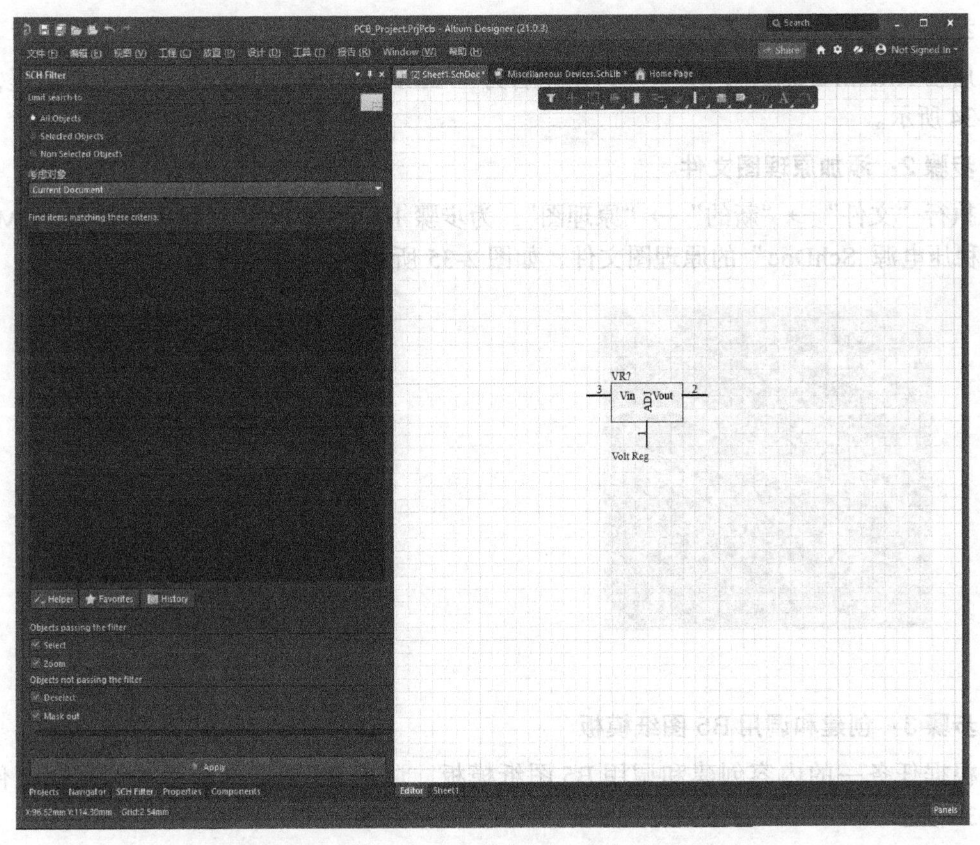

图 2-33　把修改好的元器件放置到原理图编辑器中

任务实施

根据上述相关知识，在 Altium Designer 21 软件自带的原理图元器件库中找到与图 2-1 所示“U1（LM317）”相似的元器件，然后把它修改成图 2-1 中的“U1（LM317）”元器件。

任务三　绘制 LM317 可调稳压电源电路原理图

任务目标

1. 会调用原理图模板，会设置原理图图纸。
2. 会修改元器件库已有的元器件。
3. 会查找元器件，并绘制电路原理图。

任务实施

完成任务一和任务二相关知识的学习以及对应的任务实施后，接下来进行 LM317 可调稳压电源电路原理图的绘制，其基本步骤如下。

步骤 1：创建 PCB 工程

启动 Altium Designer 21 软件，创建名为“LM317 可调稳压电源”的 PCB 工程，如图 2-34 所示。

步骤 2：添加原理图文件

执行“文件”→“新的”→“原理图”，为步骤 1 创建的 PCB 工程添加名为“LM317 可调稳压电源 .SchDoc”的原理图文件，如图 2-35 所示。

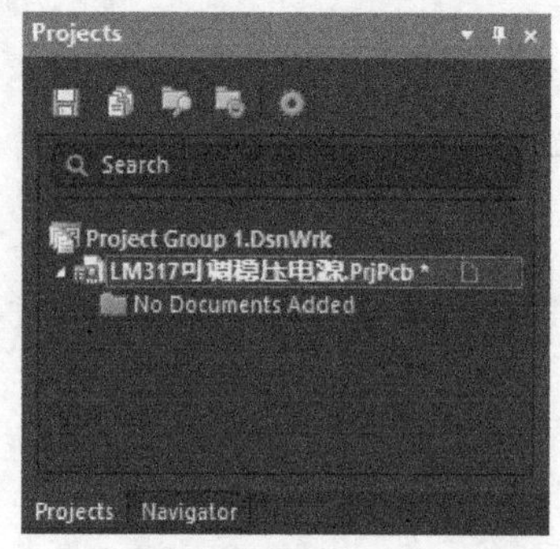

图 2-34　创建 PCB 工程

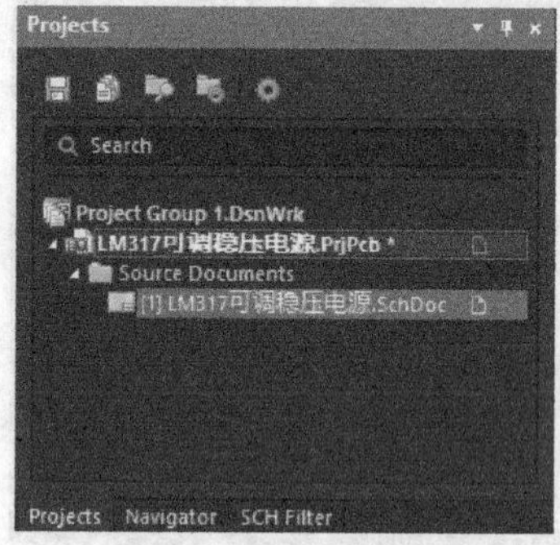

图 2-35　添加原理图文件

步骤 3：创建和调用 B5 图纸模板

根据任务一的内容创建和调用 B5 图纸模板，调用 B5 图纸模板后的原理图文件如图 2-36 所示。

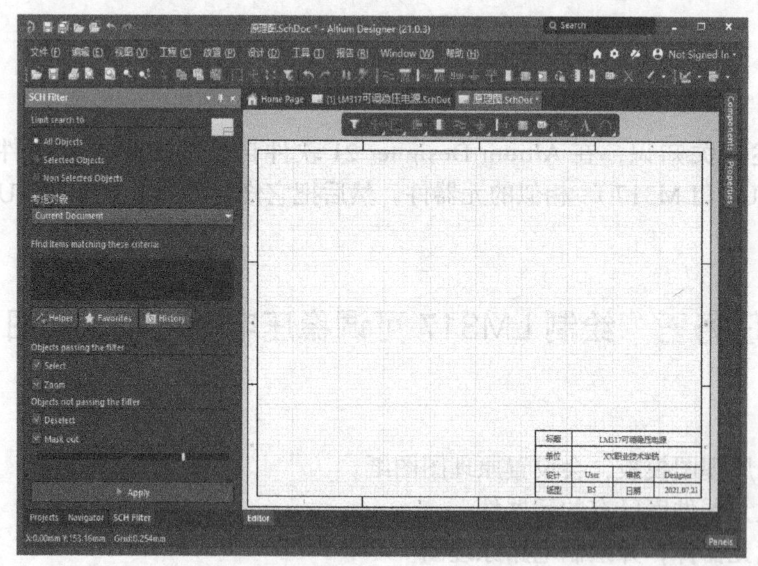

图 2-36　调用 B5 图纸模板

步骤 4：修改元器件库元器件

该项目的 LM317 可调稳压电源原理图中的电容、二极管、晶体管和电阻等元器件在 Miscellaneous Devices.IntLib 中都可以找得到，而芯片 LM317 需要通过修改才能得到。根据任务二的内容，将 Miscellaneous Devices.IntLib 元器件库中的 Volt Reg 元器件修改成本项目所需要的 LM317 元器件，如图 2-37 所示。将修改好之后的 LM317 元器件放置到原理图编辑器中。

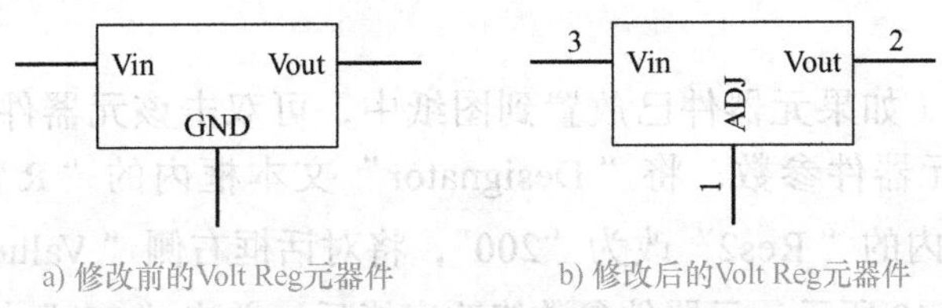

a) 修改前的Volt Reg元器件　　b) 修改后的Volt Reg元器件

图 2-37　将 Volt Reg 元器件修改成 LM317 元器件

步骤 5：放置元器件并设置属性

1）单击原理图编辑窗口右侧边缘的“Components”按钮，弹出如图 2-38 所示的 Components 面板。

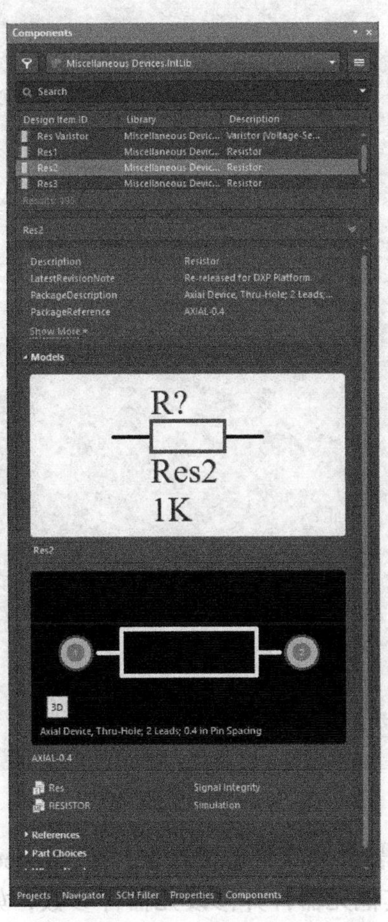

图 2-38　Components 面板

2）在当前元器件库（Miscellaneous Devices.IntLib）下，选中需放置的元器件，如 Res2，双击 Res2，或者右击、选择“Place Res2”按钮，光标指针变成十字形并浮动一个要放置的元器件，状态如图 2-39 所示。

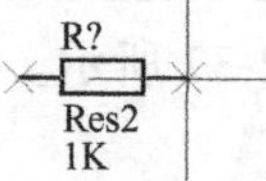

图 2-39　放置元器件状态

3）按 <Tab> 键（如果元器件已放置到图纸中，可双击该元器件），弹出 Component 属性对话框，修改元器件参数，将“Designator”文本框内的“R？”改为“R1”，将“Comment”文本框内的“Res2”改为“200”，将对话框右侧“Value”选项左边的设置为不可见，如图 2-40 所示。元器件参数修改完毕后，单击“OK”按钮。

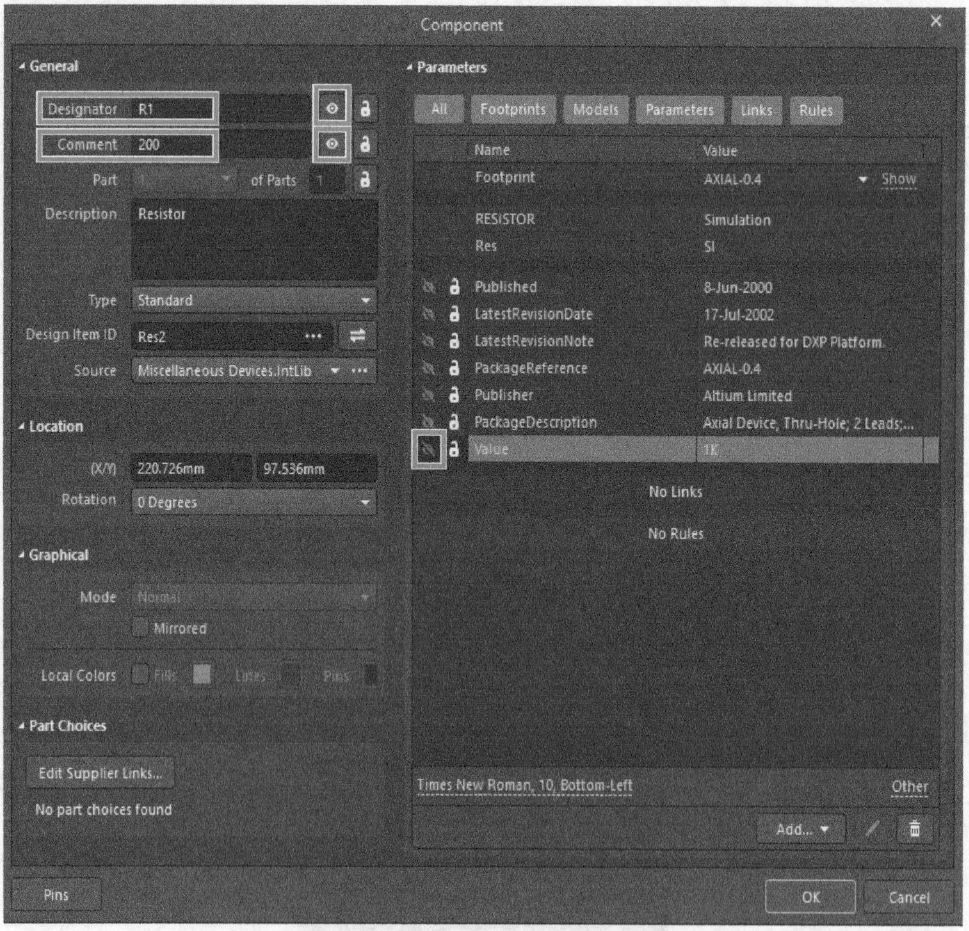

图 2-40　修改元器件参数

4）修改参数后的电阻元器件为水平放置状态，按 <Space> 键改为垂直放置状态。

5）用同样的方法放置其他元器件并修改元器件参数，如果元器件的位置需要调整，可用鼠标直接拖动（按住鼠标左键不松开）元器件到合适位置即可。元器件放置完毕后的电路图如图 2-41 所示。

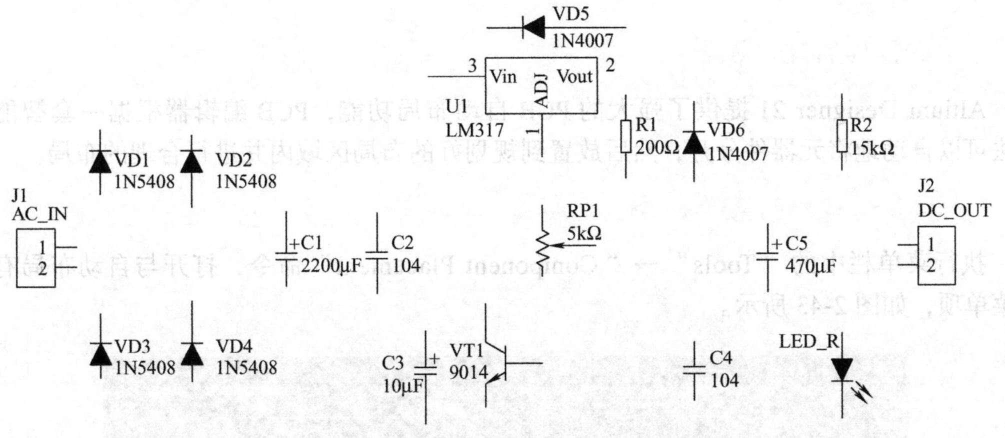

图 2-41　元器件放置完毕后的电路图

步骤 6：绘制导线、放置电源和接地端子

绘制导线，放置电源和接地端子，电路图绘制完毕。绘制完整的电路图如图 2-42 所示（带标题栏的电路图见图 2-1），保存文件。

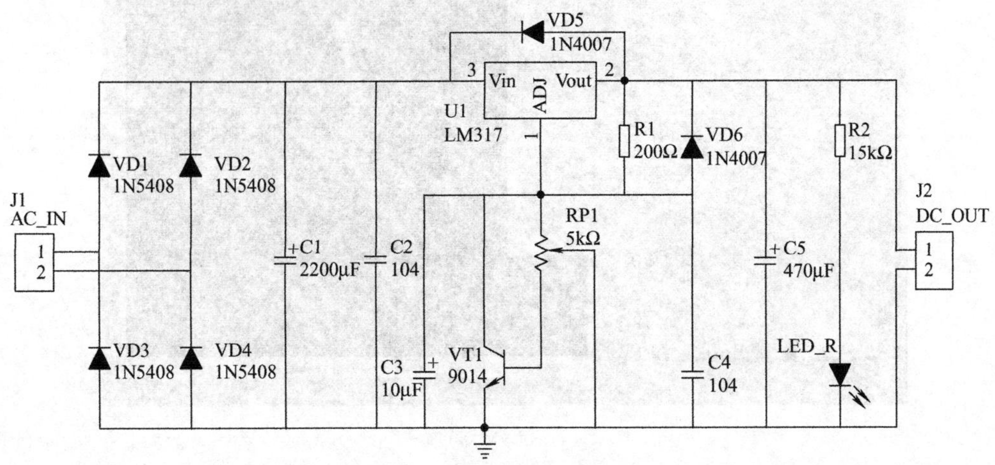

图 2-42　绘制完整的电路图

任务四　绘制 LM317 可调稳压电源电路 PCB

任务目标

1. 学会 PCB 编辑器的使用、PCB 的基础操作及 PCB 设计的其他操作。
2. 会通过向导创建 PCB 文件。
3. 会进行电路板的自动布局，并对不合理的布局加以调整。

4. 会设置自动布线的规则，并使用自动布线工具完成布线。

相关知识

一、元器件的自动布局

Altium Designer 21 提供了强大的 PCB 自动布局功能，PCB 编辑器根据一套智能的算法可以自动地将元器件分开，然后放置到规划好的布局区域内并进行合理的布局。

（一）自动布局的菜单命令

执行菜单栏中的“Tools”→“Component Placement”命令，打开与自动布局有关的菜单项，如图 2-43 所示。

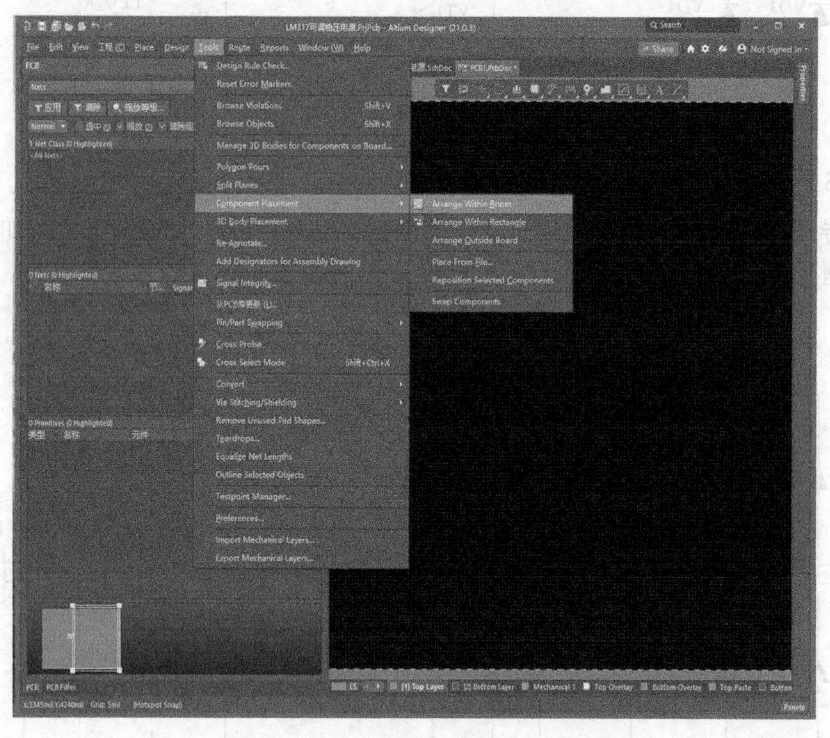

图 2-43 自动布局菜单项

“Arrange Within Room”：用于在指定的空间内部排列元器件。单击该命令后，光标变为十字形，在要排列元器件的空间区域内单击，元器件即自动排列到该空间内部。

“Arrange Within Rectangle”：用于将选中的元器件排列到矩形区域内。使用该命令前，需要先选中要排列的元器件。此时光标变为十字形，在要放置元器件的区域内单击，确定矩形区域的一角，拖动光标至矩形区域的另一角后再次单击。确定该矩形区域后，系统会自动将已选择的元器件排列到矩形区域中来。

“Arrange Outside Board”：用于将选中的元器件排列在 PCB 的外部。使用该命令前，需要先选中要排列的元器件，系统自动将选择的元器件排列到 PCB 范围以外的右下角区域内。

（二）自动布局约束参数

在自动布局前，首先要设置自动布局的约束参数。合理地设置自动布局参数可以使自动布局的结果更加完善，也就相对地减少了手动布局的工作量，节省了设计时间。

自动布局的参数在“PCB 规则及约束编辑器”对话框中进行设置。选择菜单栏中的“Design”→“Rules”命令，系统将弹出“PCB 规则及约束编辑器”对话框。单击该对话框中的“Placement”（设置）标签，逐项对其中的选项进行参数设置。

1）Room Definition（空间定义规则）：用于在 PCB 上定义元器件布局区域，图 2-44 为该选项设置内容。在 PCB 上定义的布局区域有两种，一种是区域中不允许出现元器件，另一种则是某些元器件一定要在指定区域内。在该对话框中可以定义该区域的范围（包括坐标范围与工作层范围）和种类。该规则主要用在线 DRC（设计规则检查）、批处理 DRC 和成群放置项自动布局的过程中。

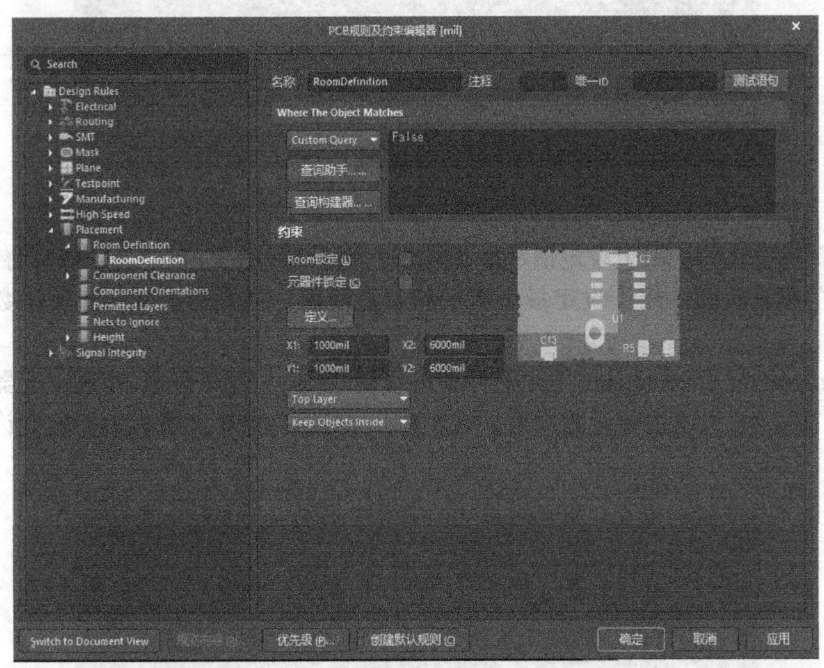

图 2-44　“Room Definition”选项设置内容

其中各选项的功能如下。

“Room 锁定”复选框：勾选该复选框时，将锁定 Room 类型的区域，以防止在进行自动布局或手动布局时移动该区域。

“元器件锁定”复选框：勾选该复选框时，将锁定区域中的元器件，以防止在进行自动布局或手动布局时移动该元器件。

“定义”按钮：单击该按钮，光标将变成十字形，移动光标到工作窗口中，单击可以定义 Room 的范围和位置。

“X1”“Y1”文本框：显示 Room 最左下角的坐标。

“X2”“Y2”文本框：显示 Room 最右上角的坐标。

最后两个下拉列表框中列出了该 Room 所在工作层及对象与此 Room 的关系。

2）Component Clearance（元器件间距限制规则）：用于设置元器件间距，图 2-45 为该选项设置内容。在 PCB 可以定义元器件的间距，该间距会影响到元器件的布局。

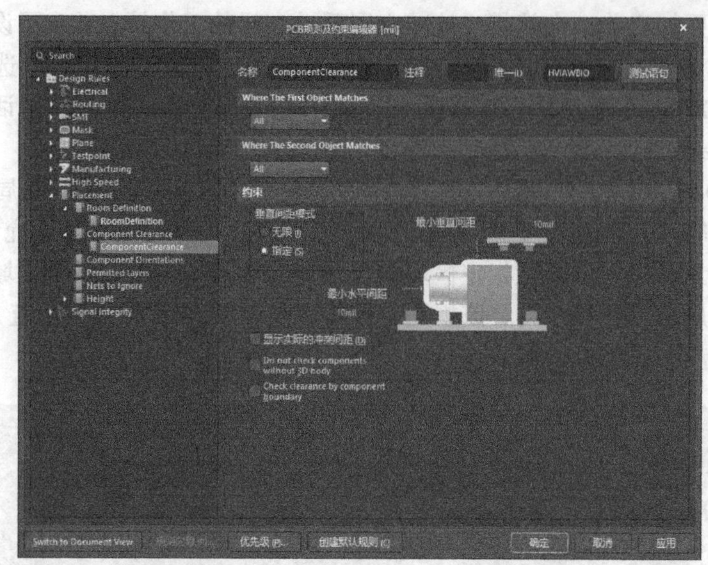

图 2-45 “Component Clearance”选项设置内容

“无限”单选按钮：用于设定最小水平间距，当元器件间距小于该数值时将视为违例。

“指定”单选按钮：用于设定最小水平和垂直间距，当元器件间距小于该数值时将视为违例。

3）Component Orientations（元器件布局方向规则）：用于设置 PCB 上元器件允许旋转的角度，图 2-46 为该选项设置内容，在其中可以设置 PCB 上所有元器件允许使用的旋转角度。

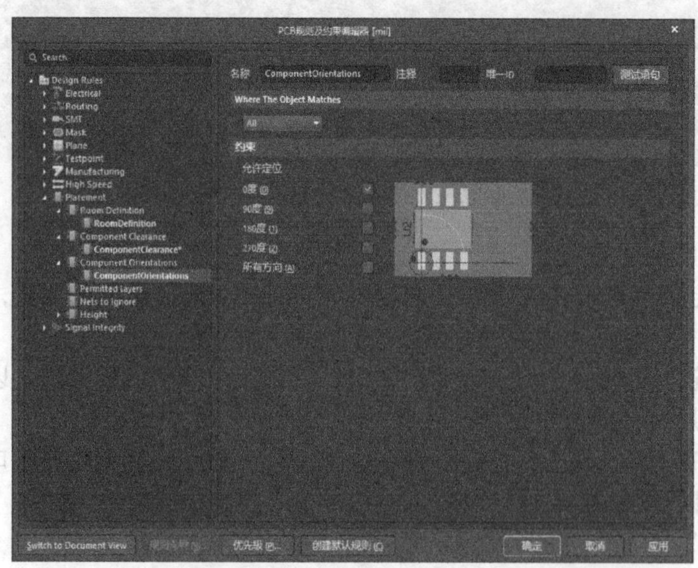

图 2-46 “Component Orientations”选项设置内容

4）Permitted Layers（电路板工作层设置规则）：用于设置 PCB 上允许放置元器件的工作层，图 2-47 为该选项设置内容。PCB 上的底层和顶层本来都是可以放置元器件的，但在特殊情况下可能有一面不能放置元器件，通过设置该规则可以实现这种需求。

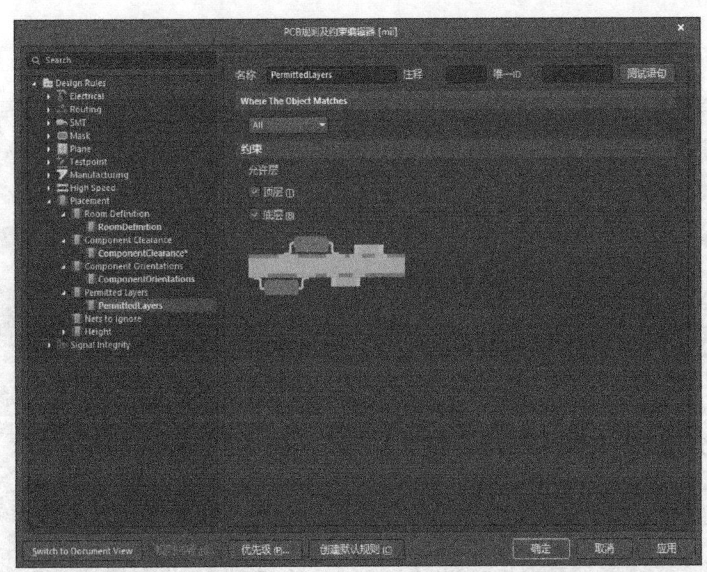

图 2-47　“Permitted Layers”选项设置内容

5）Nets To Ignore（网络忽略规则）：用于设置在采用成群放置项方式执行元器件自动布局时需要忽略布局的网络，该选项设置内容如图 2-48 所示。忽略电源网络将加快自动布局的速度，提高自动布局的质量。如果设计中有大量连接到电源网络的双引脚元器件，设置该规则可以忽略电源网络的布局并将与电源相连的各个元器件归类到其他网络中进行布局。

图 2-48　“Nets To Ignore”选项设置内容

6）Height（高度规则）：用于定义元器件的高度。在一些特殊的电路板上进行布局操作时，电路板的某一区域可能对元器件的高度要求很严格，此时就需要设置该规则。图 2-49 为该选项设置内容，主要有“最小的”“优先的”和“最大的”3 个可选择的设置选项。

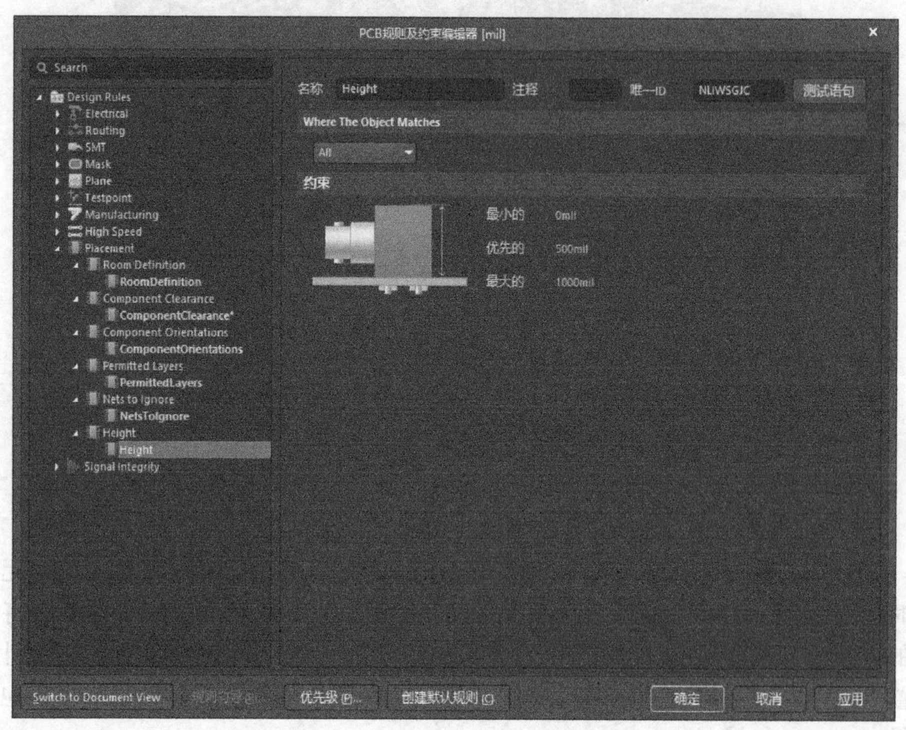

图 2-49 “Height”选项设置内容

元器件布局的参数设置完毕后，单击“确定”按钮，保存规则设置，返回 PCB 编辑环境。接着就可以采用系统提供的自动布局功能进行 PCB 元器件的自动布局了。

（三）在矩形区域内排列

打开 PCB 文件并使之处于当前的工作窗口中，在选定区域内进行自动布局的操作如下：

1）在已经导入了电路原理图的网络表和所使用的元器件封装的 PCB 文件编辑器内，设定自动布局参数。

2）在 Keep-Out Layer（禁止布线层）设置布线区。

3）选中要布局的元器件，选择菜单栏中的“Tools”→“Component Placement”→“Arrange Within Rectangle”命令，光标变为十字形，在编辑区绘制矩形区域，即可开始在选择的矩形中自动布局。自动布局需要经过大量的计算，因此需要耗费一定的时间。

（四）排列板子外的元器件

在大规模的电路设计中，自动布局涉及到大量计算，执行起来往往要花费很长时间，用户可以进行分组布局，为防止元器件过多影响排列，可将局部元器件排列到板子外，先排列板子内的元器件，最后排列板子外的元器件。

选中需要排列到外部的元器件，选择菜单栏中的“Tools”→“Component Placement”→“Arrange Outside Board”命令，系统将自动将选中的元器件放置到板子边框外侧。

二、PCB 的自动布线

在 PCB 布局结束后，便进入电路板的布线过程。Altium Designer 21 提供了自动布线的功能，可以用来自动布线。在布线之前，如果事先设定好布线规则，则可以减少很多修改工作，获得更高的布线效率和布通率。

（一）自动布线规则设置

执行菜单命令“Deign”→“Rules”，打开“PCB 规则及约束编辑器”对话框进行设置，如图 2-50 所示。在图中所示的规则中，与布线有关的主要是 Electrical（电气规则）和 Routing（布线规则）。

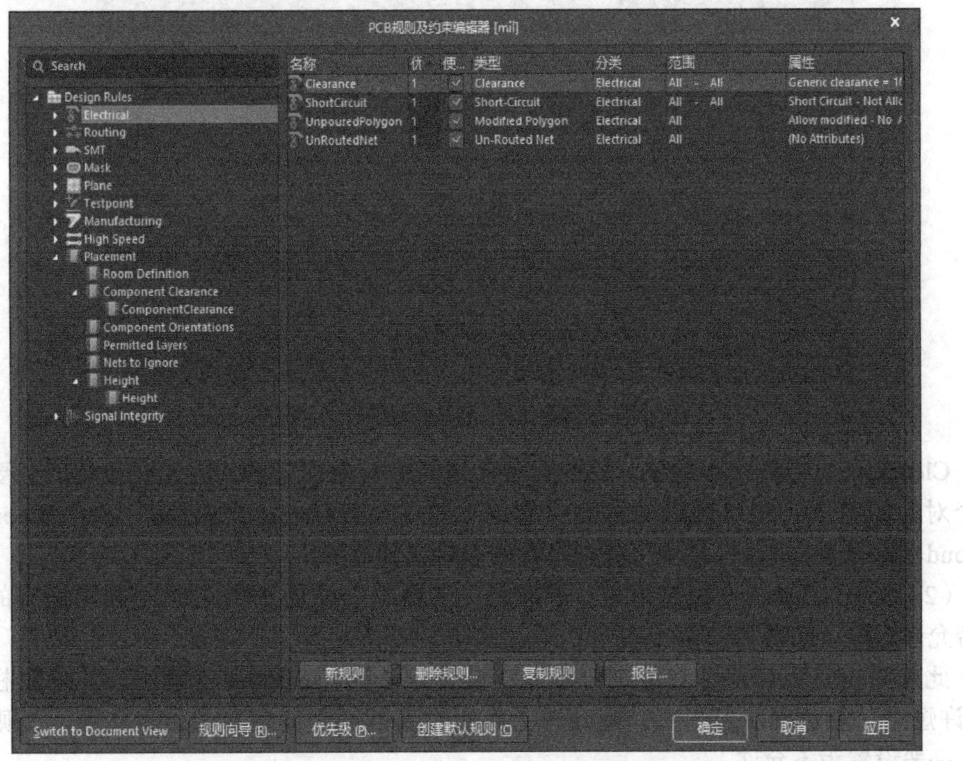

图 2-50　“PCB 规则及约束编辑器”对话框

1. Electrical（电气规则）的设置

单击 Electrical 前面的 ▶ 符号，可以看到下面包含 4 项电气子规则，如图 2-51 所示。

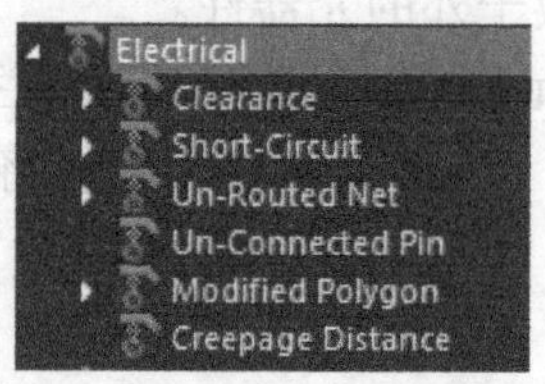

图 2-51　Electrical（电气规则）

（1）Clearance（走线间距约束）子规则　用来设置 PCB 设计中导线、焊盘、过孔以及覆铜等导电对象之间的走线间距，如图 2-52 所示。

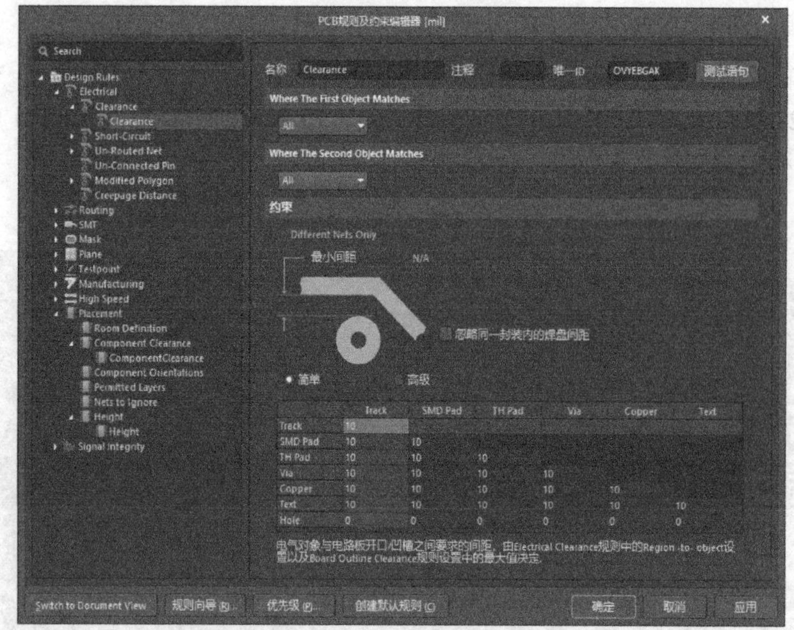

图 2-52　Clearance（走线间距约束）子规则

Clearance（走线间距约束）的设置是针对两个对象而言的，因此在设置时，要设定两个对象的范围。在对话框的右侧“Where The First Object Matches”和“Where The Second Object Matches”栏中可分别设置两个对象的范围。

（2）Short-Circuit（短路约束）子规则　主要用于设置 PCB 上的不同网络间的导线是否允许短路，如图 2-53 所示。

此规则也是针对两个对象进行设置，设置方法同 Clearance 子规则。在约束栏中有“允许短路”复选框。若选中，则允许上面所设置的两个匹配对象导线短路，否则不允许。一般设置为不允许。

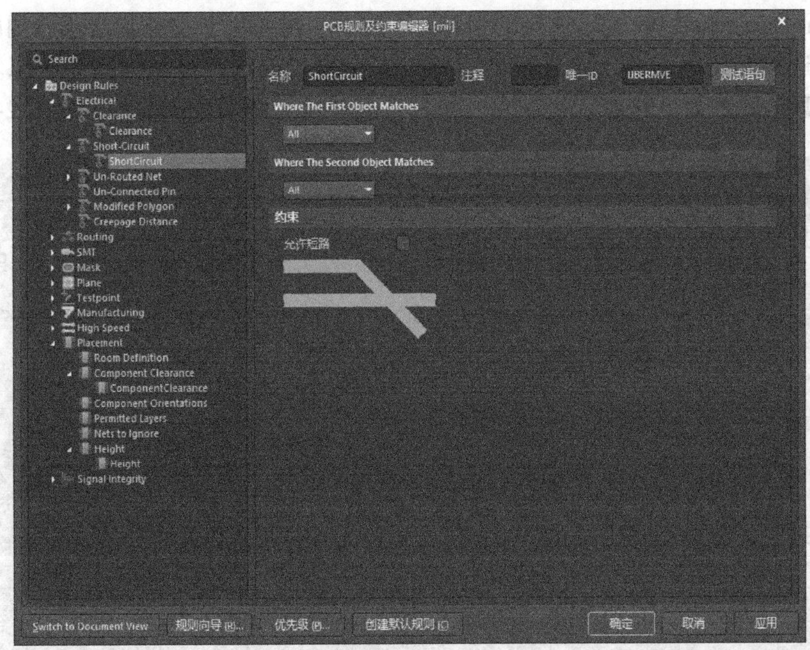

图 2-53　Short–Circuit（短路约束）子规则

（3）Un–Routed Net（未布线的网络）子规则　主要用于检查 PCB 中用户指定范围内的网络是否自动布线成功，对于没有布通或者未布线的网络，将使其仍保持飞线连接状态。该规则不需要设置其他约束，只需创建规则，为其命名并设定适用范围即可，如图 2-54 所示。

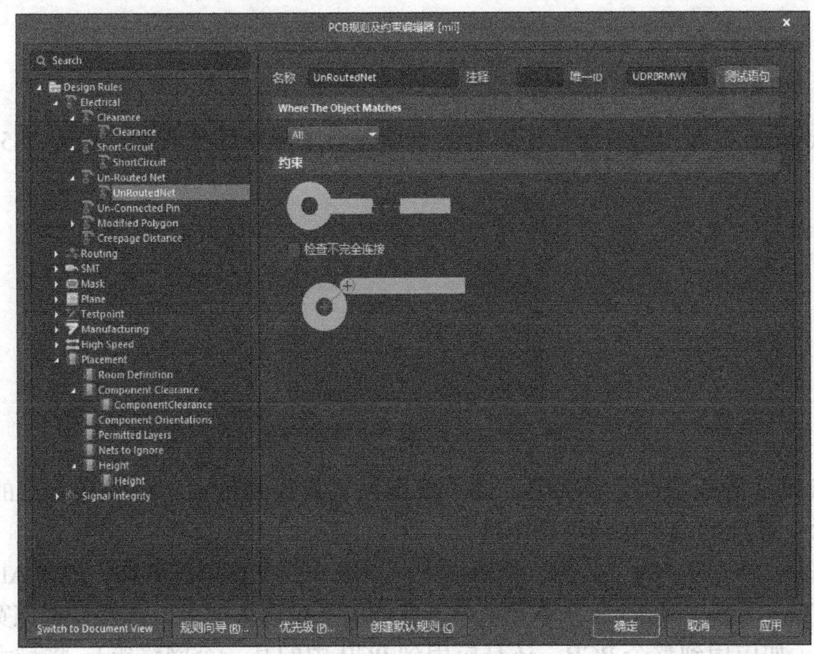

图 2-54　Un–Routed Net（未布线的网络）子规则

（4）Un–Connected Pin（未连接的引脚）子规则　主要用于检查指定范围内的元器件引脚是否均已连接到网络，对于未连接的引脚，给予警告提示，显示为高亮状态。该规则也不需要设置其他的约束，只需创建规则，为其命名并设定适用范围即可，如图 2-55 所示。

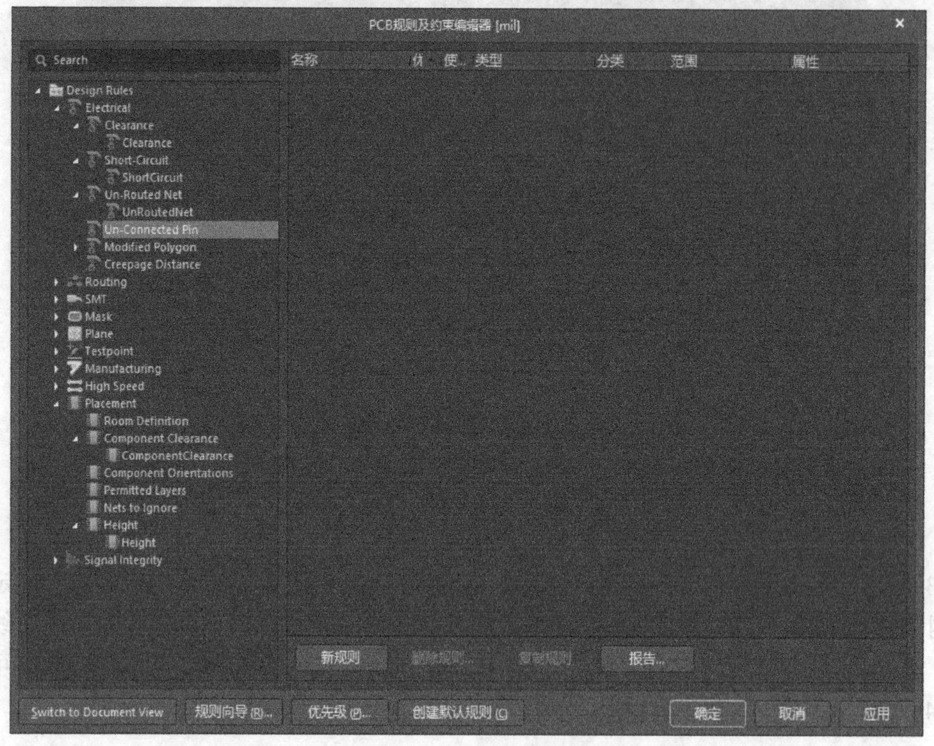

图 2-55　Un–Connected Pin（未连接的引脚）子规则

2. Routing（布线规则）的设置

单击 Routing 前面的 ▶ 符号，可以看到下面包含 8 项布线子规则，如图 2-56 所示。

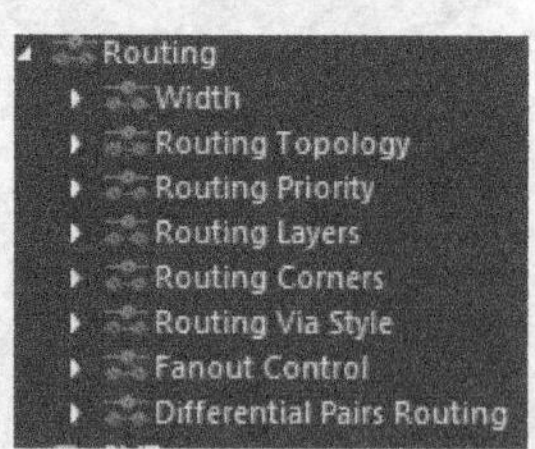

图 2-56　Routing（布线规则）

（1）Width（导线宽度）子规则　该子规则设置走线的最大、最小和首选的宽度，如图 2-57 所示。参数的设置在约束栏中进行。

1）在如图 2-57 所示的“名称”编辑框中可以输入线宽规则的名称（如“All Width”），在“Where The Object Matches”单元中单击右侧的下拉列表即可以选择设置该宽度应用到 PCB 的范围（如应用到整个 PCB，还是应用到 PCB 中的某一个网络等），将最大、最小和首选的宽度设为相应的数值，单击“应用”按钮，则完成宽度规则的设置。

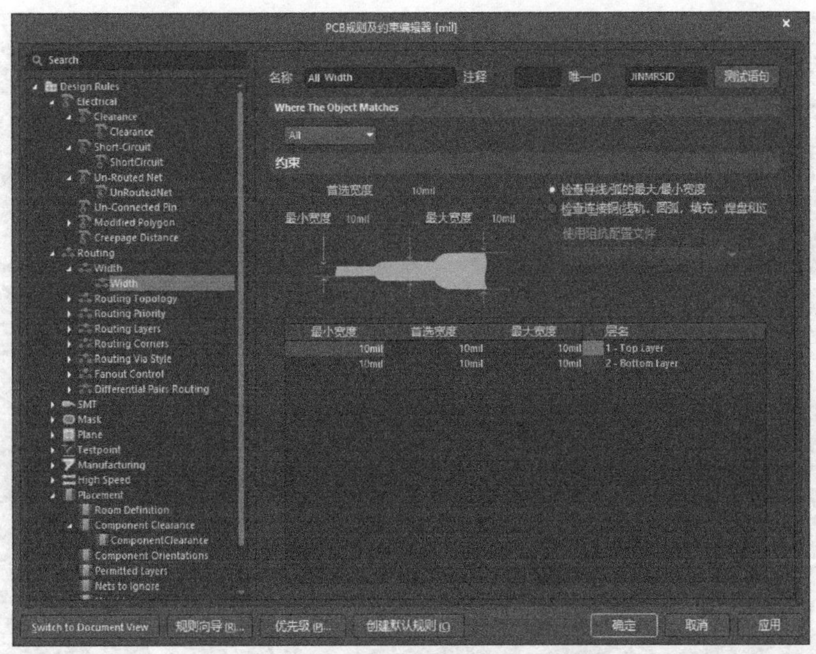

图 2-57　Width（导线宽度）子规则

2）如果需要增加新规则，则右击 Width 子规则，在出现的子菜单中选择“新规则”，如图 2-58 所示，则新建了一个宽度规则，规则默认名为 Width。在“名称”编辑框中可以输入规则名称（如“GND”），在“Where The Object Matches”单元中选择“Net”（网络），单击右边的下拉列表，从列表中选择“ GND”，将最大、最小和首选的宽度设为相应的数值，单击“应用”按钮，则完成新宽度规则的设置，如图 2-59 所示。

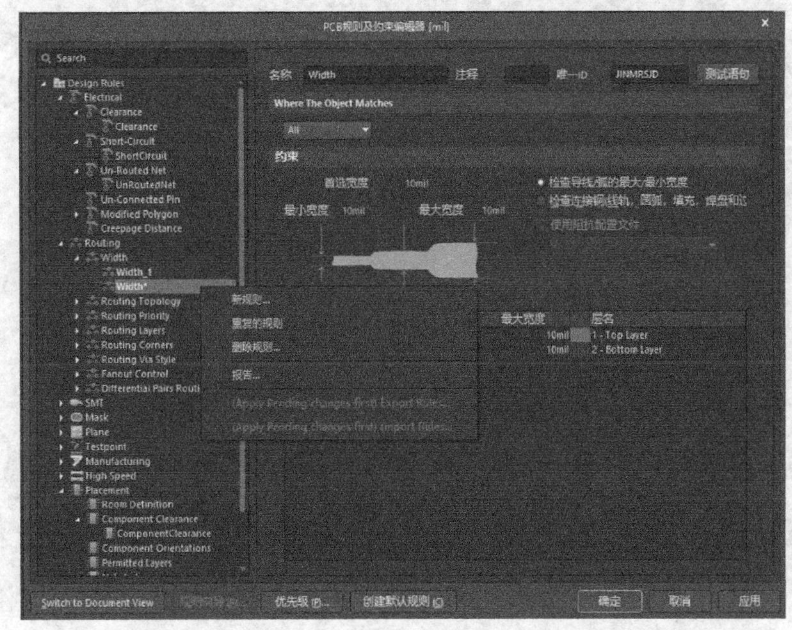

图 2-58　新建宽度规则

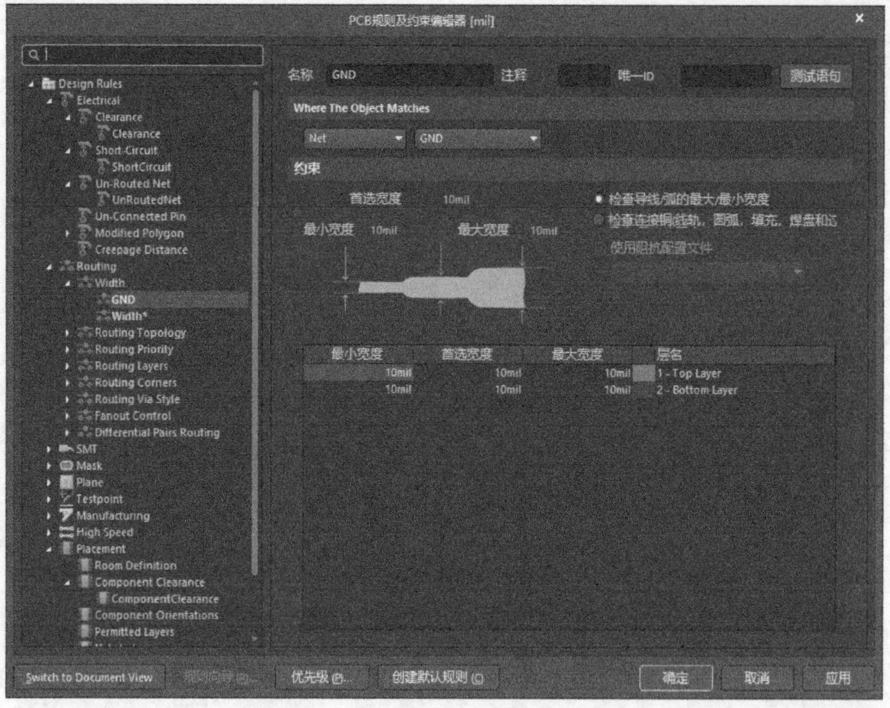

图 2-59　新宽度规则的设置

（2）Routing Topology（布线拓扑）子规则　布线拓扑子规则定义的是布线时的拓扑逻辑约束，如图 2-60 所示。

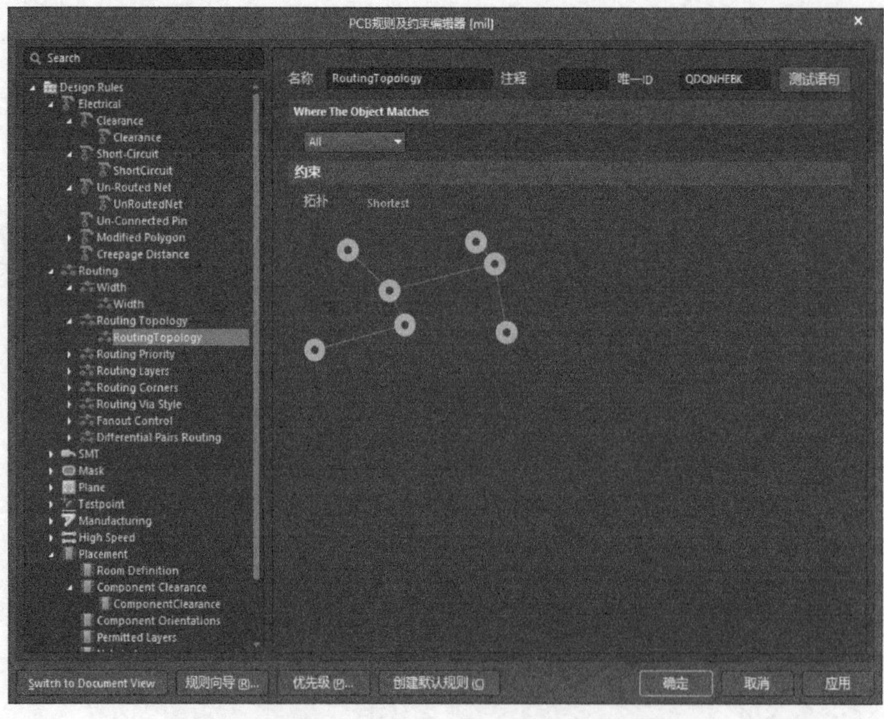

图 2-60　Routing Topology（布线拓扑）子规则

常用的布线拓扑约束为统计最短逻辑规则，用户可以根据具体设计选择不同的布线拓扑规则。Altium Designer 21 提供了以下 7 种布线拓扑规则，如图 2-61 所示。

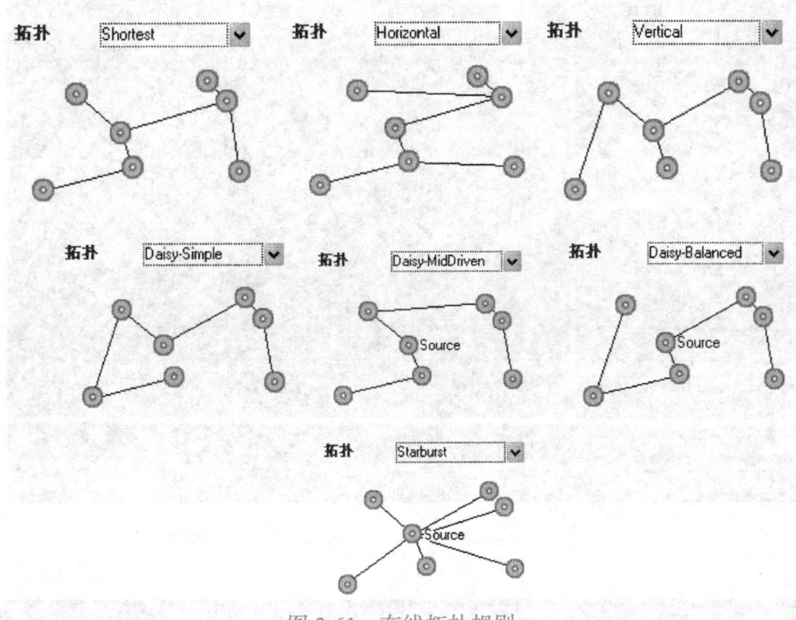

图 2-61　布线拓扑规则

Shortest：最短规则设置。该选项的含义是在布线时连接所有节点的连线最短。

Horizontal：水平规则设置。该选项的含义是在布线时连接所有节点的连线尽可能水平。

Vertical：垂直规则设置。该选项的含义是在布线时连接所有节点的连线尽可能垂直。

Daisy-Simple：简单雏菊规则设置。该选项的含义是在布线时从一点到另一点连通所有的节点，并使连线最短。

Daisy-MidDriven：雏菊中点规则设置。该选项的含义是选择一个 Source（源点），以它为中心向左右连通所有的节点，并使连线最短。

Daisy-Balanced：雏菊平衡规则设置。该选项的含义是选择一个源点，将所有的中间节点数目平均分成组，所有的组都连接在源点上，并使连线最短。

Starburst：星形规则设置。该选项的含义是选择一个源点，以星形方式去连接别的节点，并使连线最短。

（3）Routing Priority（布线优先级）子规则　该规则用于设置布线的先后顺序，如图 2-62 所示。设置的范围为 0 ～ 100，数值越大，优先级越高。

在“Where The Object Matches”栏中，可以设置优先布线的网络或层。

（4）Routing Layers（布线层）子规则　该规则用于设置允许布线的工作层，共有 32 个布线层可以设置，如图 2-63 所示。由于设计的是双层板，故 Mid-Layer1 ～ Mid-Layer30 都不存在，只能使用 Top Layer 和 Bottom Layer 两层。

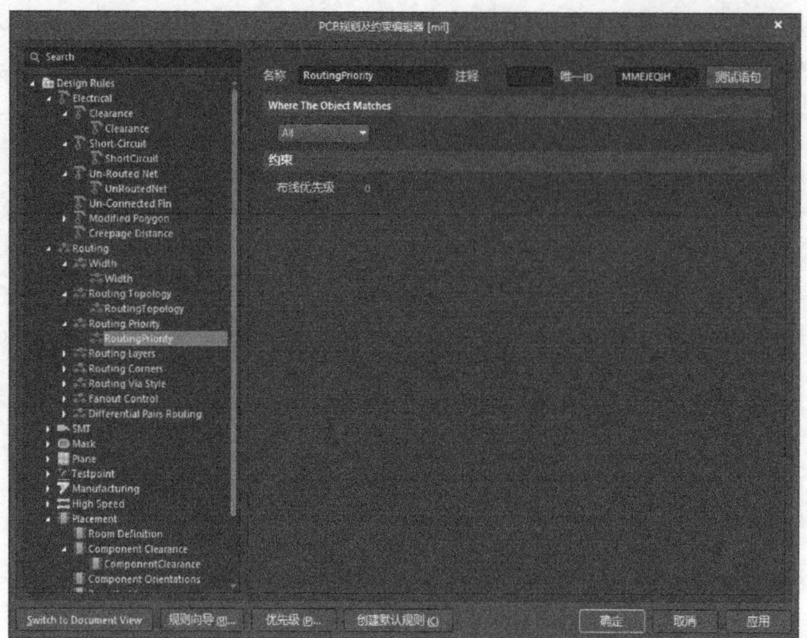

图 2-62　Routing Priority（布线优先级）子规则

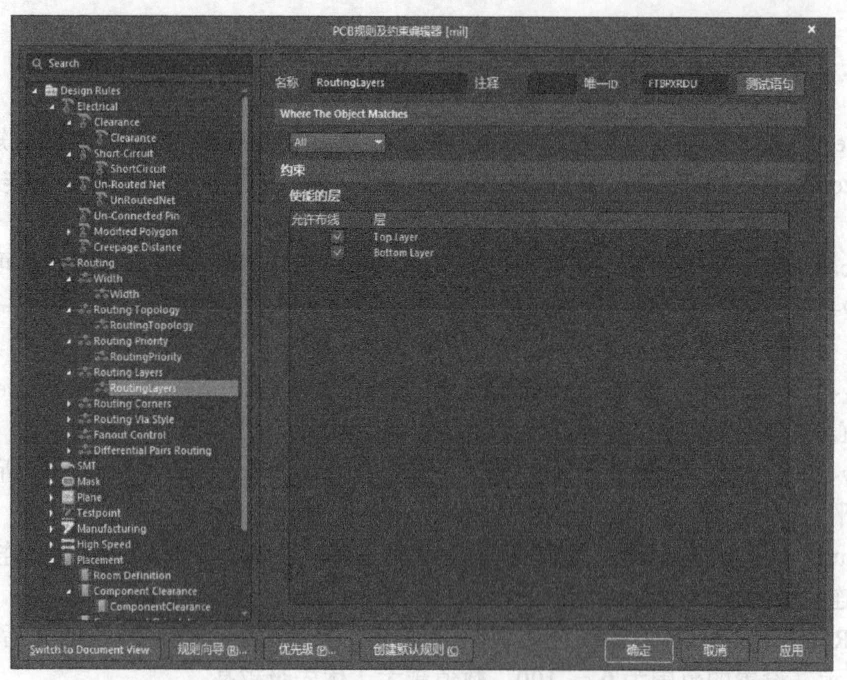

图 2-63　Routing Layers（布线层）子规则

在“Where The Object Matches”栏中，可以设置特定的网络在指定的层面上进行布线。

（5）Routing Corners（布线拐角）子规则　该规则用于设置允许布线时导线的拐角模式，如图 2-64 所示。一共有 3 种：90 Degrees、45 Degrees 和 Rounded。由于采用 90 Degrees 拐角时，导线容易剥落且干扰大，所以在布线时尽量采用 45 Degrees 或

Rounded。在布线时，整个电路板的拐角应统一风格，避免使人感觉杂乱无章。

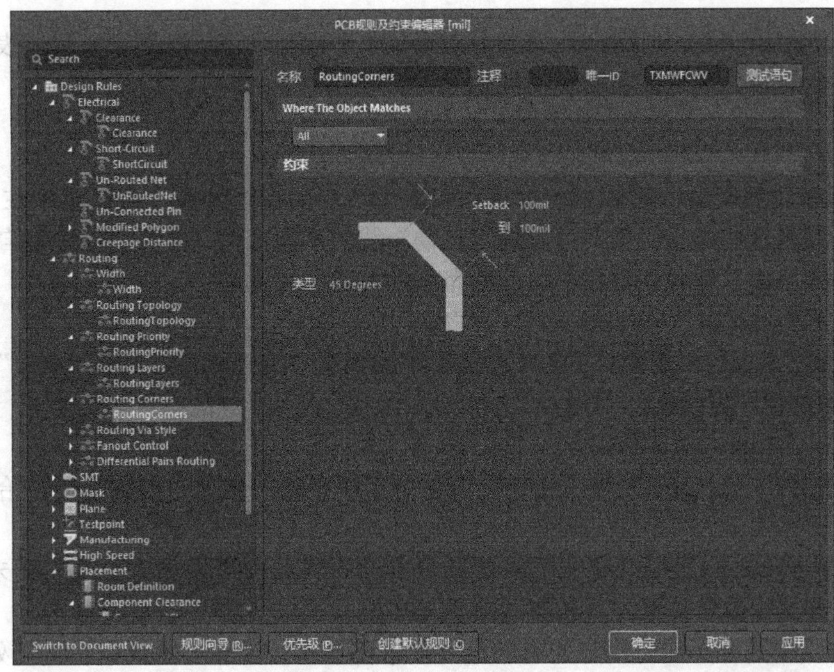

图 2-64　Routing Corners（布线拐角）子规则

（6）Routing Via Style（过孔）子规则　该规则用于设置布线时过孔的尺寸，如图 2-65 所示。在约束栏中，可以定义过孔的直径及过孔孔径的大小。

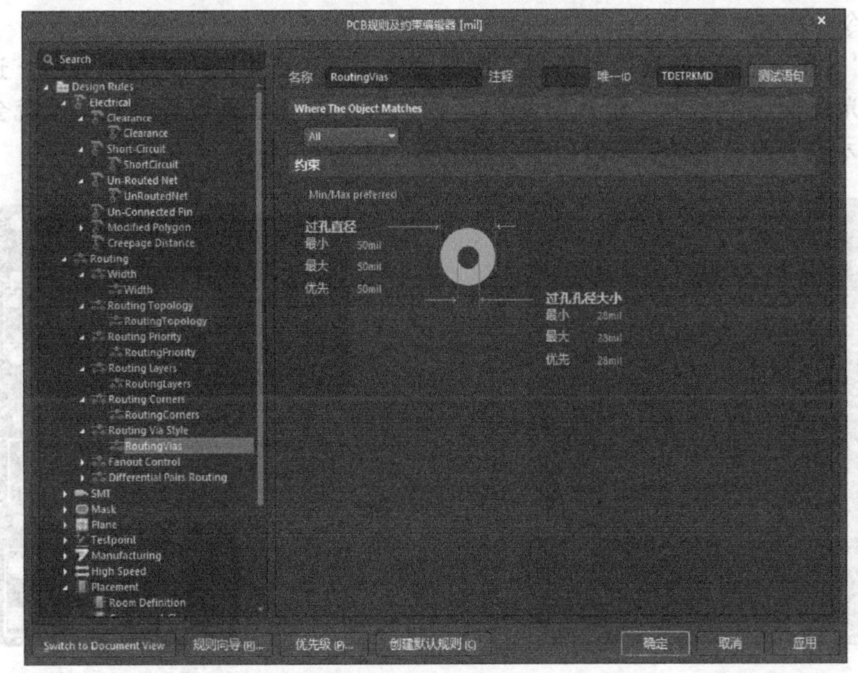

图 2-65　Routing Via Style（过孔）子规则

（7）Fanout Control（扇出布线）子规则　该规则用于设置扇出走线的规则。在此不再详述。

（8）Differential Pairs Routing（差分对布线）子规则　该规则用于设置从表面粘着焊点都出来多远转弯的规定。在此不再详述。

（二）自动布线

设置好布线规则后，就可以进行自动布线了。自动布线的命令全部集中在“Route”子菜单中。使用这些命令，用户可以指定自动布线的不同范围，并且可以控制自动布线的有关进程，如终止、暂停和重置等。自动布线的具体操作如下：

1）执行菜单命令“Auto Route”→“All”。

2）弹出“Situs 布线策略”窗口，选择布线策略“Default 2 Layer Board”，并选中“布线后消除冲突”复选框。

3）单击“Route All”按钮。

4）系统弹出 Message 面板，用户可以从中了解布线的情况。布线完毕，给出自动全部布通信息。

5）关闭 Message 面板。有些电路板进行自动布线后，可能仍有少量飞线未布成功，此时可调整相关元器件位置，重新布线或手工布线。

自动布线规则并不能将用户所有的设计要求都包括，因此还需要做一些预处理工作。比如：在设计封装库时，通常选择的焊盘半径都是用默认值。如果焊盘的半径偏小，在焊接时若烙铁的温度太高，则会出现脱落现象，因此常常需要对焊盘做一些处理；放置填充区，加大接地面积，提高 PCB 的屏蔽效果，同时还可以改善散热条件。

“Route All”子菜单还有很多用于自动布线的命令，如图 2-66 所示。

各命令的功能如下：

1）“Net”：选定网络进行布线。执行命令，对所选中的网络自动布线。选择该菜单项后，光标变成十字形。在 PCB 编辑区内，单击的地方靠近焊盘时，系统会弹出如图 2-67 所示的菜单，选择需要自动布线的网络。

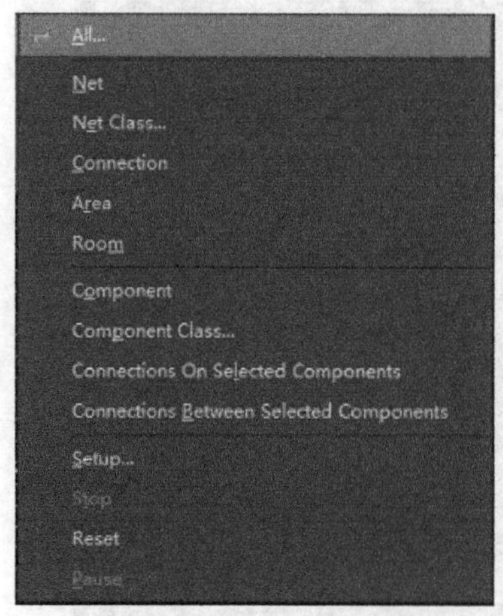

图 2-66　“Route All”子菜单

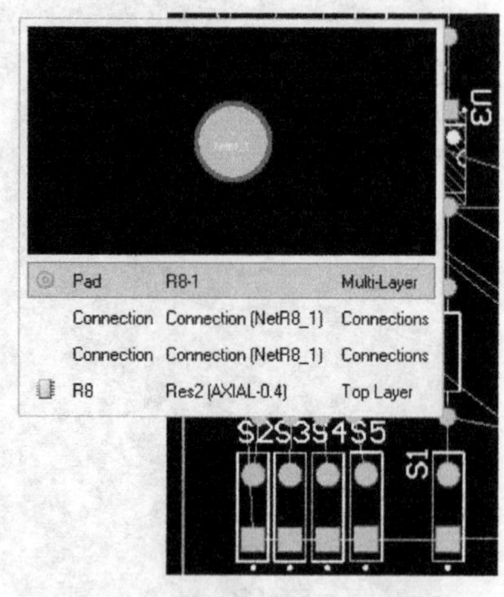

图 2-67　选择需要自动布线的网络

选择需要布线网络的焊盘或者飞线，单击则与选中的网络被自动布线。例如在图 2-68 所示的图中，选择 R8 焊盘 R8-1，则与焊盘 R8-1 选中的网络被自动布线。

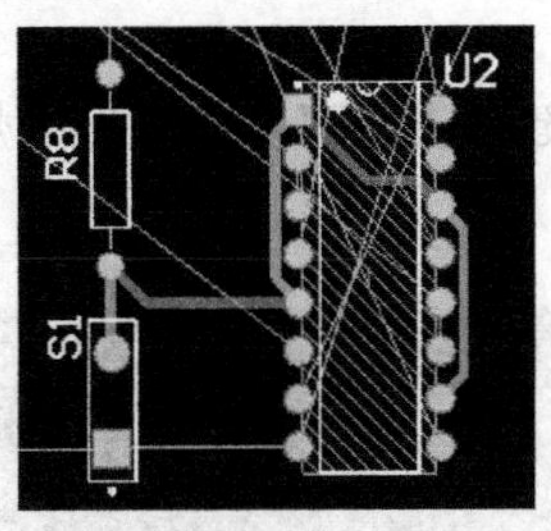

图 2-68　网络自动布线

2）“Net Class”：对所选中的网络类自动布线。

3）“Connection”：对所选中的连接自动布线。

4）“Area”：对所选中的区域内所有的连接布线。不管是焊盘还是飞线，只要该连接有一部分处于该区域即可。选择该菜单项后，光标变成十字形。在 PCB 编辑区内，用鼠标拉出一片区域，该区域内所有连接被自动布线。

5）“Room”：对指定 Room 空间内的所有网络进行自动布线。

6）“Component”：对所选中的元器件上的所有的连接进行布线。选择该菜单项后，光标变成十字形。在 PCB 编辑区内，选择需要进行布线的元器件，则与该元器件相连的网络被自动布线。

7）“Component Class”：对某个元器件类中的所有元器件相连的全部网络进行自动布线。

8）“Connections On Selected Components”：对与选中的元器件相连的所有飞线进行自动布线。

9）“Connections Between Selected Components”：对选中对象相互之间的飞线进行自动布线。

10）“Stop”：终止自动布线。

11）“Reset”：对电路重新布线。

12）“Pause”：暂停自动布线。

三、PCB 绘制的基础操作

（一）放置焊盘

1. 3 种焊盘放置方法

方法 1：执行菜单命令“Place”→“Pad”。

方法 2：单击工具栏中的 按钮。

方法 3：使用快捷键 <P+P>。

2. 放置焊盘

启动命令后，光标变成十字形并带有一个焊盘图形。移动光标到合适位置，单击即可在图纸上放置焊盘。此时系统仍处于放置焊盘状态，可以继续放置。放置完成后，右击退出。

3. 设置焊盘属性

在焊盘放置状态下按 <Tab> 键，或者双击放置好的焊盘，弹出“Pad”（焊盘）属性设置对话框，如图 2-69 所示。

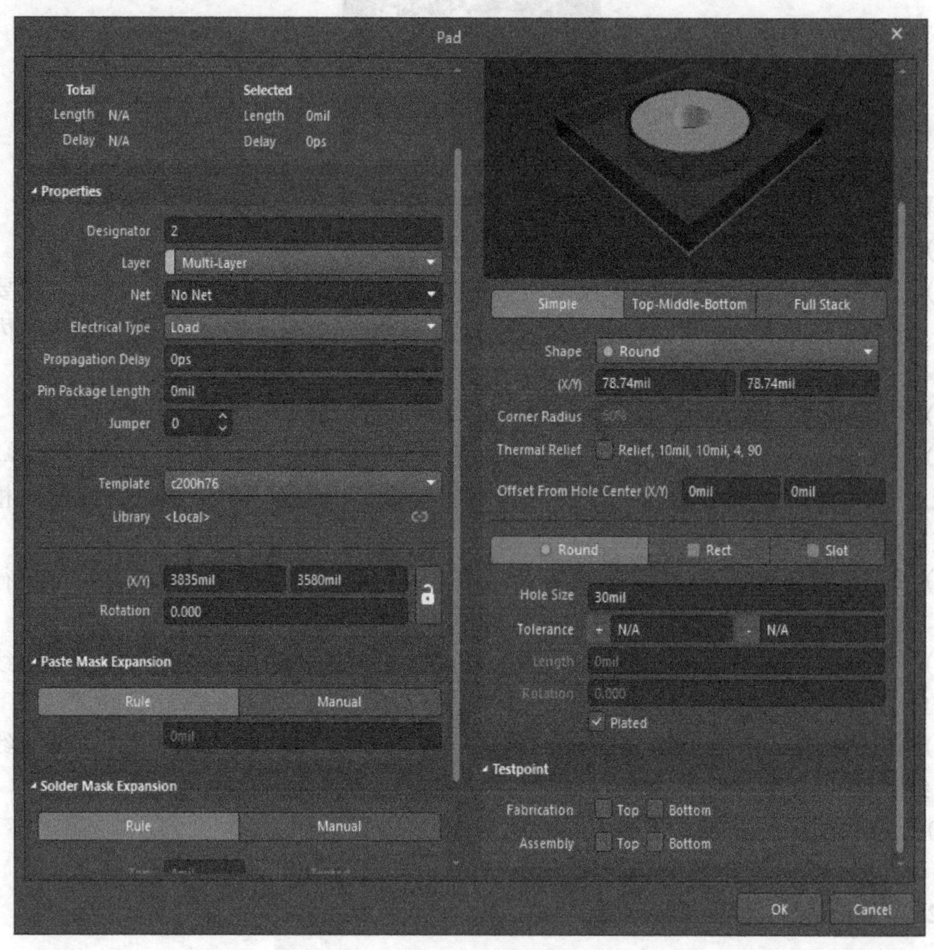

图 2-69 “Pad”属性设置对话框

1）“X/Y”（位置）栏：“Properties”中的“X/Y”（位置）栏，可设置焊盘在 PCB 中的坐标值及旋转的角度。

2）“Hole Size”（孔洞信息）栏：设置焊盘内孔直径及内孔的形状。其中内孔的形状有圆形、正方形和槽 3 种类型。

3）“Properties”栏：有标识、层、网络和电气类型等选项。

①“Designator”（标识）：焊盘的序号。同一元器件每个焊盘的序号各不相同，一般对应元器件的引脚。

②“Layer”（层）：焊盘所放置的工作层。一般情况下，通孔元器件的焊盘设置为“Multi-Layer”（多层），而贴片元器件的焊盘设置为元器件的工作层，如“Top Layer”

（顶层）和“Bottom Layer”（底层）。

③ “Net”（网络）：设置焊盘所属网络的名称。

④ “Electrical Type”（电气类型）：设置焊盘的电气类型。有 3 个选项：“Load”（节点）、“Source”（源点）和“Terminator”（中间点）。

⑤ “Plated”（镀金的）：选中则焊盘内孔壁进行镀金。

⑥ “ ”（锁定）：选中则焊盘处于锁定状态，防止误操作而被移动或编辑。

（二）放置原点

在 PCB 编辑环境中，系统提供了一个坐标系，它是以图纸的左下角为坐标原点的，用户可以根据需要建立自己的坐标系。

坐标原点的放置有以下两种方法。

方法 1：执行菜单命令“Edit”→“Origin”→“Set”。

方法 2：使用快捷键 <E+O+S>。

使用任一方法后，移动鼠标，找到合适位置，左击即可放置。

（三）放置尺寸标注

在 PCB 设计过程中，用户可以根据需要在电路板上放置一些尺寸标注。

尺寸标注的放置有以下两种方法。

方法 1：执行菜单命令“Place”→“Dimension”，则系统弹出尺寸标注菜单。

方法 2：单击实用工具栏中的 按钮，打开尺寸标注菜单。

尺寸标注共有 10 种类型，如图 2-70 所示。选择相应类型后，左击进行放置。

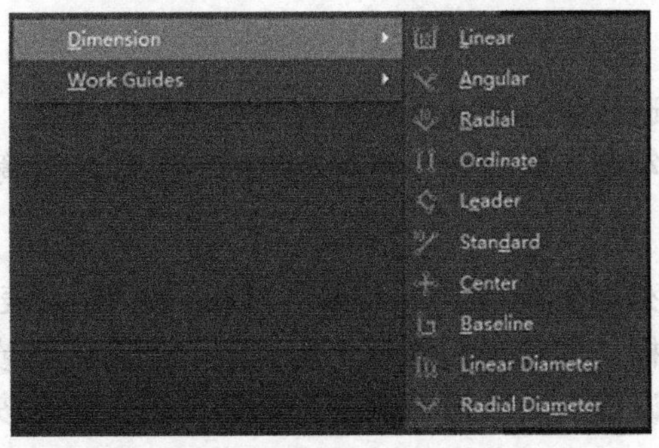

图 2-70　尺寸标注类型

四、PCB 绘制的其他操作

（一）补泪滴

为了增强 PCB 导线和焊盘之间连接的牢固性，通常对焊盘进行补泪滴处理，即加固导线与焊盘的连接宽度。

执行菜单命令“Tools”→“Teardrops”，或者使用快捷键 <T+E>，即弹出如图 2-71 所示的“泪滴”属性对话框。

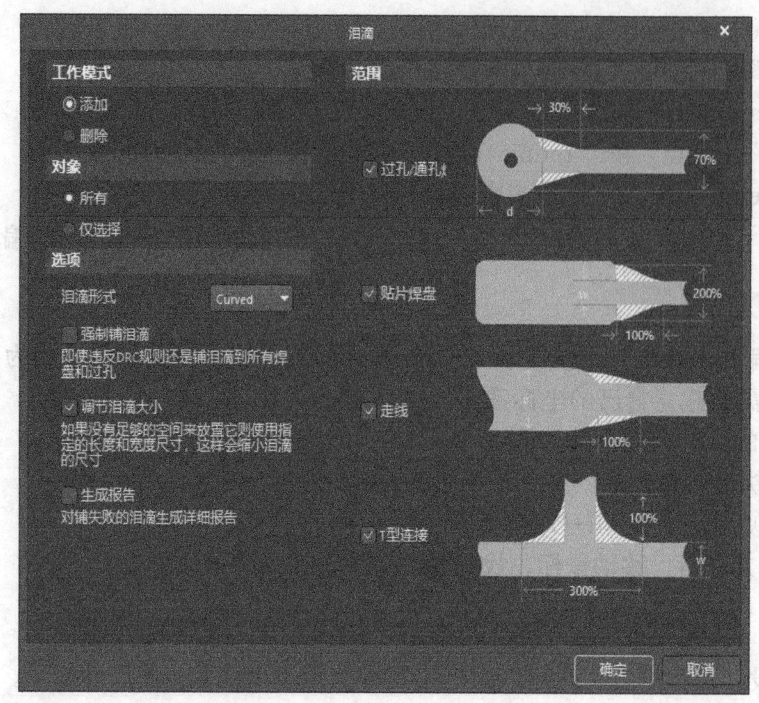

图 2-71 “泪滴”属性对话框

1.“工作模式”选项组

“添加”单选按钮：用于添加泪滴。

“删除”单选按钮：用于删除泪滴。

2.“对象”选项组

“所有”复选框：勾选该复选框，将对所有的对象添加泪滴。

“仅选择”复选框：勾选该复选框，将对选中的对象添加泪滴。

3.“选项”选项组

泪滴形式: 在该下拉列表下选择“Curved”“Line”（线），表示用不同形式添加泪滴。

“强制铺泪滴”复选框：勾选该复选框，将强制对所有焊盘或过孔添加泪滴，这样可能导致在 DRC 时出现错误信息。取消对该复选框的勾选，则对安全间距太小的焊盘不添加泪滴。

“调节泪滴大小”复选框：勾选该复选框，在进行添加泪滴的操作时可自动调整泪滴的大小。

“生成报告”复选框：勾选该复选框，在进行添加泪滴的操作后将自动生成一个有关添加泪滴操作的报表文件，同时该报表也将在工作窗口显示出来。

设置完成后，单击“确定”按钮，系统自动按设置要求放置泪滴。

（二）覆铜

为了提高 PCB 的抗干扰性，通常对要求比较高的 PCB 实行覆铜处理。在放置覆铜时：

1）首先，切换到要覆铜的层，一般为顶层或底层（Top Layer 或者 Bottom Layer）。

2）执行菜单命令“Place”→“Polygon Pour”，然后按 <Tab> 键，打开如图 2-72 所示的多边形覆铜（Polygon Pour）属性对话框。

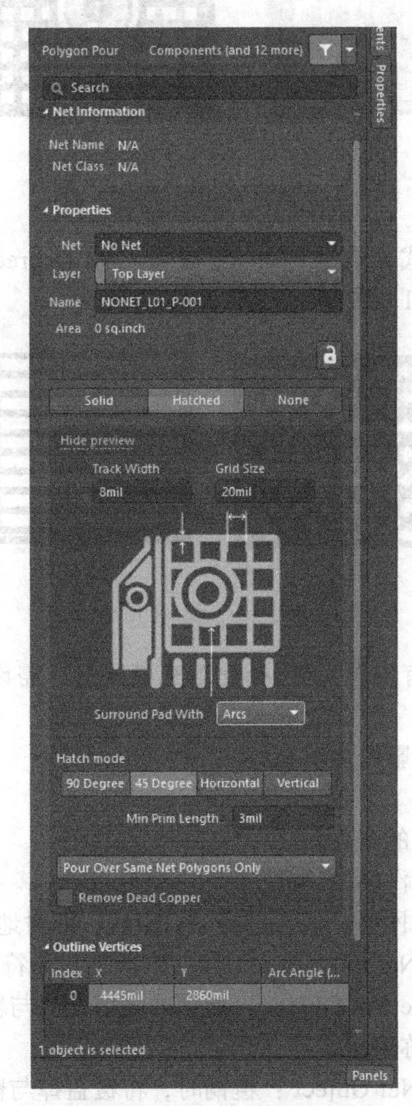

图 2-72　多边形覆铜属性对话框

对话框中各主要选项的意义如下：

填充模式：用来设置覆铜区网格线的排列类型，共有 3 种。

① Solid：实心填充。选择此填充模式时，需设置是否删除孤岛、设定孤岛面积的最小值，进行弧形逼近以及设置是否删除凹槽。

② Hatched：影线化填充。选择此填充模式时，需设置轨迹宽度、栅格尺寸、围绕焊盘宽度和孵化模式等参数。

单击图 2-72 中“Surround Pad With”右侧的下三角符，可选择包围焊盘宽度，有 Arcs（圆弧）和 Octagons（八角形）两种，如图 2-73 所示。

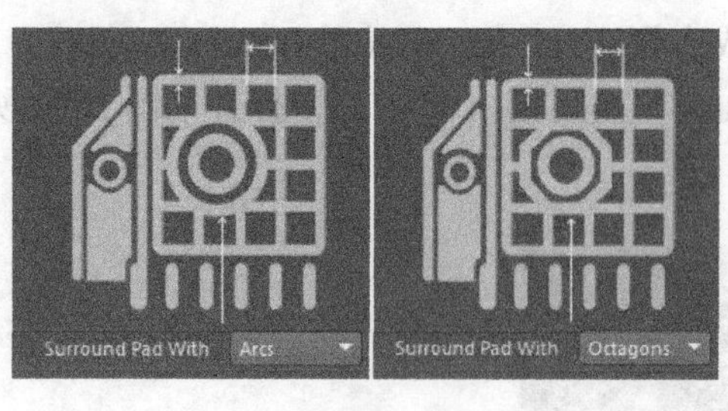

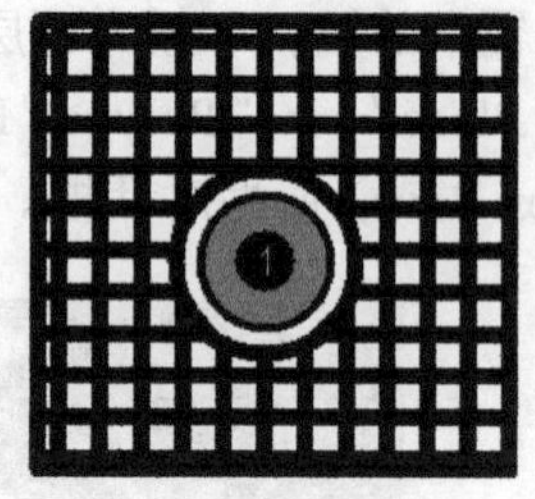
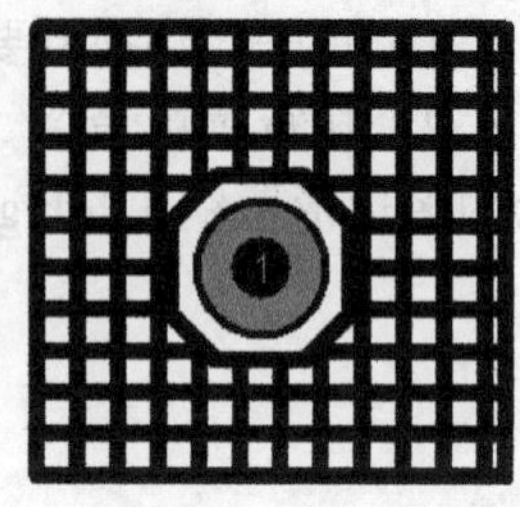

a) "Surround Pad With" 选项　　b) Arcs(圆弧)　　c) Octagons(八角形)

图 2-73　包围焊盘宽度

Hatch mode（孵化模式）有 4 种单选按钮：90 Degree（90°）、45 Degree（45°）、Horizontal（水平）和 Vertical（垂直），如图 2-74 所示。

a) 90°　　b) 45°　　c) 水平　　d) 垂直

图 2-74　孵化模式

③ None：无填充（只有边框）。选择此填充模式时，需设置导线宽度，以及围绕焊盘的形状。

一般选择 "Hatched"（影线化填充）。

3）Properties：

Name：用于设定覆铜区的名称。

Layer：覆铜区所在的工作层。

Net：设置覆铜区所属的网络。通常选择 "GND"，即对地网络。

单击 "Pour Over Same Net Polygons Only" 右侧下三角符，会弹出 3 个选项：

① Don't Pour Over Same Net Object：覆铜内部填充只与覆铜边界线及同网络的焊盘相连，不会覆盖具有相同名称的导线。

② Pour Over All Same Net Object：覆铜时，将覆盖掉与覆铜区同一网络的导线，并与具有相同网络名称的图元相连。

③ Pour Over Same Net Polygons Only：覆铜时，将只覆盖具有相同网络名称的多边形填充，不会覆盖具有相同网络名称的导线。

Remove Dead Copper：选中，可以删除和网络没有电气连接的覆铜区。

在此设置覆铜区属性参数为：Hatched（影线化填充）、Arcs（圆弧）、Hatch mode（孵化模式）为 45 Degree（45°），其余采用默认设置。

4）设置好覆铜区参数后，选择要进行覆铜的板层，然后单击按钮，用鼠标拉出一段首尾相连的折线，可以为任意形状多边形，形成一个封闭的区域即可。其中，画外形过程中按 <Space> 键可以改变起始角度，按 <Shift+Space> 键可以改变拐角类型。

（三）PCB 的三维效果显示

使用三维效果显示可以清晰显示 PCB 制作以后的三维立体效果，不用附加其他信息，可以旋转图形、任意缩放 PCB 效果图和改变背景颜色，还可以打印 3D 图像，帮助制图者提前了解电路板上各个元器件的位置及布线是否合理，如果不合理可以及时调整。

执行菜单命令“View”→“3D Layout Mode”，系统生成一个扩展名为“.PCB3D”的同名文件。三维效果图如图 2-75 所示。

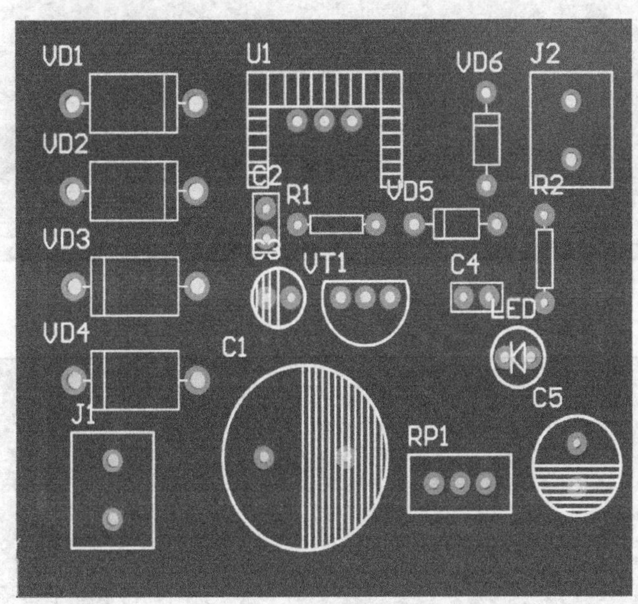

图 2-75　三维效果图

将鼠标移至显示窗口，按下鼠标左键并拖动，可以旋转该三维效果图以从不同的角度观察该电路板。

（四）PCB 图的打印输出

完成 PCB 设计之后就可以生成和打印所需的文件了。Altium Designer 21 既可以打印完整的混合 PCB 图，也可以单独打印各个层，打印方法与原理图基本相同。如果希望设置要打印的层，可以选择菜单命令“File”→“页面设置”，打开“Composite Properties”对话框，如图 2-76 所示。

“缩放模式”选择为“Scaled Print”，比例中的“缩放”设置为“1.00”，校正 X、Y 设置为“1.00”。“颜色设置”选项设置为“单色”，然后单击“高级”按钮。

此时弹出“PCB 打印输出属性”对话框，该对话框用于管理要打印输出的层，如果不希望打印某个层，只需在该层上右击，从弹出的快捷菜单中选择“删除”菜单即可，如图 2-77 所示。

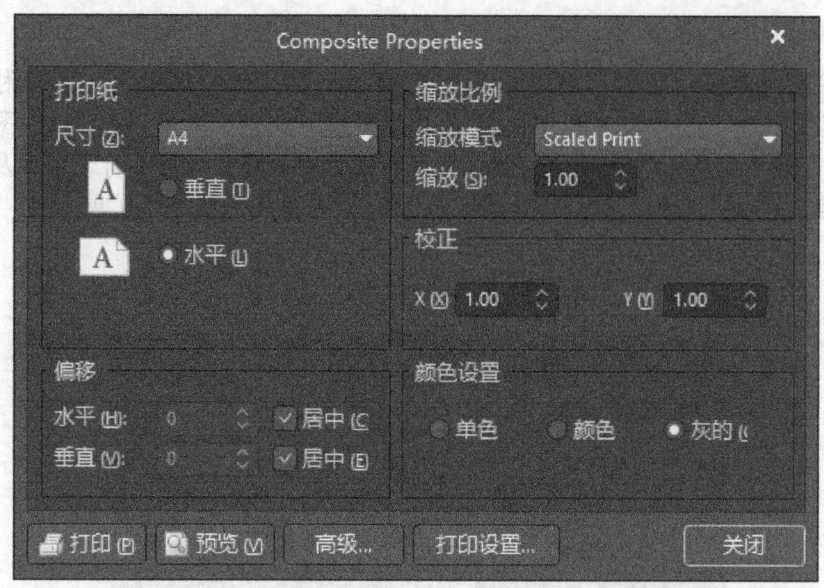

图 2-76 “Composite Properties”对话框

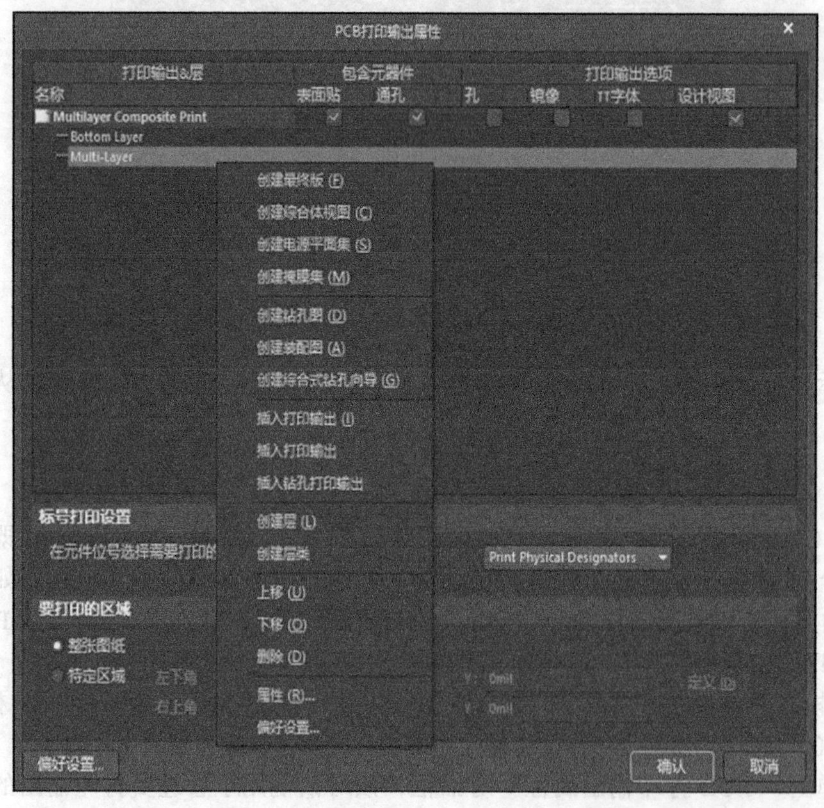

图 2-77 “PCB 打印输出属性”对话框

如果希望单独打印某个层，则可以将其余的层全部删除。例如，只打印顶层丝印层（Top Overlay），如图 2-78 所示。

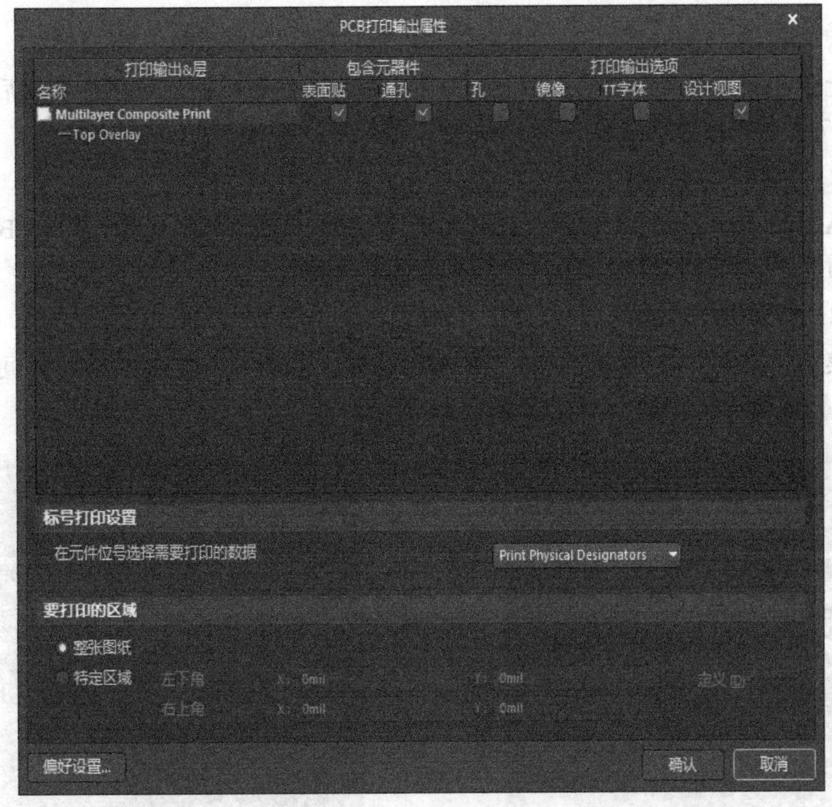

图 2-78　只打印顶层丝印层

在打印之前，可以进行打印预览。执行菜单“File”→“打印预览”命令打开“Preview Composite Drawing of[PCB 图 .PcbDoc]”对话框，然后就可以进行打印了。例如，只打印顶层丝印层（Top Overlay），如图 2-79 所示。

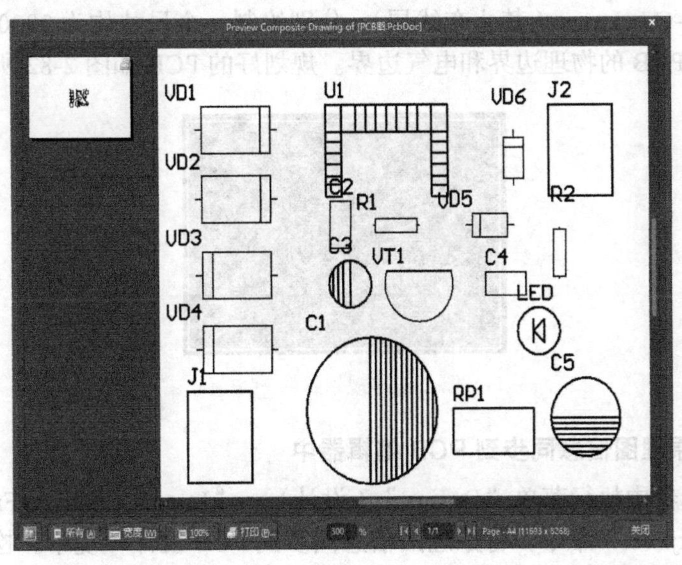

图 2-79　“Preview Composite Drawing of [PCB 图 .PcbDoc]”对话框

任务实施

完成上述相关知识的学习，以及 LM317 可调稳压电源电路原理图的绘制后，接下来进行 LM317 可调稳压电源电路 PCB 的绘制，其基本步骤如下。

步骤 1：打开 PCB 工程

启动 Altium Designer 21 软件，打开名为“LM317 可调稳压电源”的 PCB 工程，如图 2-80 所示，可以看到 PCB 工程、原理图文件都一并打开。

步骤 2：创建 PCB 文件

执行菜单“文件”→“新的”→“PCB”命令，创建一个名为“LM317 可调稳压电源.PcbDoc”的 PCB 编辑器文件，如图 2-81 所示。

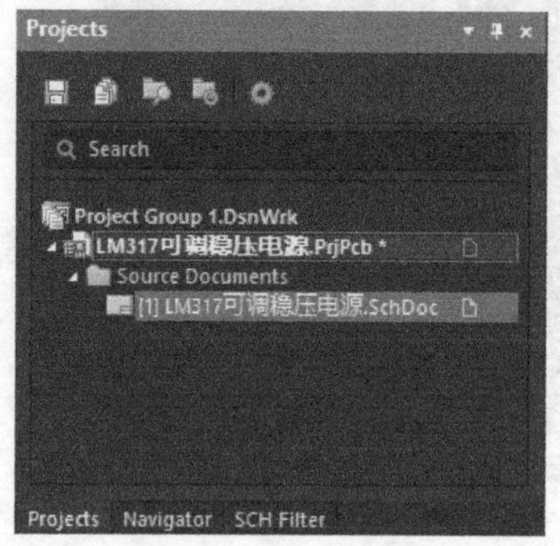

图 2-80 打开 PCB 工程

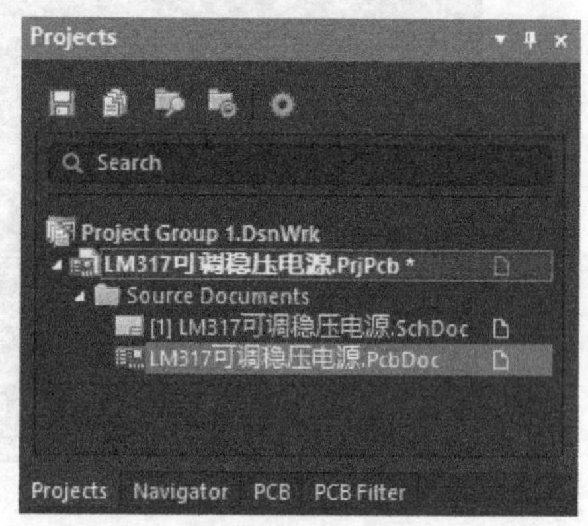

图 2-81 创建 PCB 文件

步骤 3：规划 PCB

根据项目一任务三中 PCB 边界设定的内容，依次将当前工作层设置为 Mechanical 1（机械层）、Keep-Out Layer（禁止布线层），分别绘制一个尺寸均为 2800mil × 2000mil 的矩形，从而设定 PCB 的物理边界和电气边界。规划好的 PCB 如图 2-82 所示。

图 2-82 规划好的 PCB

步骤 4：将原理图信息同步到 PCB 编辑器中

在 PCB 编辑器中执行菜单“Design”（设计）→“Import Changes From LM317 可调稳压电源电路.PrjPcb”命令，将原理图信息同步到 PCB 设计环境中。检查信息无误后，就可以进行元器件的布局了。

步骤 5：元器件的布局

本电路的 PCB 设计采用自动布局的方式进行元器件布局。根据本任务相关知识的内容进行操作，本任务电路自动布局结果如图 2-83 所示。

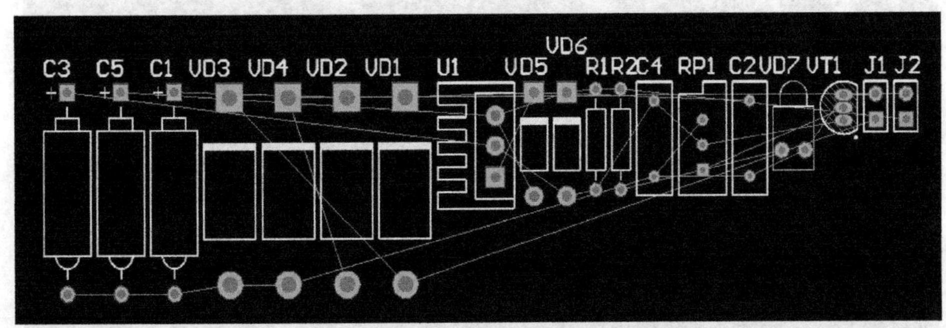

图 2-83　自动布局结果

元器件进行自动布局后，结果令人不满意，因此进行手工调整。手工调整后的布局如图 2-84 所示。

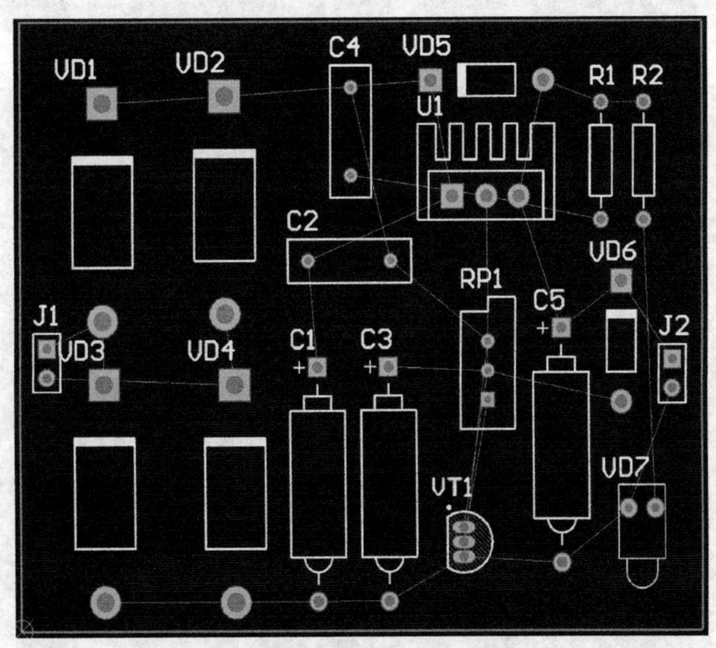

图 2-84　手工调整后的布局

步骤 6：自动布线及手动调整布线

1）执行菜单“Design”（设计）→“Rules”（规则）命令，打开“ PCB 规则及约束编辑器”对话框。根据项目的要求，按本任务相关知识的内容把地线的线宽设置为 30mil，其余导线的线宽设置为 20mil；布线的层设置为仅底层布线，布线线宽及布线层设置如图 2-85 所示。

自动布线布线规则的设置

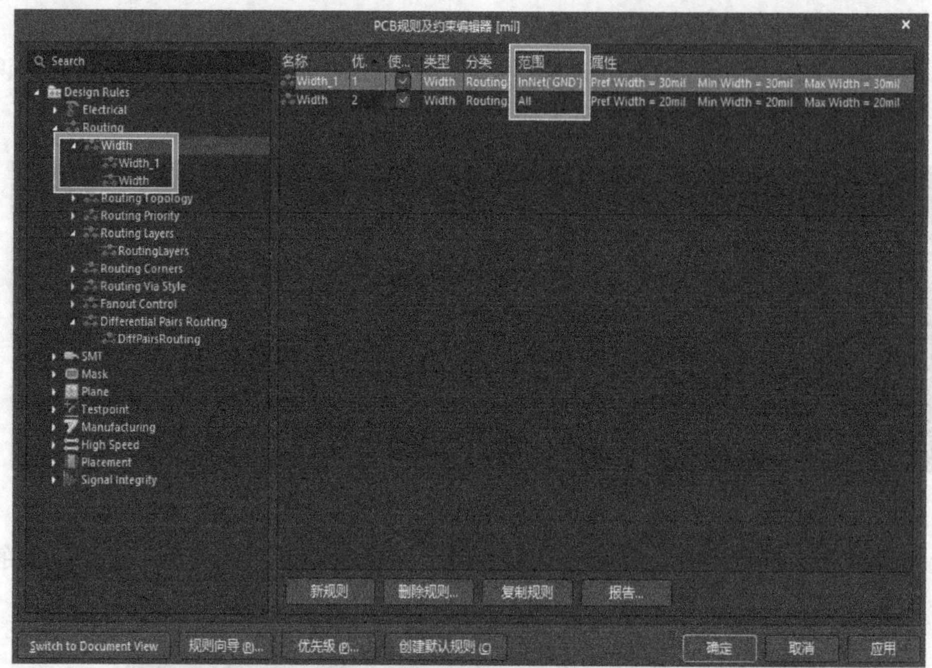

a) 线宽设置

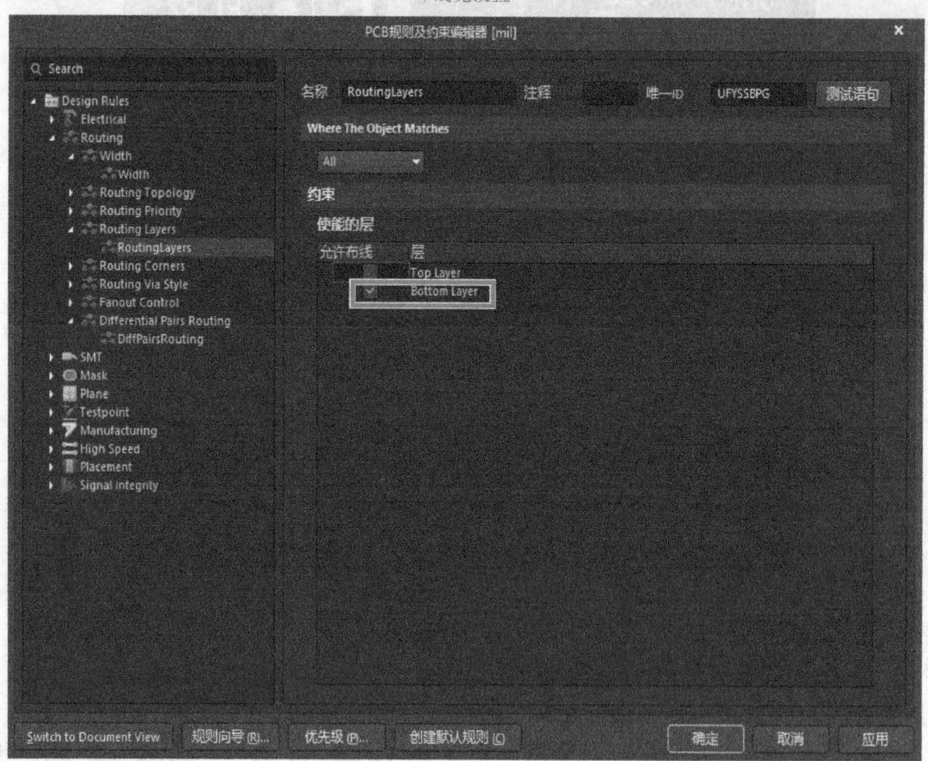

b) 布线层设置

图 2-85 布线线宽及布线层设置

2）设置好布线规则后，执行菜单“Route”（布线）→“Auto Route”（自动布线）→“All”（全部）命令，打开 Situs 布线策略对话框，单击右下角的“Route All”（全部布线）按钮进行自动布线。

自动布线完成以后，存在一些不够完善的地方，可以采用手动布线的方式进行调整。

自动布线及手动调整布线的结果如图 2-86 所示。

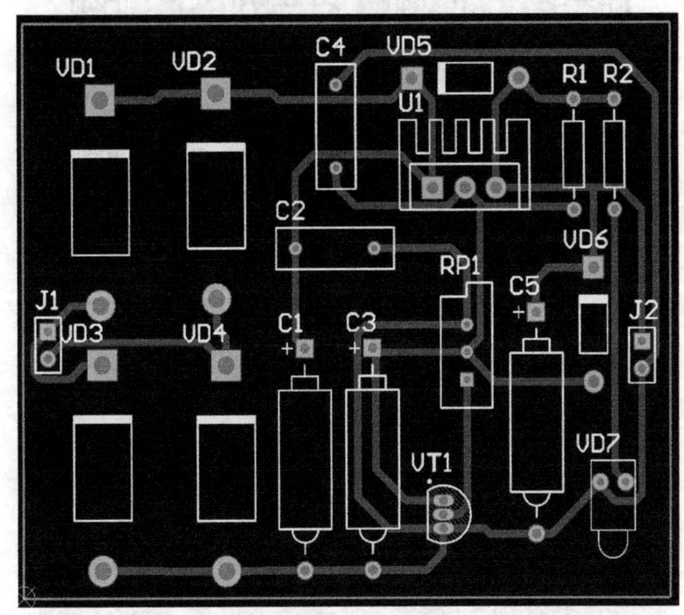

图 2-86　自动布线及手动调整布线的结果

步骤 7：PCB 的后期处理

1. 补泪滴

为了增强 PCB 导线和焊盘之间连接的牢固性，通常对焊盘进行补泪滴处理，即加固导线与焊盘的连接宽度。

2. 覆铜

为了提高 PCB 的抗干扰性，通常对要求比较高的 PCB 实行覆铜处理。本电路在进行覆铜设置时，属性参数为 Hatched（Tracks/Arcs）（影线化填充）、圆弧、孵化模式 45° 和底层覆铜，其他采用默认设置。覆铜后的电路板如图 2-87 所示。

3. PCB 的三维效果显示

执行菜单命令“View”→“3D Layout Mode”，系统生成本电路的三维效果图如图 2-88 所示。

经过以上操作，LM317 可调稳压电源电路的 PCB 设计已完成，最后保存文件。

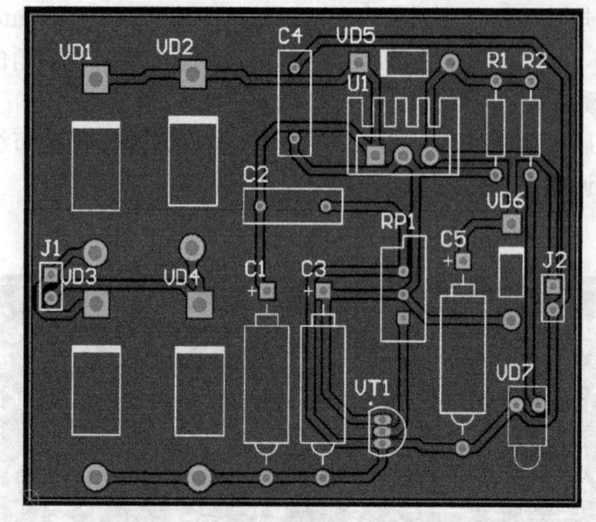

图 2-87 覆铜后的电路板

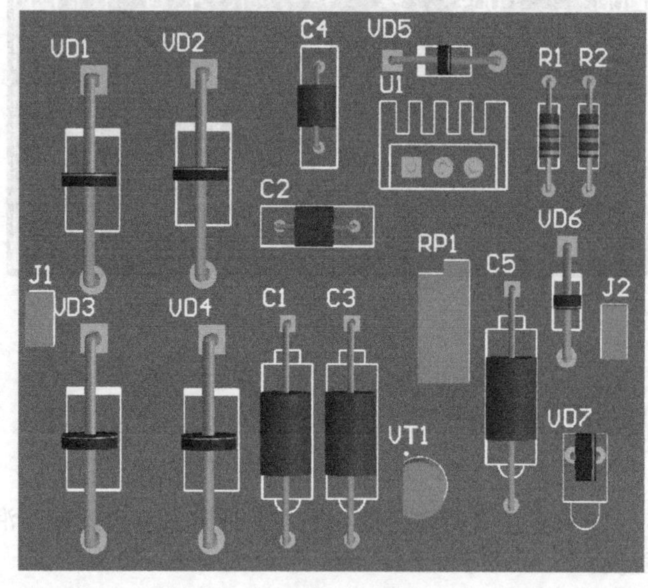

图 2-88 三维效果图

项目验收与评价

1. 项目验收

根据 PCB 设计的相关规范进行项目验收，按照附录五所示的评分标准进行评分。

2. 项目评价

1）各小组学生代表汇报小组完成工作任务情况。

2）填写如附录六所示的小组学习活动评价表。

拓展训练

1. 绘制图纸模板，图纸大小为 A4，X 区域为 6，Y 区域为 4，标题栏如图 2-89 所示，标题、单位等为四号宋体加粗、黑色居中，其他内容为小四宋体不加粗、红色居中，除纸张和图号外均采用文档参数设置，保存名称为“A4 模板 .SchDoc”。

<table>
<tr><td colspan="6">标题：TDA7294音频放大电路</td><td colspan="4">单位：××职业技术学院</td></tr>
<tr><td>制图</td><td>王五</td><td>纸张</td><td>A4</td><td>版本</td><td>3</td><td colspan="4">部门：电子信息工程系</td></tr>
<tr><td>审核</td><td>张三</td><td>图号</td><td>1</td><td>张数</td><td>1</td><td colspan="4">地址：××市××路48号</td></tr>
<tr><td colspan="6">文件名：A4模板.SchDoc</td><td>日期</td><td>2023/05/04</td><td>时间</td><td>16:00</td></tr>
</table>

图 2-89　A4 图纸模板

2. 绘制如图 2-90 所示电源电路的原理图及 PCB。

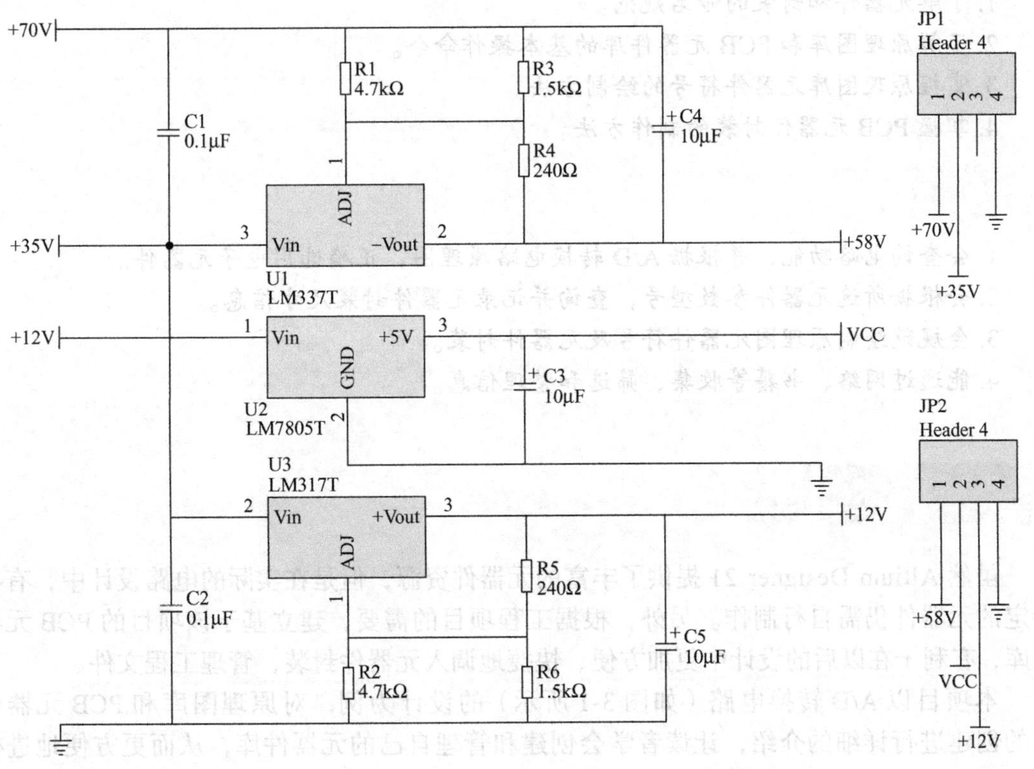

图 2-90　电源电路

拓展活动

请读者查阅被誉为“芯片女神”的是谁，她有哪些事迹？从她身上可以学到什么？

项目三

A/D 转换电路的设计

项目目标

知识目标

1. 了解元器件和封装的命名规范。
2. 了解原理图库和 PCB 元器件库的基本操作命令。
3. 掌握原理图库元器件符号的绘制方法。
4. 掌握 PCB 元器件封装的制作方法。

能力目标

1. 会查询电路功能，并根据 A/D 转换电路原理图，正确选用电子元器件。
2. 会根据所选元器件参数型号，查询并记录元器件封装尺寸信息。
3. 会规范绘制原理图元器件符号及元器件封装。
4. 能通过网络、书籍等收集、筛选和整理信息。

项目描述

虽然 Altium Designer 21 提供了丰富的元器件资源，但是在实际的电路设计中，有些特定的元器件仍需自行制作。另外，根据工程项目的需要，建立基于该项目的 PCB 元器件库，有利于在以后的设计中更加方便、快捷地调入元器件封装，管理工程文件。

本项目以 A/D 转换电路（如图 3-1 所示）的设计为例，对原理图库和 PCB 元器件库的创建进行详细的介绍，让读者学会创建和管理自己的元器件库，从而更方便地进行 PCB 设计。

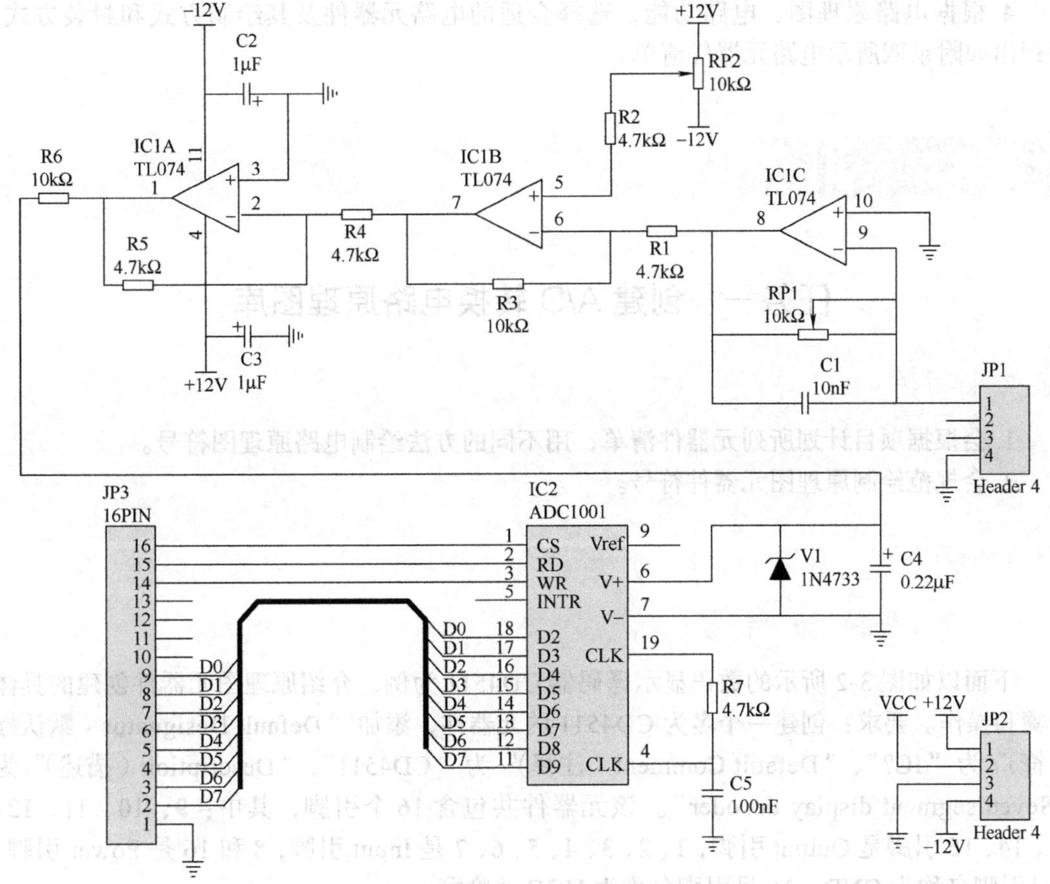

图 3-1　A/D 转换电路原理图

项目计划

1. 准备工作。查看“附录一 Altium Designer 21 软件中常用原理图库元器件”，了解常用元器件的名称、图形符号和库中名称等信息。

2. 在教师指导下，根据具体情况将学生分为若干小组，由组长填写如附录三所示的角色分配表。

3. 熟悉 A/D 转换电路设计的工作过程，并填写电路设计任务单，见表 3-1。

表 3-1　电路设计任务单

项目名称			
工作人员			
工作开始时间		工作完成时间	
设计内容	1. 建立基于 A/D 转换电路的原理图库、PCB 元器件库 2. 基于 A/D 转换电路原理图库绘制电路原理图 3. 基于 A/D 转换电路 PCB 库设计 PCB		
设计要求	按相关规范绘制 PCB		

4. 根据电路原理图、电路功能，选择合适的电路元器件及其绘制方式和封装方式，并列出如附录四所示电路元器件清单。

项目实施

任务一　创建 A/D 转换电路原理图库

任务目标

1. 会根据项目计划所列元器件清单，用不同的方法绘制电路原理图符号。
2. 会规范绘制原理图元器件符号。

相关知识

一、手工绘制元器件符号

下面以如图 3-2 所示的数码显示译码器 CD4511 为例，介绍原理图元器件创建的具体步骤和操作。要求：创建一个名为 CD4511 的元器件，添加“ Default Designator（默认标识符)”为“IC?”、“Default Comment（注释)”为“CD4511”，“Description（描述)”为“ Seven segment display decoder”。该元器件共包含 16 个引脚，其中：9、10、11、12、13、14、15 引脚是 Output 引脚，1、2、3、4、5、6、7 是 Input 引脚，8 和 16 是 Power 引脚，8 号引脚名称为 GND，16 号引脚名称为 VCC 并隐藏。

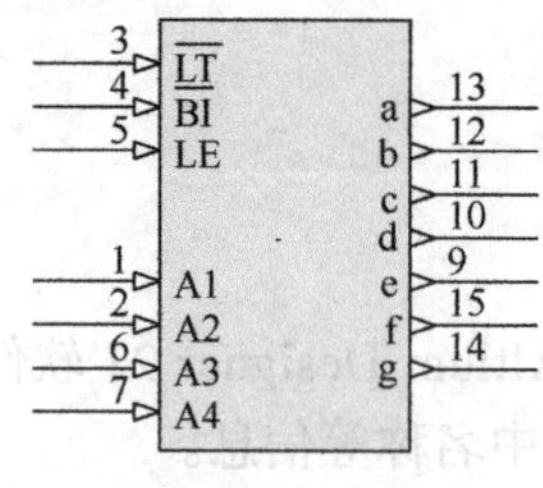

图 3-2　CD4511

1. 新建库文件

执行菜单命令“文件”→“新的”→“库”→“原理图库”，一个默认名为 Schlib1. SchLib 的原理图库文件被创建，同时启动原理图库文件编辑器，库中默认添加了一个元器件 Component_1，如图 3-3 所示。

原理图库文件的编辑环境和原理图的编辑环境非常相似，包含有工具栏、菜单栏、标准工具栏、应用工具栏、绘制工具栏和编辑窗口等，操作方法几乎一样，但也有一些不同的地方。

（1）工作区　工作区被划分为 4 个象限，中心的十字交点即为该窗口的原点。在绘制元器件时，元器件一般就绘制在第 4 象限，并靠近原点附近。一般情况下，原点为元器件的基准点。

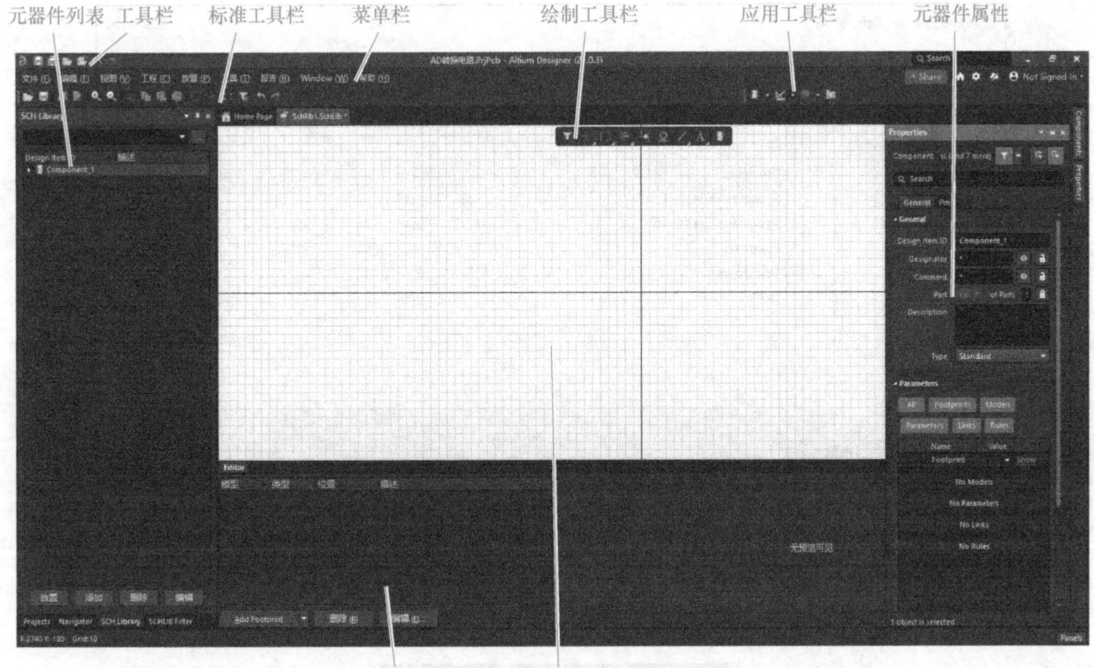

图 3-3　原理图库文件编辑器

（2）标准工具栏　标准工具栏是菜单栏的延伸显示，为操作频繁的命令提供窗口按钮（有时也称图标）显示的方式。

依次选择菜单栏中的“视图”→“工具栏”→“原理图库标准”命令可以打开或关闭原理图库标准工具栏。

（3）绘制工具栏　通过这个工具栏，可以方便地放置常见的 IEEE 符号、线、圆圈和矩形等建模元素。

（4）应用工具栏　应用工具栏包括 4 个按钮，前 3 个按钮都有一个下拉工具栏。

依次选择菜单栏中的“视图”→“工具栏”→“应用工具”命令可以打开或关闭应用工具栏。

（5）SCH Library 面板　用于对原理图库中的元器件进行编辑及管理。

2. 保存库文件

执行菜单命令“文件”→“保存”，在系统弹出的对话框中选择该文件所在的目录，并输入文件名，如命名为 Mylib.SchLib，选择存储路径如图 3-4 所示。保存该原理图库文件，原理图库文件创建成功。

3. 设置工作区参数

执行菜单命令“工具”→“文档选项”，或者单击工作区右侧边缘的“Properties”按钮，打开“ Schematic Library Options（原理图元器件库选项）”对话框，如图 3-5 所示。参数设置与原理图文档参数设置类似，在此不再详述。

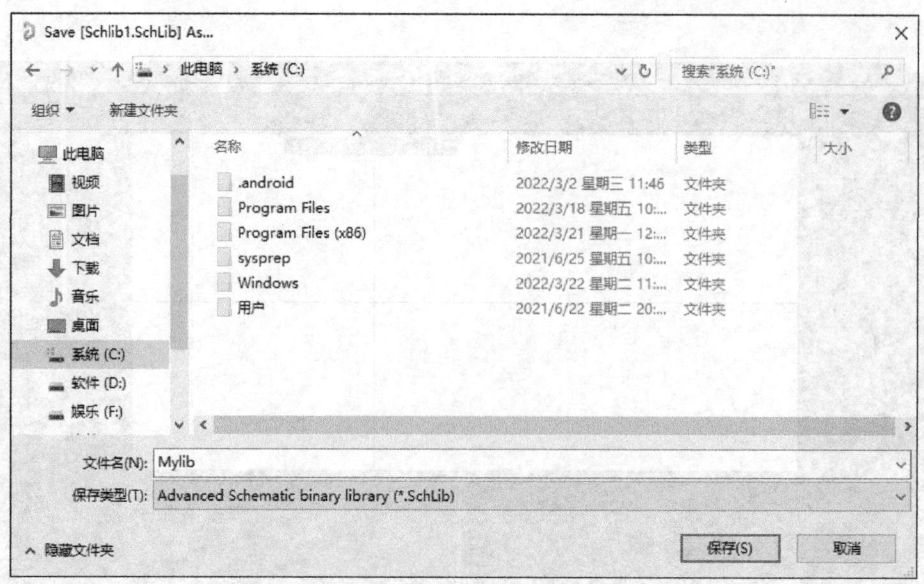

图 3-4　选择存储路径

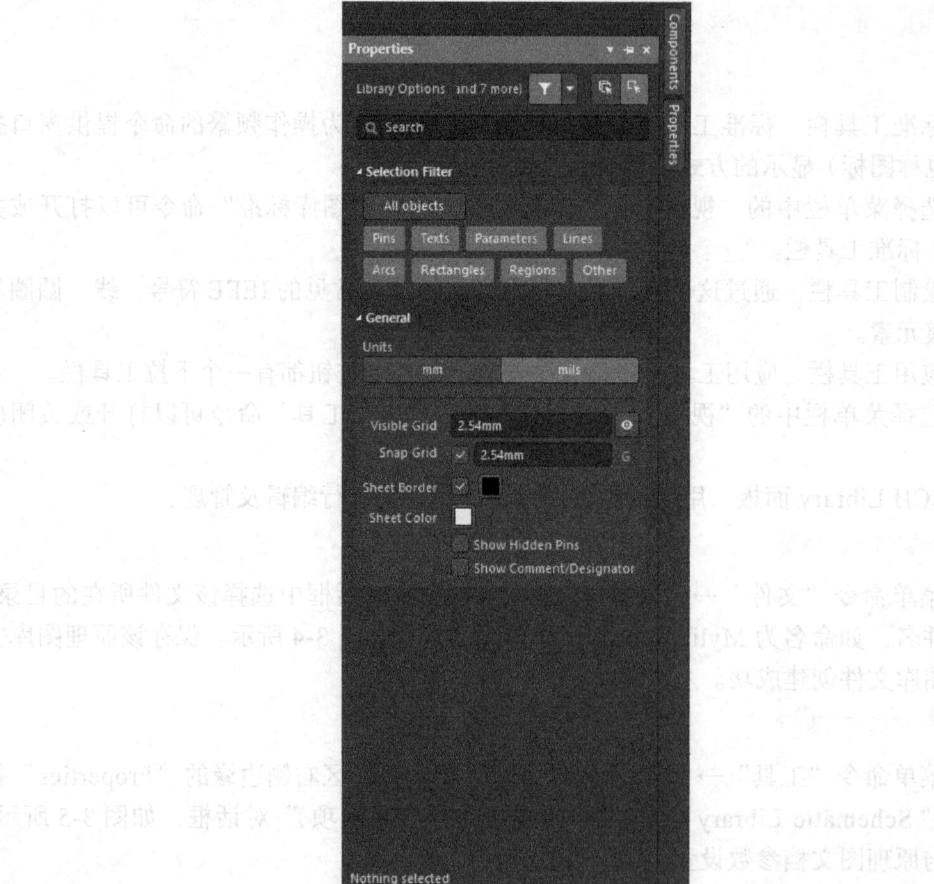

图 3-5　Schematic Library Options（原理图元器件库选项）对话框

4. 绘制矩形框

矩形框的放置有两种方法：

1）执行菜单命令："放置"→"矩形"。

2）单击应用工具栏上的按钮，在弹出的菜单中选择图标。

移动鼠标到图纸的参考点上，在原点处单击，确定矩形的左上角。然后拖动光标画出一个矩形，再次单击，确定矩形的右下角，如图 3-6 所示。双击矩形框，可以对矩形框的边界颜色、边框宽度、位置、填充颜色和坐标等参数进行修改。放置矩形框后，如果尺寸不合适，可单击矩形框。这时矩形框周围会出现小方块（绿色），如图 3-7 所示。用鼠标左键拖动小方块，可改变矩形框的大小。

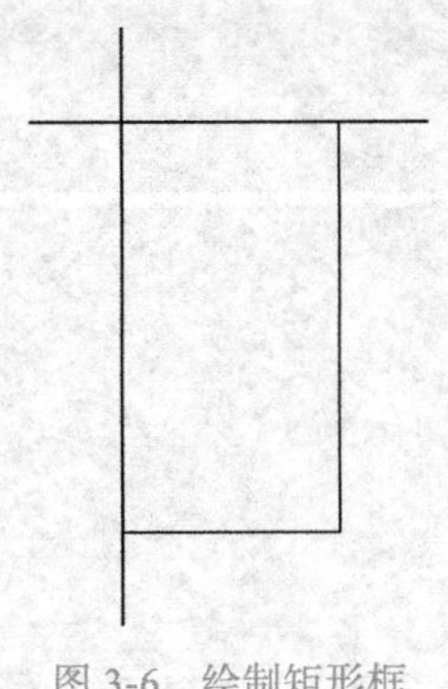

图 3-6　绘制矩形框

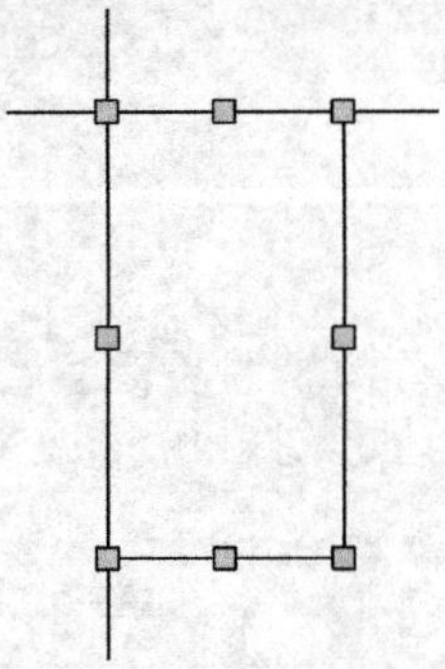

图 3-7　单击矩形框

5. 放置引脚

引脚的放置有两种方法：

1）执行菜单命令："放置"→"引脚"。

2）单击应用工具栏上的按钮，在弹出的菜单中选择项。

执行命令后，光标变成十字，并黏附一个引脚。引脚上"╳"的一侧为电气端，另一侧放置在元器件的边框上，如图 3-8 所示。

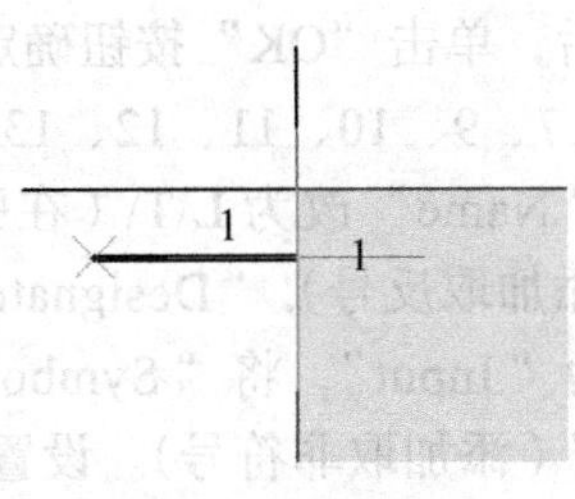

图 3-8　放置引脚

6. 修改引脚属性

双击引脚，可以打开其 Pin（引脚）属性对话框，如图 3-9 所示。

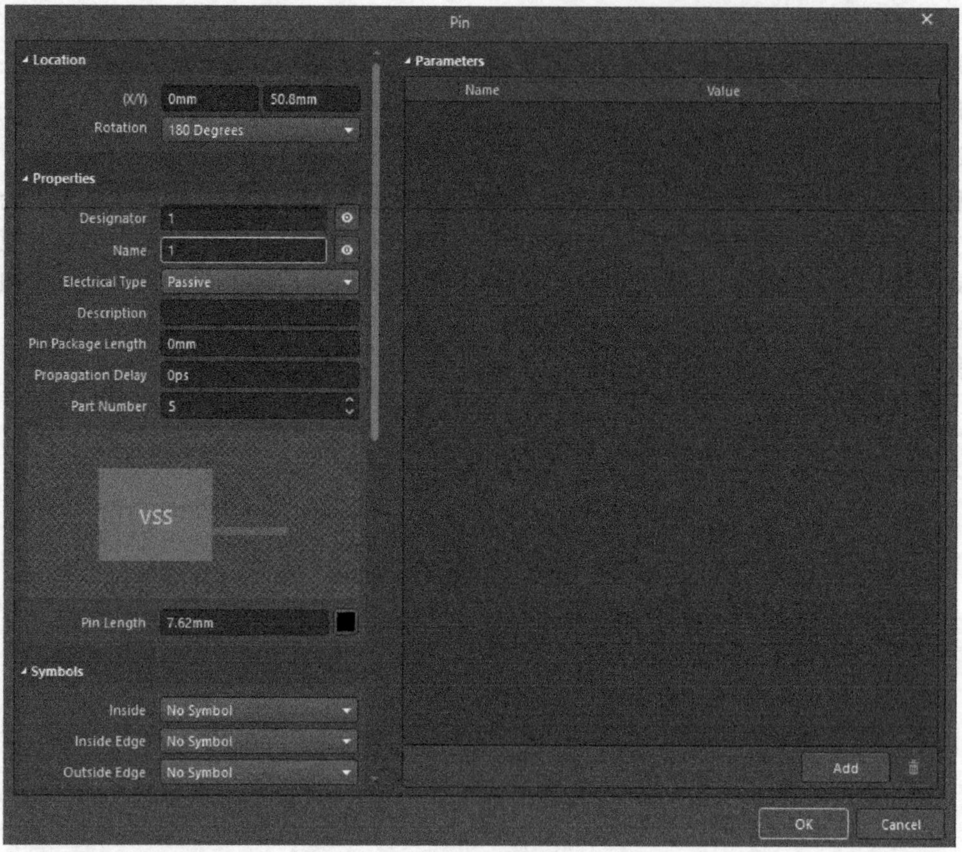

图 3-9　Pin（引脚）属性对话框

Pin（引脚）属性对话框中各项含义如下：

Name（名称）：设置引脚的名称。

Designator（标识）：设置引脚的序号。

Electrical Type（电气类型）：设置引脚的电气类型。

Pin Length（引脚长度）：设置引脚的长度。

⊙：分别用于设置引脚名称、标识是否可见。

首先修改 1 号引脚属性，“Name”改为 A1，“Designator”设置为 1，“Electrical Type”设置为“Input”。设置好后，单击“OK”按钮确定即可，这样引脚 1 就设置好了。用同样的方法放置引脚 2、5、6、7、9、10、11、12、13、14、15。

接下来修改 3 号引脚属性，“Name”改为 L\T\（在引脚的名称后面加上“\”，可以为引脚添加取反号），“Designator”设置为 3，“Electrical Type”设置为“Input”，将“Symbols”栏中“Outside Edge”设置为“Dot”（添加取非符号）。设置好后，单击“OK”按钮确定即可。按同样的方法设置 4 号引脚。

接下来修改 8 号引脚属性，“Name”改为 GND，“Designator”设置为 8，“Electrical Type”设置为“Power”。放置好引脚的元器件如图 3-10 所示。

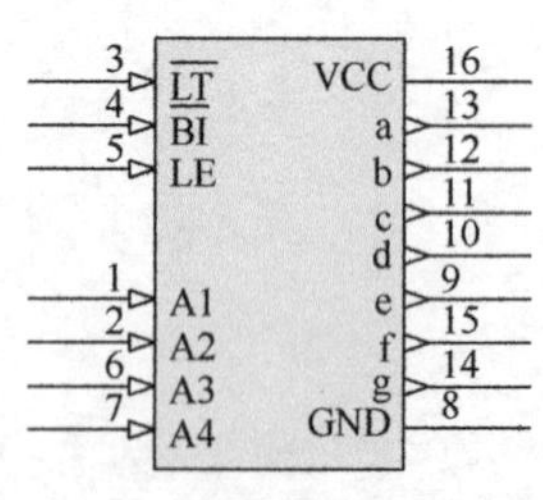

图 3-10　放置好引脚的元器件

通常，在原理图中把电源引脚、接地引脚隐藏起来，操作步骤如下。

单击工作区右侧边缘的“Properties”按钮，打开 Properties 面板，接着单击 Properties 面板中的“Pins”选项卡，如图 3-11 所示。然后单击右下角的 按钮，此时系统弹出“元件引脚编辑器”对话框，如图 3-12 所示。在“元件引脚编辑器”对话框中，把“Show”列中 8 脚（GND）和 16 脚（VCC）复选框的钩去掉，然后单击“确定”按钮退出，此时工作区元器件的 8 脚（GND）和 16 脚（VCC）已被隐藏。绘制好的元器件如图 3-13 所示。

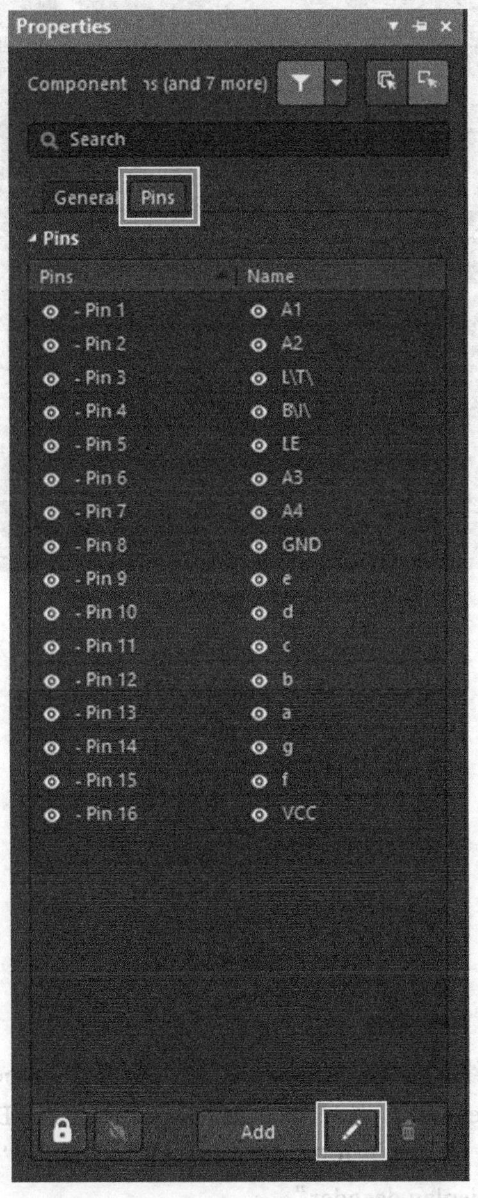

图 3-11　Properties 面板“Pins”选项卡

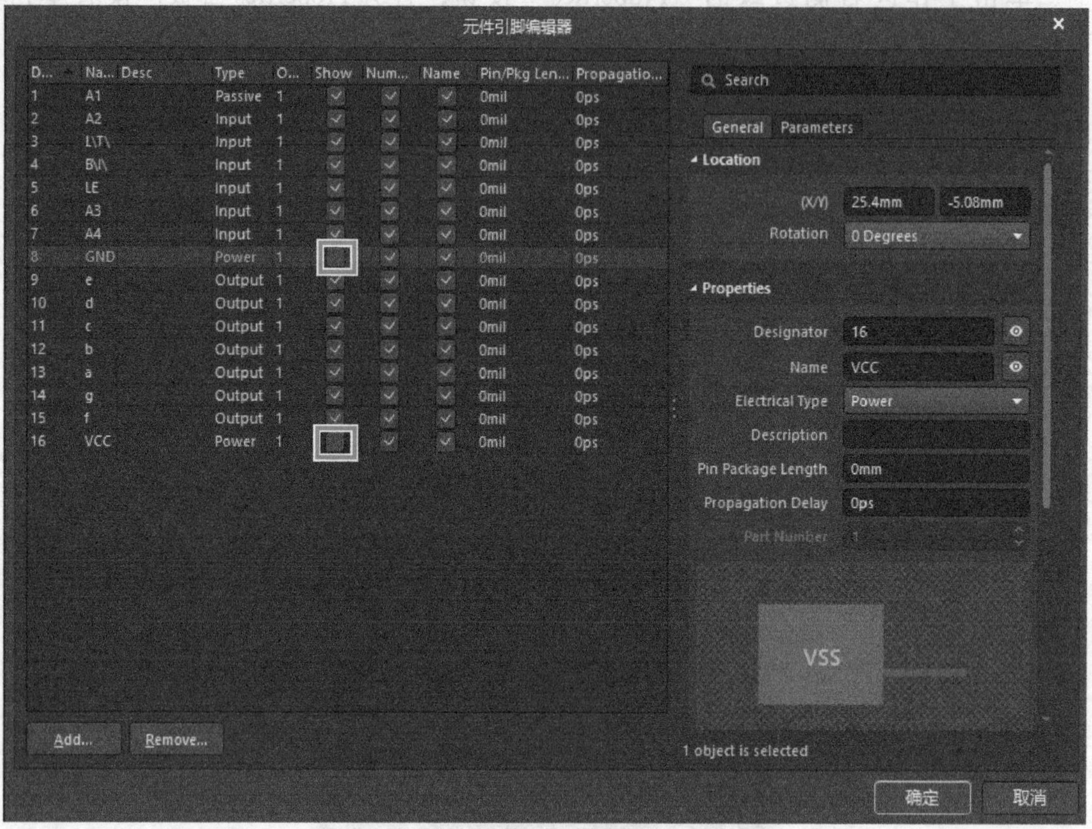

元件引脚编辑器

D...	Na...	Desc	Type	O...	Show	Num...	Name	Pin/Pkg Len...	Propagatio...
1	A1		Passive	1	✓	✓	✓	0mil	0ps
2	A2		Input	1	✓	✓	✓	0mil	0ps
3	L\T\		Input	1	✓	✓	✓	0mil	0ps
4	B\I\		Input	1	✓	✓	✓	0mil	0ps
5	LE		Input	1	✓	✓	✓	0mil	0ps
6	A3		Input	1	✓	✓	✓	0mil	0ps
7	A4		Input	1	✓	✓	✓	0mil	0ps
8	GND		Power	1		✓	✓	0mil	0ps
9	e		Output	1	✓	✓	✓	0mil	0ps
10	d		Output	1	✓	✓	✓	0mil	0ps
11	c		Output	1	✓	✓	✓	0mil	0ps
12	b		Output	1	✓	✓	✓	0mil	0ps
13	a		Output	1	✓	✓	✓	0mil	0ps
14	g		Output	1	✓	✓	✓	0mil	0ps
15	f		Output	1	✓	✓	✓	0mil	0ps
16	VCC		Power	1		✓	✓	0mil	0ps

Search

General Parameters

Location

(X/Y) 25.4mm -5.08mm

Rotation 0 Degrees

Properties

Designator 16

Name VCC

Electrical Type Power

Description

Pin Package Length 0mm

Propagation Delay 0ps

Part Number 1

VSS

Add... Remove...

1 object is selected

确定 取消

图 3-12 “元件引脚编辑器”对话框

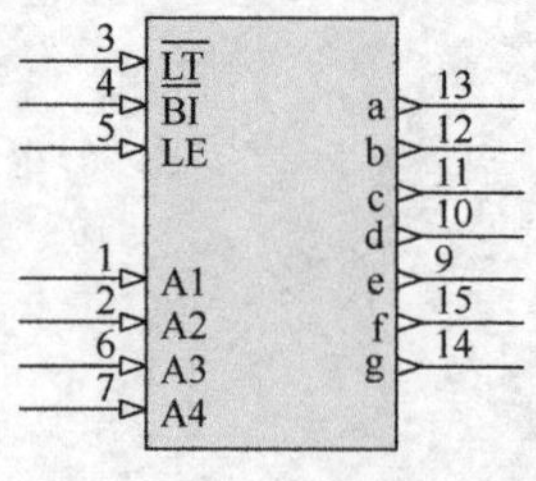

图 3-13 绘制好的元器件

7. 设置 CD4511 元器件的属性

单击工作区右侧边缘的“Properties”按钮，打开“Properties”面板，接着单击 Properties 面板中的“General”选项卡，如图 3-14 所示。“Design Item ID”设置为“CD4511”，“Designator”设置为“IC?”，“Comment”设置为“CD4511”，“Description”设置为“Seven segment display decoder”。

至此，CD4511 元器件的属性设置完成，元器件绘制完毕，最后保存元器件。

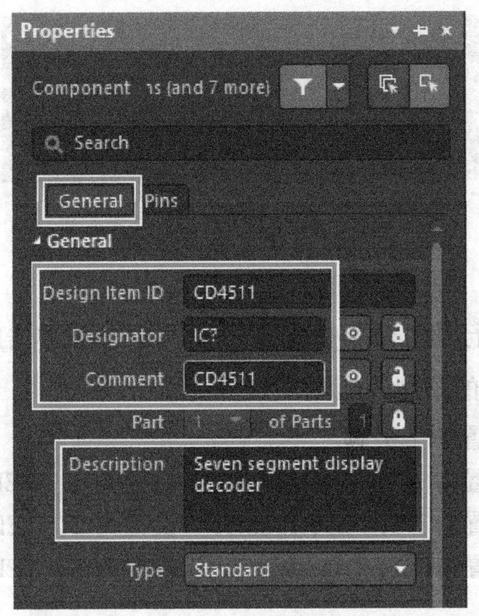

图 3-14　设置 CD4511 元器件的属性

二、含有子件的元器件的制作

下面通过如图 3-15 所示的元器件 74LS02 的绘制，介绍含有子件的元器件的制作过程。要求：在元器件库 Mylib.schLib 中添加一个元器件 74LS02，该元器件包含 4 个子件。1、2、4、5、9、10、12、13 引脚为输入；3、6、8、11 引脚为输出；7 号引脚为 GND，14 号引脚为 VCC。

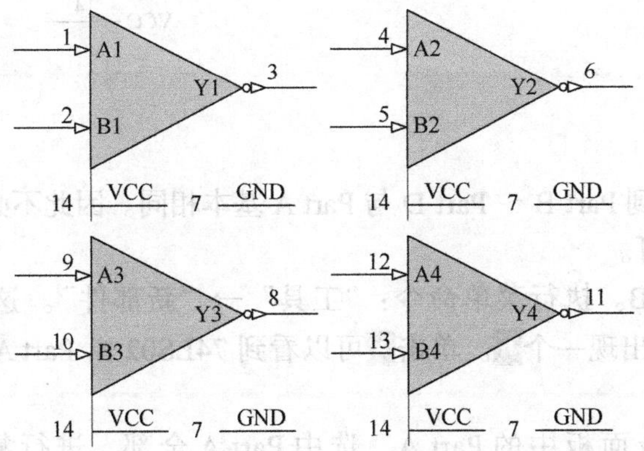

图 3-15　74LS02

1. 打开库文件，新建元器件

打开元器件库 Mylib.schLib，执行菜单命令：“工具” → “新器件”。打开 “New Component” 对话框，如图 3-16 所示。输入新建元器件的名字 74LS02，单击“确定”按钮。

图 3-16 “New Component”对话框

2. 绘制 PartA

绘制元器件外形，执行菜单命令“放置”→“线”，或单击应用工具栏中的放置线按钮，完成元器件外形的绘制，如图 3-17 所示。

之后放置引脚，共放置 5 个引脚。

引脚 1，“Name”设置为 A1，“Designator”设置为 1，“Electrical Type”为 Input。

引脚 2，“Name”设置为 B1，“Designator”设置为 2，“Electrical Type”为 Input。

引脚 3，“Name”设置为 Y1，“Designator”设置为 3，“Electrical Type”为 Output；外部边沿设置为 Dot。

引脚 7：“Name”设置为 GND，“Designator”设置为 7，“Electrical Type”为 Power。

引脚 14：“Name”设置为 VCC，“Designator”设置为 14，“Electrical Type”为 Power。

绘制完成后如图 3-18 所示。

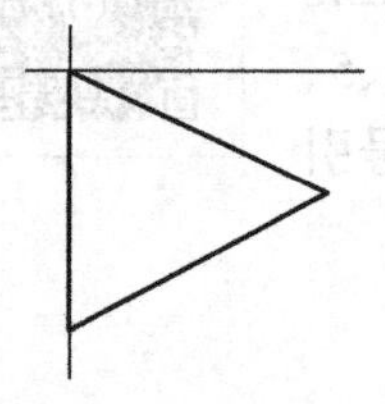

图 3-17 元器件外形

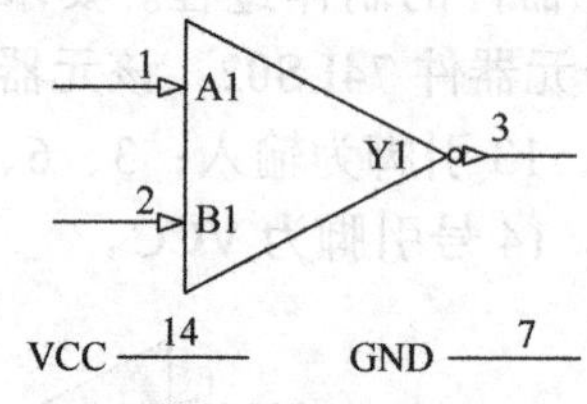

图 3-18 绘制 Part A

3. 绘制 Part B ～ Part D

从图 3-15 可以看到 Part B ～ Part D 与 Part A 基本相同。因此不必重新绘制，在 Part A 的基础上编辑修改即可。

首先，绘制 Part B。执行菜单命令：“工具”→“新部件”。这时 SCH Library 面板 74LS02 元器件的前面出现一个▶。单击▶可以看到 74LS02 由 Part A、Part B 两部分构成，如图 3-19 所示。

单击 SCH Library 面板中的 Part A，选中 Part A 全部，进行复制。之后单击 SCH Library 面板中的 Part B，进行粘贴，接着根据图 3-15 修改元器件引脚属性即可。Part C、Part D 依此方法进行绘制和修改引脚属性，绘制完成的 Part B ～ Part D 如图 3-20 所示。

4. 设置 74LS02 的元器件属性

单击工作区右侧边缘的“Properties”按钮，打开 Properties 面板，接着单击 Properties 面板中的“General”选项卡，如图 3-21 所示。“Designator”设置为“IC?”，“Comment”设置为“74LS02”。

图 3-19　SCH Library 面板

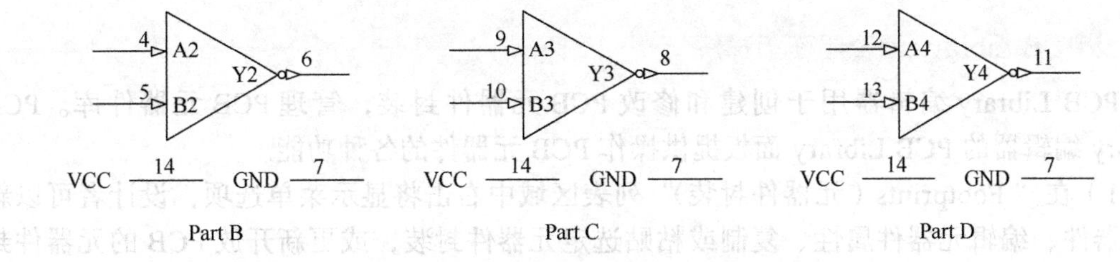

图 3-20　绘制 Part B ~ Part D

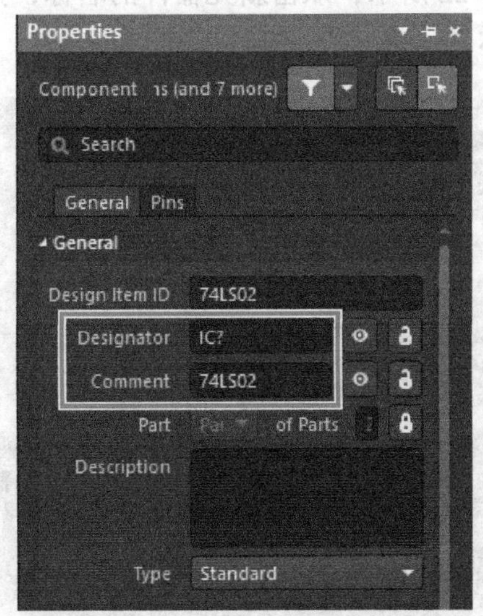

图 3-21　设置 74LS02 的元器件属性

至此，74LS02 元器件的属性设置完成，元器件绘制完毕，最后保存元器件。

任务实施

创建 A/D 转换电路原理图库，根据项目计划所列元器件清单，采用不同方法绘制该项目电路原理图所需要的元器件。

任务二　创建 A/D 转换电路封装库

任务目标

1. 会根据所选元器件参数型号，查询并记录元器件封装尺寸信息。
2. 会规范绘制元器件封装。

相关知识

一、PCB Library 编辑器面板详解与焊盘标识符、阵列粘贴功能介绍

1. PCB Library 编辑器面板详解

PCB Library 编辑器用于创建和修改 PCB 元器件封装，管理 PCB 元器件库。PCB Library 编辑器的 PCB Library 面板提供操作 PCB 元器件的各种功能。

1）在“Footprints（元器件封装）”列表区域中右击将显示菜单选项，设计者可以新建元器件、编辑元器件属性、复制或粘贴选定元器件封装，或更新开放 PCB 的元器件封装。例如：右击 PCBCOMPONENT_1 的空白区域，弹出菜单选项“New Blank Footprint（新建空白元器件）”，如图 3-22 所示；双击新元器件的名称，弹出重命名的对话框，更改封装的名称，如图 3-23 所示。

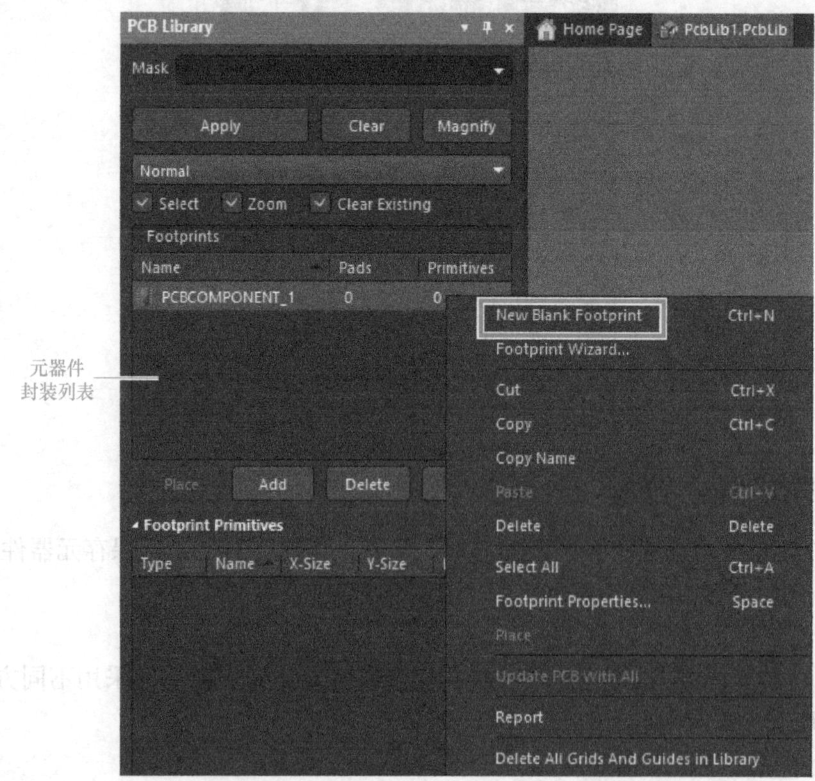

图 3-22　New Blank Footprint（新建空白元器件）

图 3-23　更改封装的名称

注意：右键菜单的复制 / 粘贴命令可用于选中的多个封装，并支持①在库内部执行复制和粘贴操作；②从 PCB 复制粘贴到库；③在 PCB 库之间执行复制粘贴操作。

2）按照前面所讲的方法和步骤，创建多个元器件的封装，则在 PCB Library 面板的"Footprints（元器件封装）"列表区域列出了当前库中的所有元器件封装；"Footprint Primitives"区域列出了属于当前选中元器件封装的图元信息，若单击列表中的图元，则在设计窗口中加亮显示；"Other"区域显示了元器件的封装信息，即显示元器件的封装模型（有时也称"元器件封装的预览窗口"）。例如：单击元器件封装列表中的"DIP-8"封装，则在"Footprint Primitives"区域显示该"DIP-8"封装的图元信息，在"Other"区域显示"DIP-8"的封装信息，其封装相关显示信息如图 3-24 所示。

注意：选中图元的加亮显示方式取决于 PCB Library 面板顶部的选项，启用 Mask 后，只有选中的图元正常显示，其他图元将灰色显示。单击 PCB Library 面板顶部"Clear（清除）"按钮将删除过滤器并恢复显示。启用 Select 后，用户单击的图元将被选中，然后便可以对它们进行编辑。在"Footprint Primitives"区域右击可控制其中列出的图元类型。

"Other"区域是元器件封装模型显示区，该区有一个选择框，选择框选择哪一部分，设计窗口就显示哪部分，可以调节选择框的大小。

2. 焊盘标识符

焊盘由标识符（通常是元器件引脚号）进行区分，标识符由数字和字母组成，最多允许 20 个数字和字母，也可以空白。

如果标识符以数字开头或结尾，则当用户连续放置焊盘时，数字会自动增加，使用阵列粘贴功能可以实现字母的递增或数字以某个步进值递增（如 A1、A3 的递增）。

3. 阵列粘贴功能

设置好前一个焊盘的标识符后，使用阵列粘贴功能可以同时放置多个焊盘，并自动为焊盘分配标识符。焊盘标识符可以按以下方式递增：

1）数字方式（1、3、5）。

2）字母方式（A、B、C）。

3）数字和字母组合的方式（1A、1B、1C 或 1A、2A、3A）。

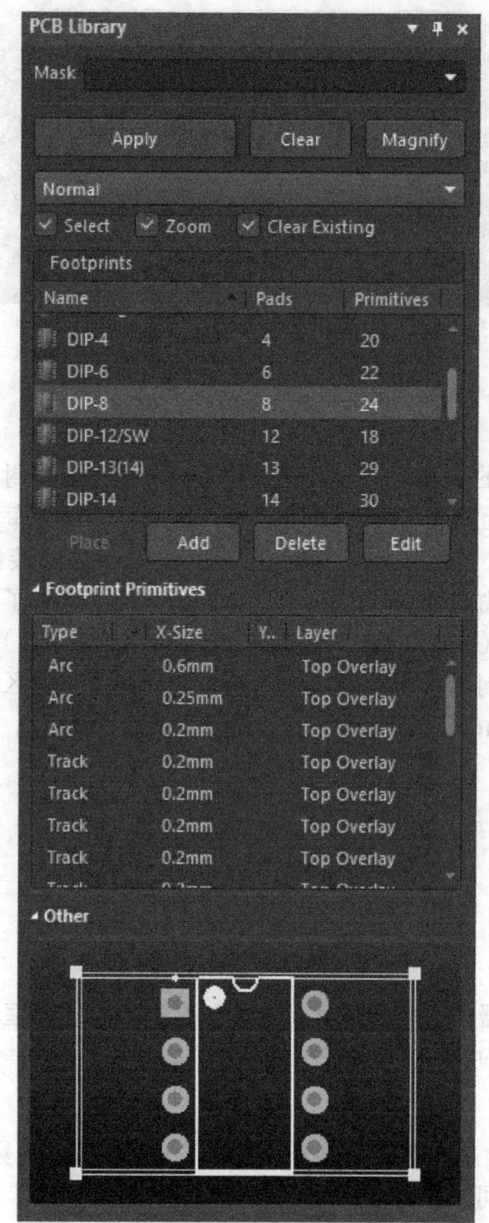

图 3-24 “DIP-8”封装相关显示信息

以数字方式递增时，通过文本增量选项设置步进值。

以字母方式递增时，通过文本增量选项设置字母的增量，A 代表 1，B 代表 2，以此类推。例如：焊盘初始标志为 1A，设置文本增量选项为 B，则标识符依次为 1A、1C、1E…（每次增加 2）。

使用阵列粘贴的步骤如下：

1）创建原始焊盘，输入初始标识符，执行“Edit（编辑）”→“Copy（复制）”命令（快捷键 <Ctrl+C>），单击焊盘中心设定参考点。

2）执行“Edit（编辑）”→“Paste Special（特殊粘贴）”命令，弹出“选择性粘贴”

对话框，选中“粘贴到当前层”，如图 3-25 所示。

3）单击“粘贴阵列”按钮，弹出“设置粘贴阵列”对话框，如图 3-26 所示。在“对象数量”文本框中输入需要复制的焊盘数，“文本增量”设为 1，焊盘以线性排列，X、Y 方向的间距根据需要进行设置，最后单击“确定”按钮，鼠标在需要放置焊盘的位置单击即可。

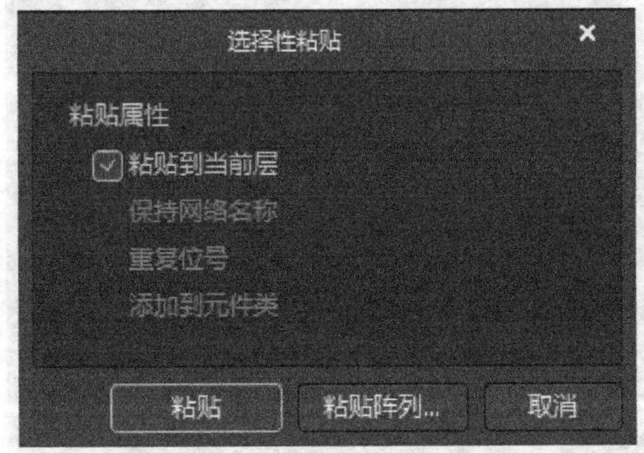

图 3-25　“选择性粘贴”对话框

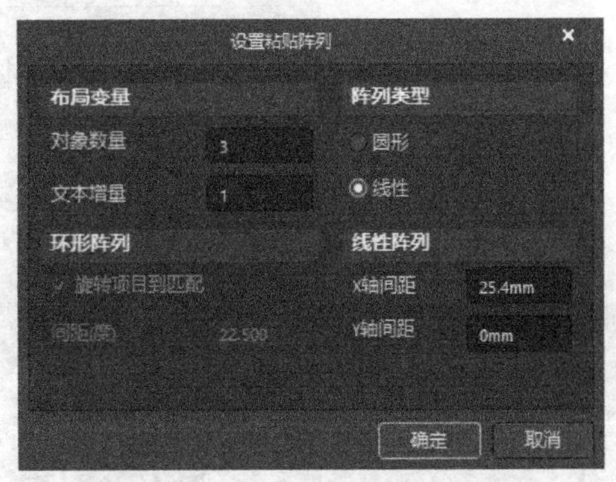

图 3-26　“设置粘贴阵列”对话框

二、元器件封装的绘制方法

（一）手工创建元器件封装

下面以通孔型电解电容为例，介绍 PCB 元器件封装创建的具体步骤和操作方法。通孔型电解电容外形尺寸如图 3-27 所示，外围直径为 10mm，引脚间距为 5mm，引脚直径为 0.5mm，1 引脚为正极，2 引脚为负极。

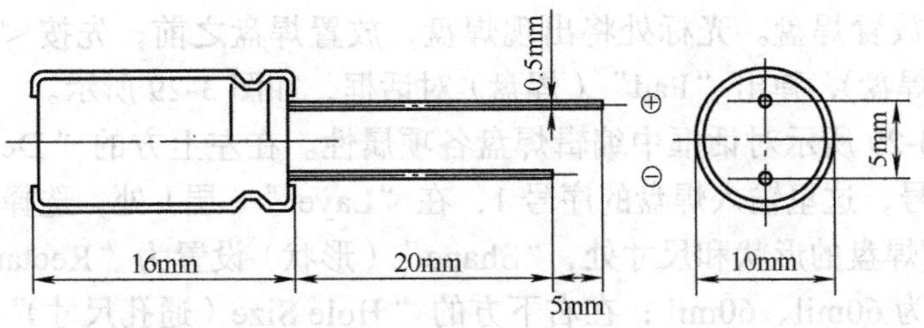

图 3-27　电解电容外形尺寸

1. 绘制轮廓线和极性标志

在 PCB 元器件库编辑器中，将当前工作层设置为 Top Overlay（顶层丝印层），执行菜单命令“Place（放置）”→“Full Circle（圆环）”，按尺寸要求，在编辑器上放置一个直径为 10mm（即半径为 5mm）的圆环。放置好圆环后，如果圆环尺寸不符合要求，可双击圆环，弹出“Arc（圆）”属性对话框对圆环的属性进行编辑，更改其参数即可。同时利用菜单命令“Place（放置）”→“Line（线）”，在圆环的左侧画一个“+”号，绘制圆环如图 3-28 所示。

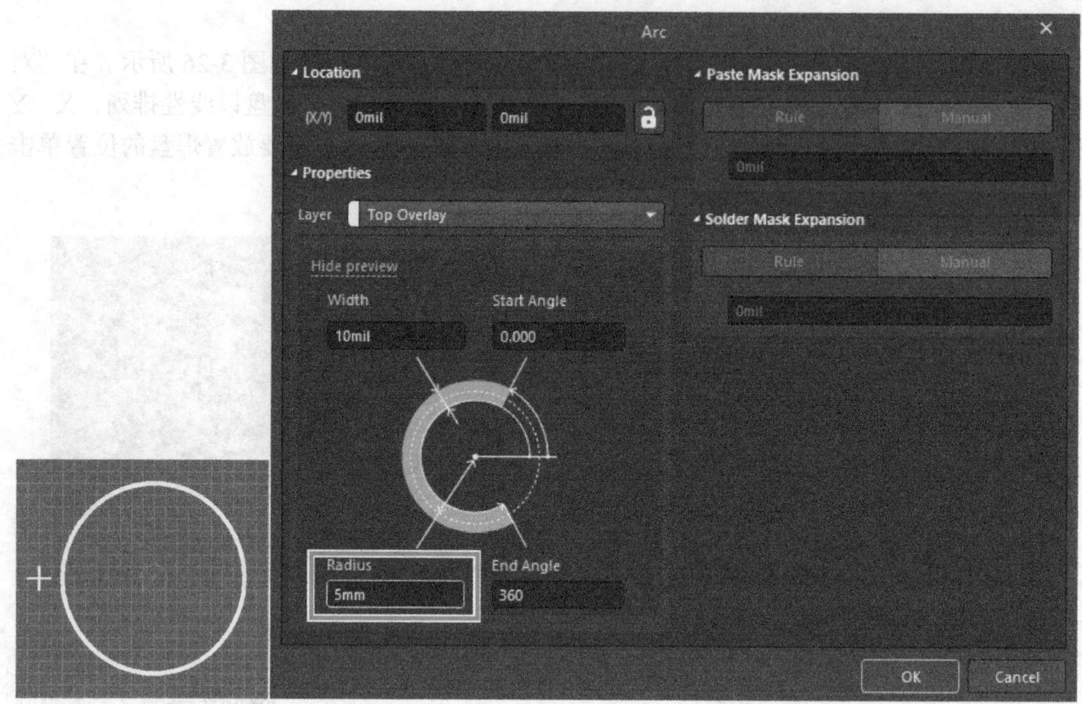

图 3-28　绘制圆环

推荐在工作区坐标原点（0，0）附近创建封装，在设计的任何阶段，使用快捷键 <J+R> 可使光标跳到原点位置。

2. 放置焊盘

利用菜单命令“Place（放置)”→“Pad（焊盘)”（快捷键为 <P+P>）或单击绘制工具栏的焊盘按钮放置焊盘。光标处将出现焊盘，放置焊盘之前，先按 <Tab> 键（或者双击已经放置好的焊盘)，弹出“Pad”（焊盘）对话框，如图 3-29 所示。

1）在如图 3-29 所示对话框中编辑焊盘各项属性。在左上方的“Designator（标识)”处设置焊盘的序号，这里输入焊盘的序号 1，在“Layer”（层）处，选择 Multi-Layer（多层)；在右侧中间焊盘的形状和尺寸处，“Shape”（形状）设置为“Rectangular”（矩形)，（X/Y）分别设置为 60mil、60mil；在右下方的“Hole Size（通孔尺寸)”处设置焊盘的通孔尺寸（即焊盘孔径)，已知引脚直径为 0.5mm，约为 20mil，所以在设置焊盘的通孔尺寸时设为 25mil，通孔的形状为 Round（圆形)；其他选默认值，单击“OK”按钮，建立第一个方形焊盘。

2）利用状态栏显示坐标，将第一个焊盘拖到（X，-100；Y，0）位置，单击或者按 <Enter> 键确认放置。

3）用同样方法设置第二个焊盘，焊盘序号为 2、焊盘形状为 Round（圆形)。由参数可知引脚距离为 5mm，约 200mil，将其放在（X，100mil；Y，0）位置。

4）所放置的焊盘如图 3-30 所示。

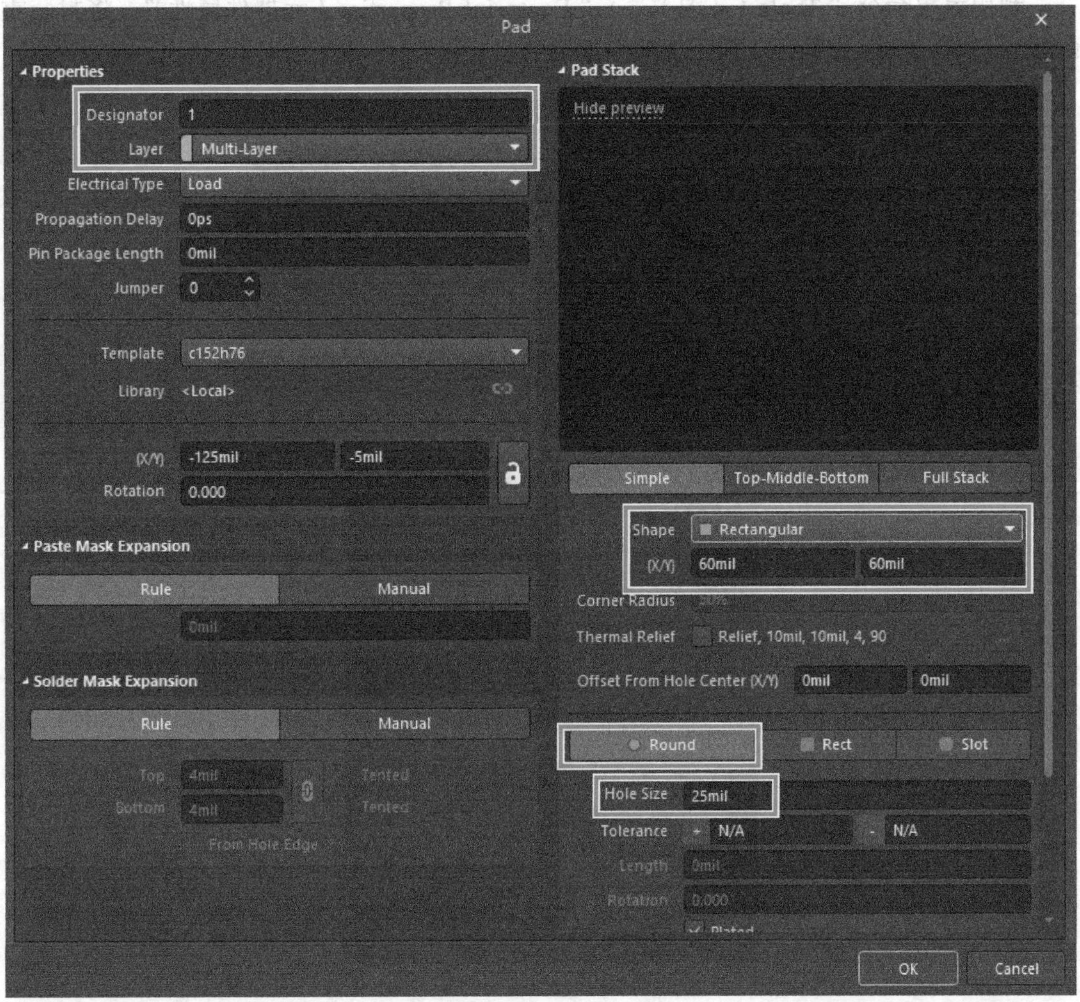

图 3-29　“Pad”对话框

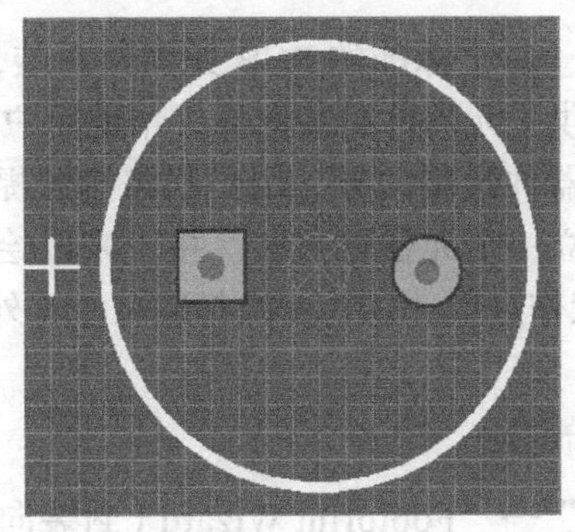

图 3-30　放置焊盘

3. 保存文件

利用菜单命令“ Tools（工具)”→“ Footprint Properties（元器件属性)”，将封装重命名为“RB.2/.4”并保存，如图 3-31a、b 所示。

a) 输入封装名称

b) 保存封装

图 3-31　保存文件

（二）利用向导创建元器件封装

利用向导创建元器件封装

对于标准的 PCB 元器件封装，Altium Designer 21 为用户提供了元器件封装向导，帮助用户完成 PCB 封装的制作。使用元器件封装向导，用户只需按照提示进行一系列设置后就可以建立一个元器件封装。接下来以绘制 DIP16 的封装为例来讲解利用向导创建元器件封装的操作过程，DIP16 的封装尺寸（外形尺寸和引脚间距单位均为 mm）如图 3-32 所示。

1. 打开元器件封装向导对话框

执行菜单“Tools（工具)”→“Footprint Wizard（封装向导)”命令，弹出“Footprint Wizard”（封装向导）对话框，如图 3-33 所示。单击“Next”按钮，进入向导。

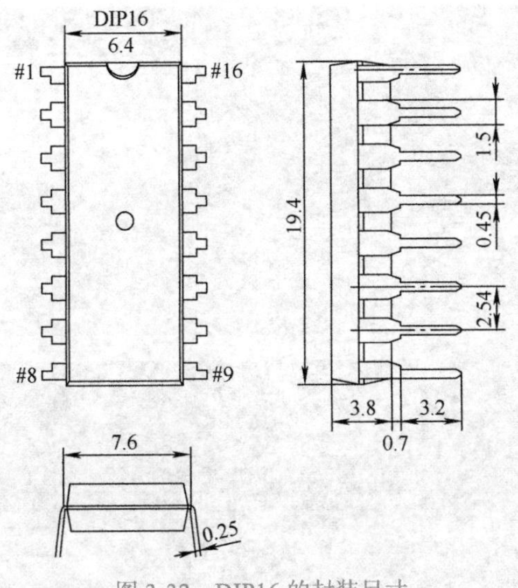

图 3-32 DIP16 的封装尺寸

图 3-33 "Footprint Wizard"（封装向导）对话框

2. 选择器件图案

对所用到的选项进行设置，在"从所列的器件图案中选择你想要创建的"样式栏内选择"Dual In-line Package（DIP)"选项，即双列直插式封装；"选择单位"处选择"Imperial (mil)"（英制）选项，如图 3-34 所示，单击"Next"按钮。

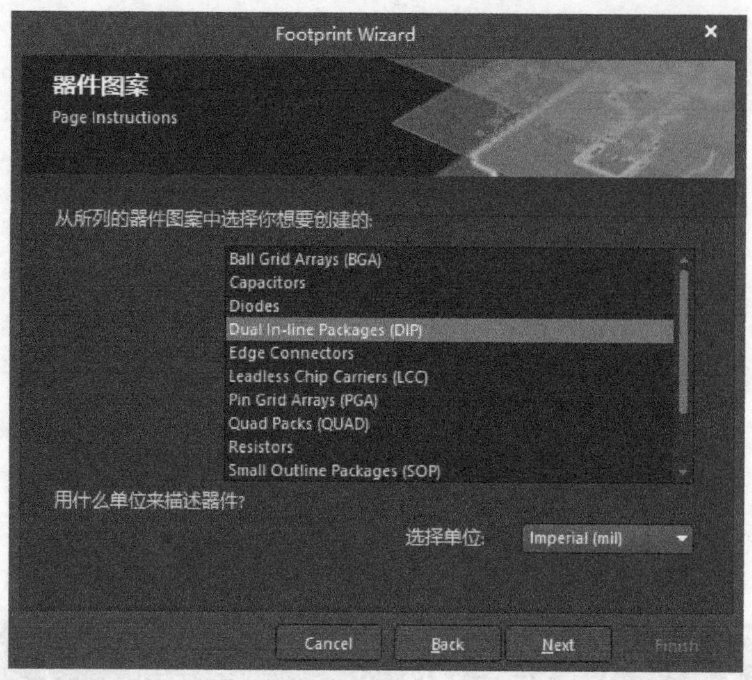

图 3-34　选择器件图案

3. 设置焊盘尺寸

进入定义焊盘尺寸对话框如图 3-35 所示，根据所给器件的尺寸，设置圆形焊盘的外径为 60mil、内径为 30mil（直接输入数值修改尺寸大小），单击“Next”按钮。

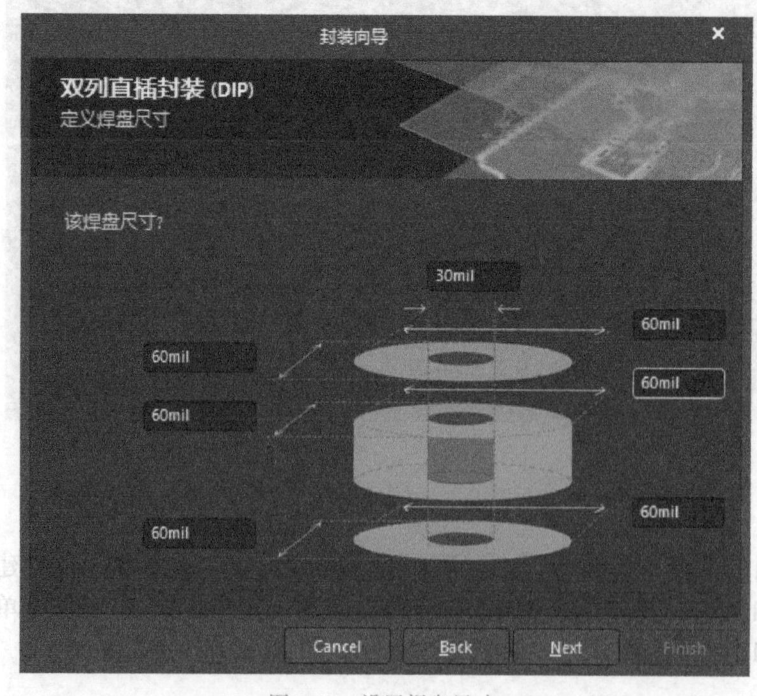

图 3-35　设置焊盘尺寸

4. 设置焊盘布局

进入定义焊盘布局对话框，如图 3-36 所示，根据 DIP16 的实际尺寸，焊盘的水平方向间距设为 300mil（约 7.6mm）、垂直方向间距设为 100mil（约 2.54mm），单击“Next”按钮。

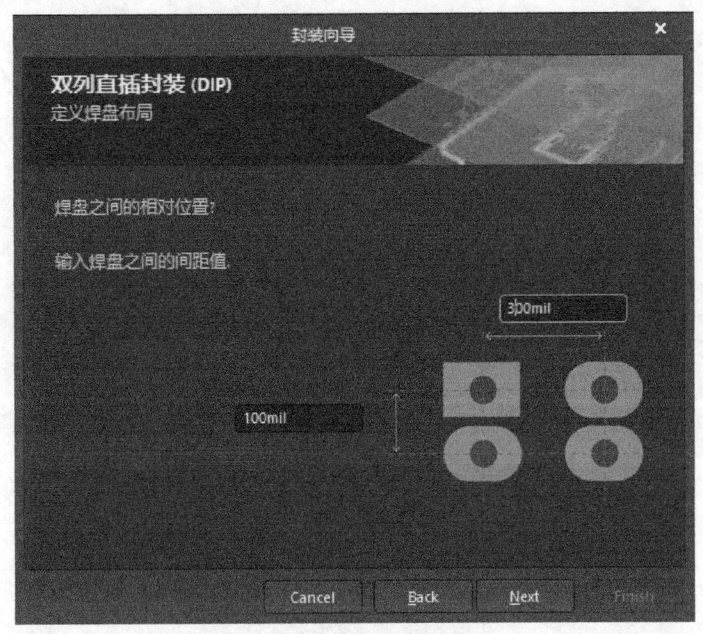

图 3-36　设置焊盘布局

5. 设置封装的外框宽度

进入定义外框宽度对话框，如图 3-37 所示。选默认设置（10mil），单击“Next”按钮。

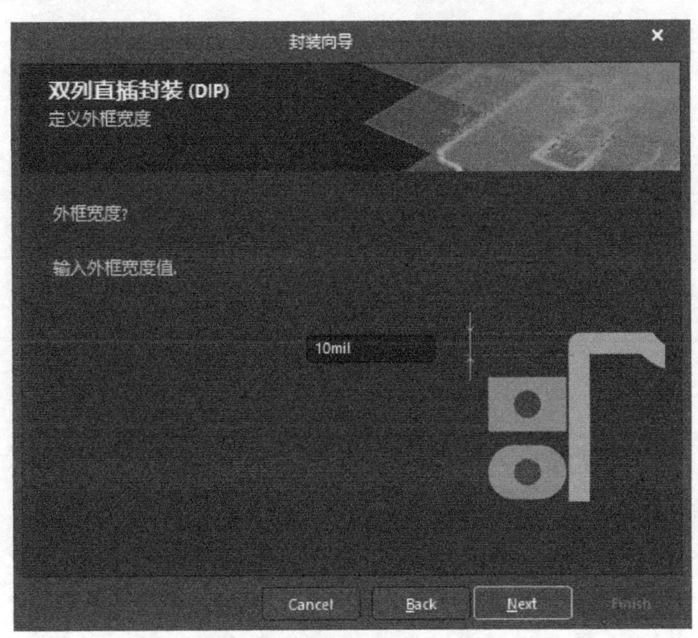

图 3-37　设置封装的外框宽度

6. 设置焊盘数目

进入设置焊盘数目对话框，如图 3-38 所示。设置焊盘（引脚）数目为 16，单击“Next”按钮。

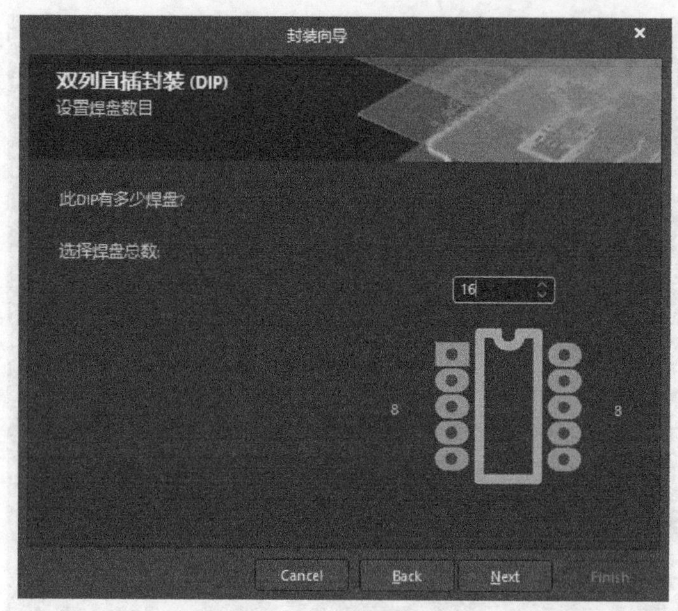

图 3-38　设置焊盘数目

7. 设置封装名称

进入设置元器件名称对话框，如图 3-39 所示。默认的元器件名为 DIP16，如果不修改它，直接单击“Next”按钮。

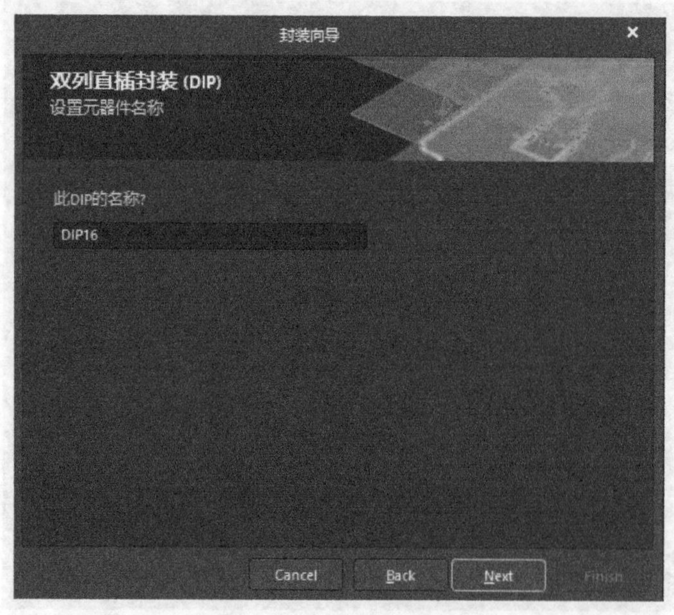

图 3-39　设置封装名称

8. 确认以上设置，完成封装的绘制

进入最后一个对话框，单击“Finish”按钮结束向导，在 PCB Library 面板元器件封装列表中会显示新建的 DIP16 封装名，同时设计窗口会显示新建的封装，如有需要可以对封装进行修改，如图 3-40 所示。

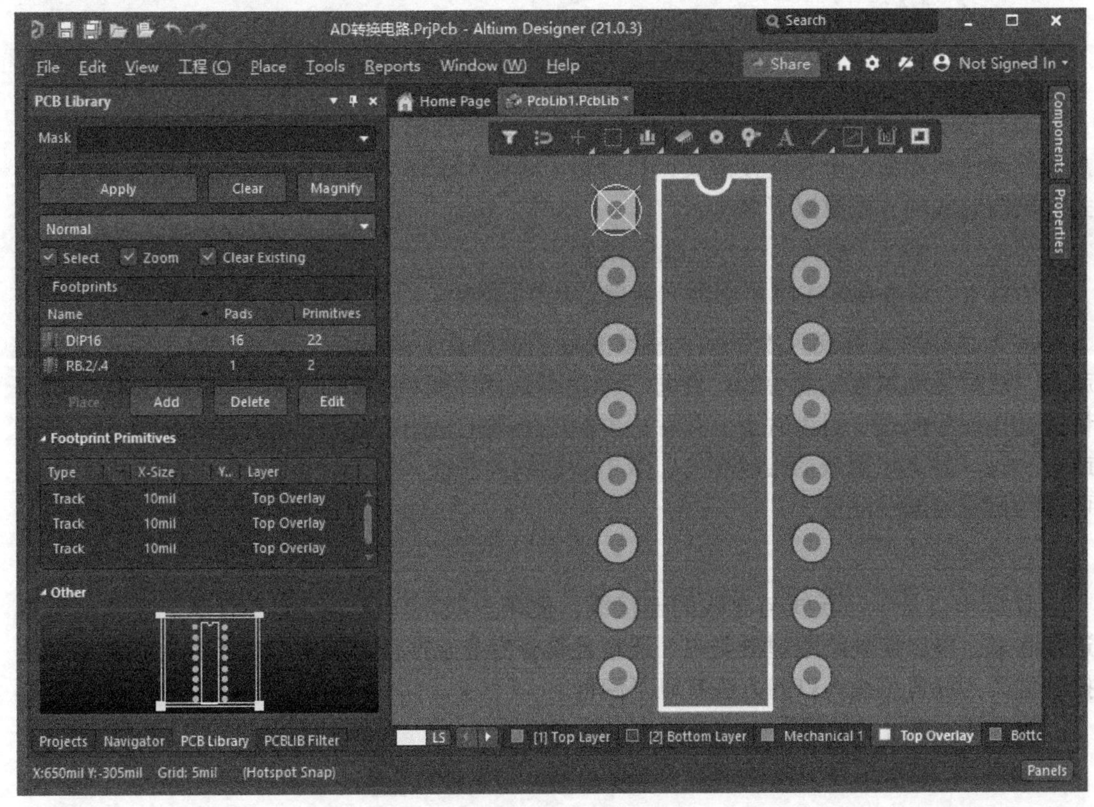

图 3-40　完成封装的绘制

9. 保存库文件

执行菜单“File（文件）”→“保存”命令（快捷键为 <Ctrl + S>），保存库文件。

任务实施

创建 A/D 转换电路 PCB 库，根据所列元器件清单，采用不同方法设计本项目电路元器件的封装。

任务三　绘制 A/D 转换电路原理图

任务目标

1. 会绘制原理图元器件，会通过向导绘制 PCB 封装。
2. 会给原理图元器件添加封装。

3. 会放置绘制好的原理图元器件，并绘制电路原理图。

相关知识

元器件除了用导线连接外，还可通过总线、总线入口和网络标签建立连接。

一、绘制总线

1. 总线

总线是若干条具有相同性质信号线的组合，如数据总线、地址总线和控制总线等。总线没有任何实质的电气连接意义，只是为了绘图和读图方便而采取的简化连线的表现形式。绘制总线的方法有以下两种。

方法 1：执行“放置”→“总线”命令。

方法 2：单击布线工具栏中的“放置总线”图标。

放置总线时光标变为十字形，移动光标到欲放置总线的起点位置，单击确定总线的起点，然后拖动鼠标绘制总线。在每一个拐点处都需要单击确认，按 <Shift+Space> 键可切换选择拐弯模式。到达适当位置后，再次单击确定总线的终点，完成总线的绘制。右击或按 <Esc> 键退出总线的绘制状态。双击所绘制的总线，将打开“Bus”（总线）对话框，可进行相应的属性设置。

2. 总线入口

总线入口是单一导线与总线的连接线，使用总线入口把总线和具有电气特性的导线连接起来，可以使电路原理图美观、清晰且具有专业水准。总线入口也不具有任何电气连接的意义，放置总线入口的方法有以下两种。

方法 1：执行“放置”→“总线入口”命令。

方法 2：单击布线工具栏中的“放置总线入口”图标。

放置总线入口时光标变为十字形，并带有总线入口“/”或“\”，按 <Space> 键调整总线入口的方向（45°、135°、225° 和 315°），移动光标到需要的位置处，连续单击即可完成总线入口的放置，右击或按 <Esc> 键退出放置状态。双击所放置的导线入口（或在绘制状态下按 <Tab> 键），弹出“Bus Entry”（总线入口）对话框，可以设置相关参数。

二、放置网络标签

网络标签具有实际电气连接意义，相同网络标签的导线或元器件引脚不管在图上是否连接在一起，其电气关系都是连接在一起的。在连接线路比较远或者线路过于复杂而使连接困难时，使用网络标签代替实际连线可以大大简化原理图，放置网络标签的方法有以下两种。

方法 1：执行“放置”→“网络标签”命令。

方法 2：单击布线工具栏中的“放置网络标签”图标。

放置网络标签时光标变为十字形，并附带一个初始标签“NetLabel1”，将光标移动到需要放置网络标签的总线或导线上，当出现红色米字标志时，表示光标已捕捉到该导线，单击即可放置一个网络标签，移动光标到其他位置，可以进行连续放置，右击或按 <Esc>

键可退出放置状态。双击所放置的网络标签（或在放置状态下按 <Tab> 键），打开“Net Label”（网络标签）对话框，在“Net Name”（网络名称）文本框输入网络标签的名称，并可设置放置方向和字体等。

任务实施

在完成 A/D 转换电路原理图库、封装库的创建后，接下来便可以进行 A/D 转换电路原理图的绘制，其步骤如下。

步骤 1：创建 PCB 工程

启动 Altium Designer 21 软件，创建名为“AD 转换电路”的 PCB 工程，如图 3-41 所示，并保存。

步骤 2：添加原理图库文件并绘制原理图元器件

执行“文件”→“新的”→“库”→“原理图库”，为步骤 1 创建的 PCB 工程添加名为“AD 转换电路”的原理图库文件，如图 3-42 所示。根据项目计划所列元器件清单，绘制本项目电路原理图所需的元器件：TL074、ADC1001。

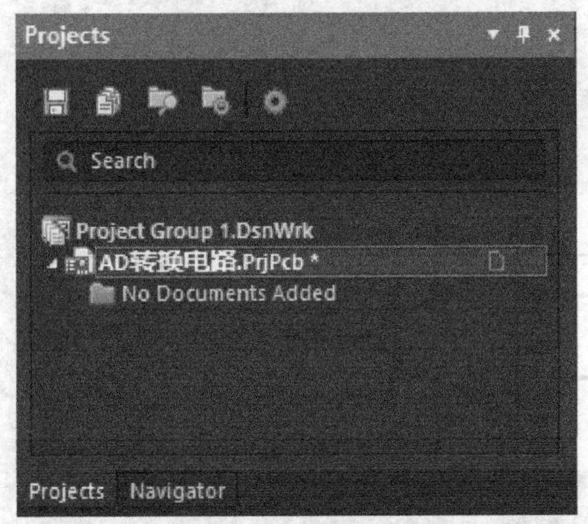

图 3-41　创建 PCB 工程

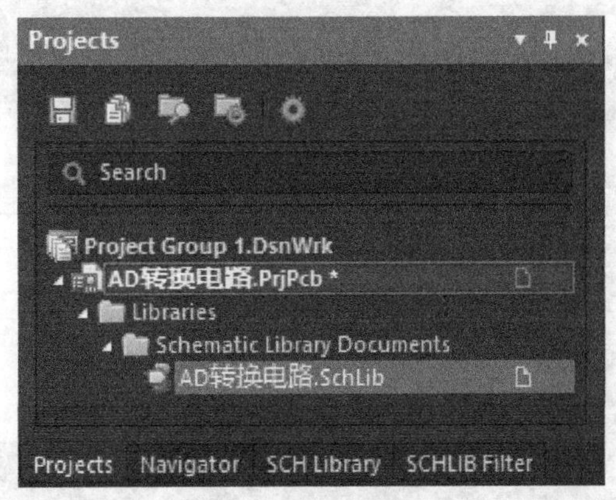

图 3-42　添加原理图库文件

步骤 3：添加封装库文件并绘制元器件封装

执行“文件”→“新的”→“库”→“PCB 元器件库”，为步骤 1 创建的 PCB 工程添加名为“AD 转换电路”的封装库文件，如图 3-43 所示。根据项目计划所列元器件清单表，绘制本项目电路元器件所需要的封装：DIP14、DIP20。

步骤 4：给原理图元器件添加对应的封装

以 TL074 为例，讲解给原理图元器件添加对应的封装的操作和步骤。打开“AD 转换电路 .SchLib”原理图库文件，单击工作区面板下方的“SCH Library”标签打开原理图库编辑窗口，单击元器件列表中的“TL074”，可在编辑窗口看到 TL074 原理图元器件的信息，如图 3-44 所示。

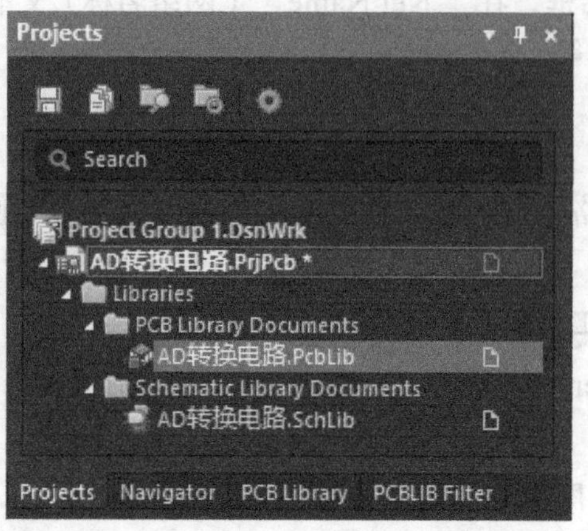

图 3-43　添加封装库文件

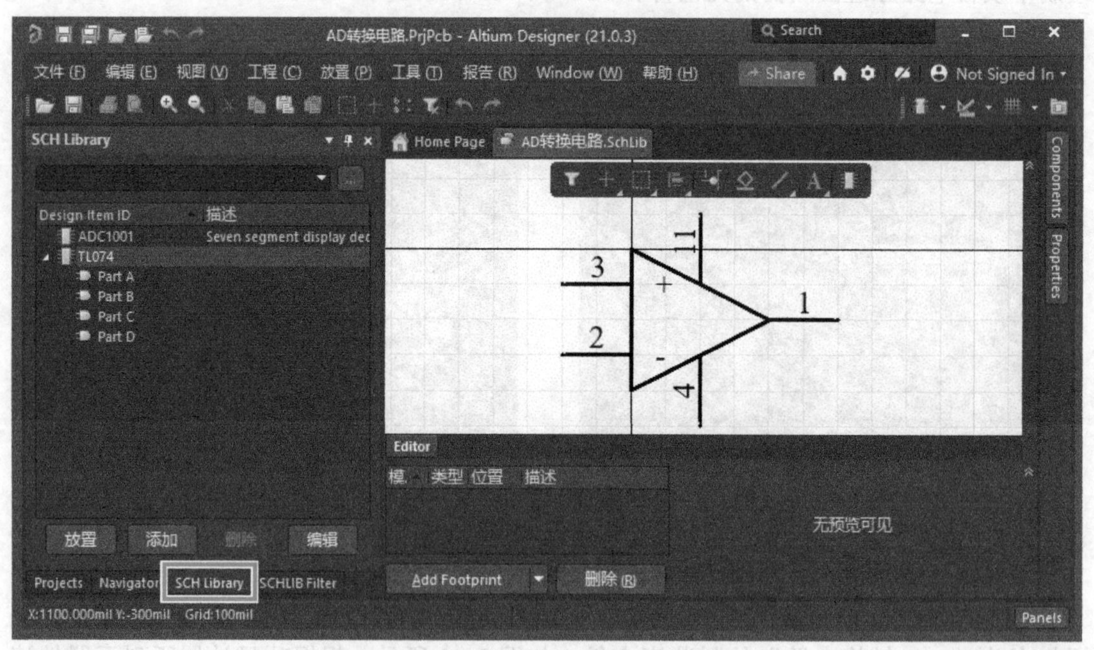

图 3-44　TL074 原理图元器件

单击如图 3-44 所示原理图库编辑窗口下方的“Add Footprint”按钮，此时会弹出如图 3-45 所示的“PCB 模型”对话框，单击“封装模型”中“名称”右侧的“浏览”按钮，弹出“浏览库”对话框，选择 TL074 的封装“DIP14”，可在右侧预览窗口看到 DIP14 的封装信息，如图 3-46 所示。

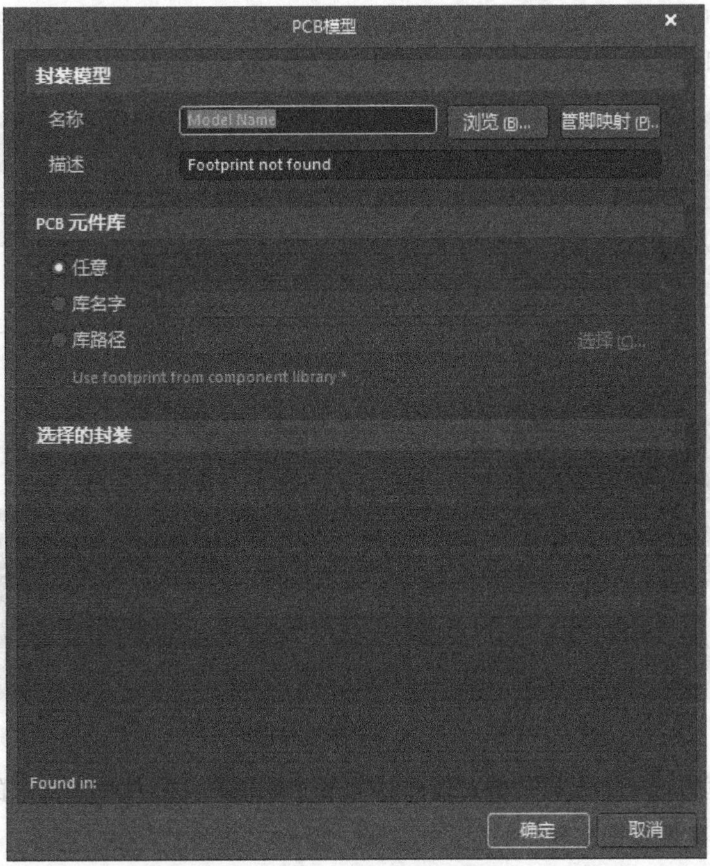

图 3-45 “PCB 模型”对话框

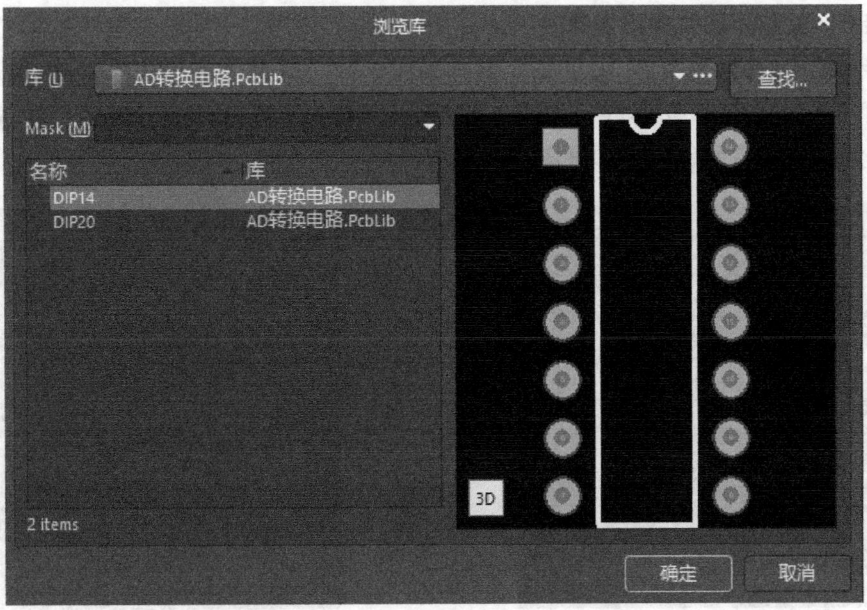

图 3-46 “浏览库”对话框

依次在“浏览库”对话框、“ PCB 模型”对话框中单击“确定”按钮，则 TL074 的封装已经被添加到其原理图元器件中，如图 3-47 所示。

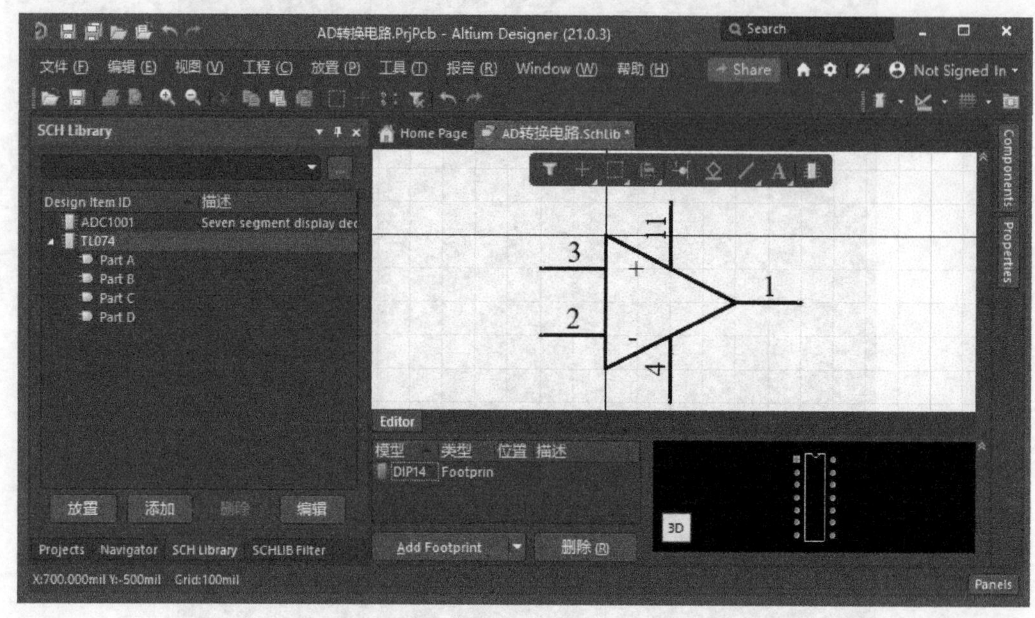

图 3-47　已添加封装的 TL074

对原理图库中每一个元器件做此操作，为每个原理图元器件添加对应的封装并保存。

步骤 5：创建原理图文件

执行“文件”→“新的”→“原理图”，为步骤 1 创建的 PCB 工程添加名为“ AD 转换电路”的原理图文件，如图 3-48 所示，并保存。

步骤 6：放置元器件并设置属性

1）打开“ AD 转换电路 .SchLib”原理图库文件，单击“ SCH Library”面板元器件列表中的“ ADC1001”元器件，如图 3-49 所示。单击元器件列表下方的“放置”按钮，即可将此元器件放置到创建的原理图编辑器中。

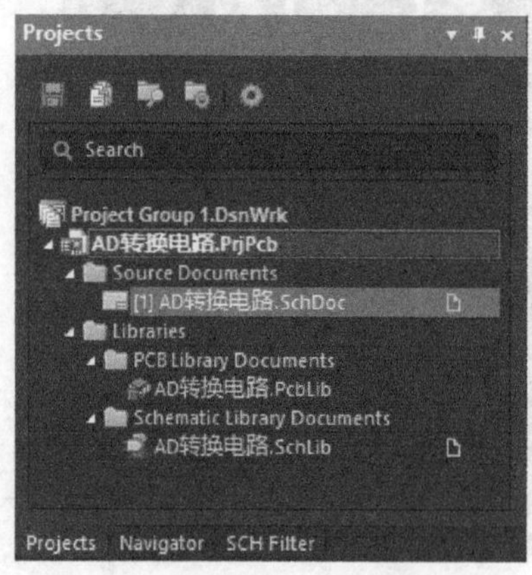

图 3-48　创建原理图文件

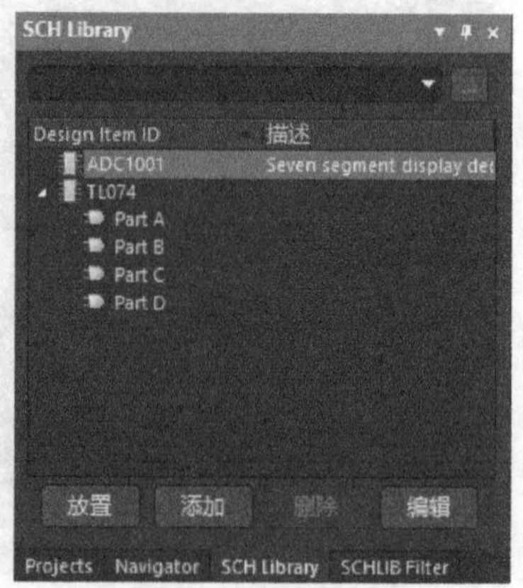

图 3-49　放置库元器件

利用相同的方法，放置“TL074”元器件。

2）打开原理图编辑器，单击编辑工作区右上侧的“Components”标签按钮，弹出如图 3-50 所示的“Components”面板。

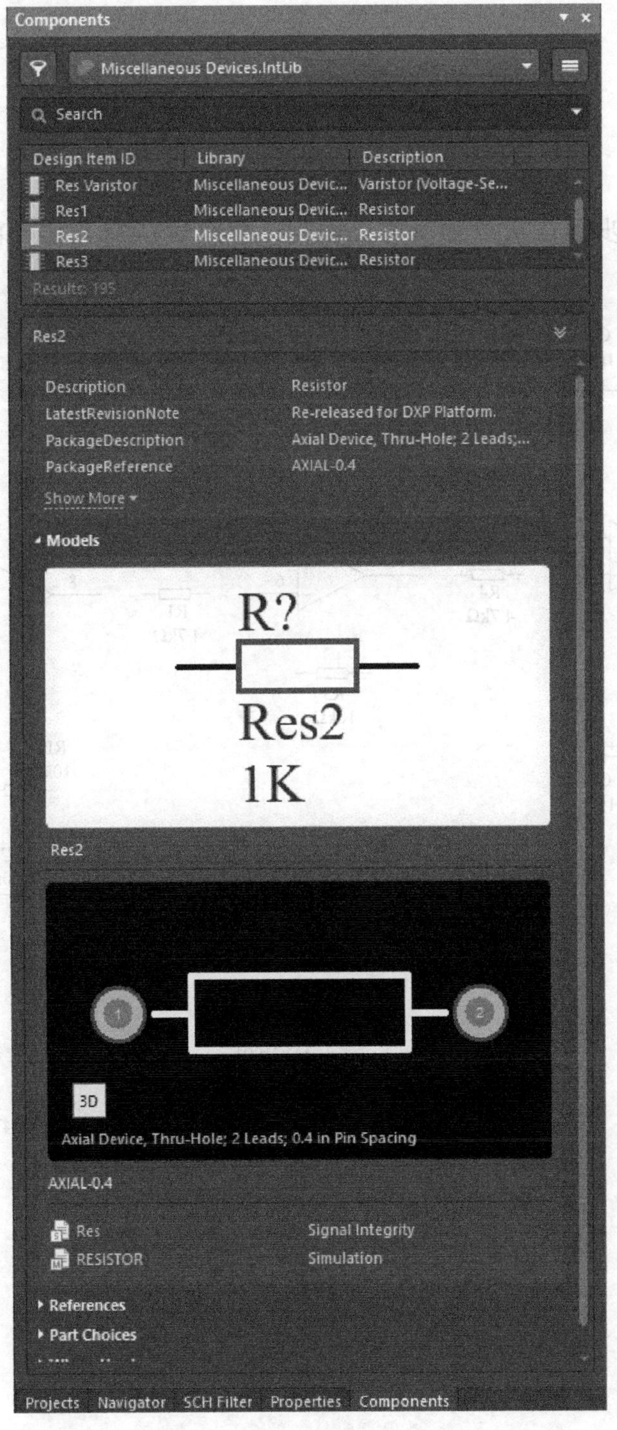

图 3-50　“Components”面板

3）选中要放置的元器件，如 Res2，双击 Res2，或者右击，选择“Place Res2”按钮，光标指针变成十字形状并浮动一个要放置的元器件，状态如图 3-51 所示。按 <Tab> 键设置元器件的属性，并在原理图的适当位置放置该元器件。

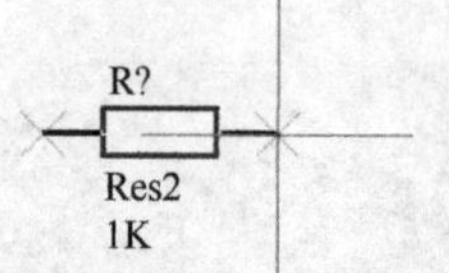

图 3-51　放置元器件状态

4）重复上述步骤依次放置所有元器件，并设置所有元器件的属性，如图 3-52 所示。

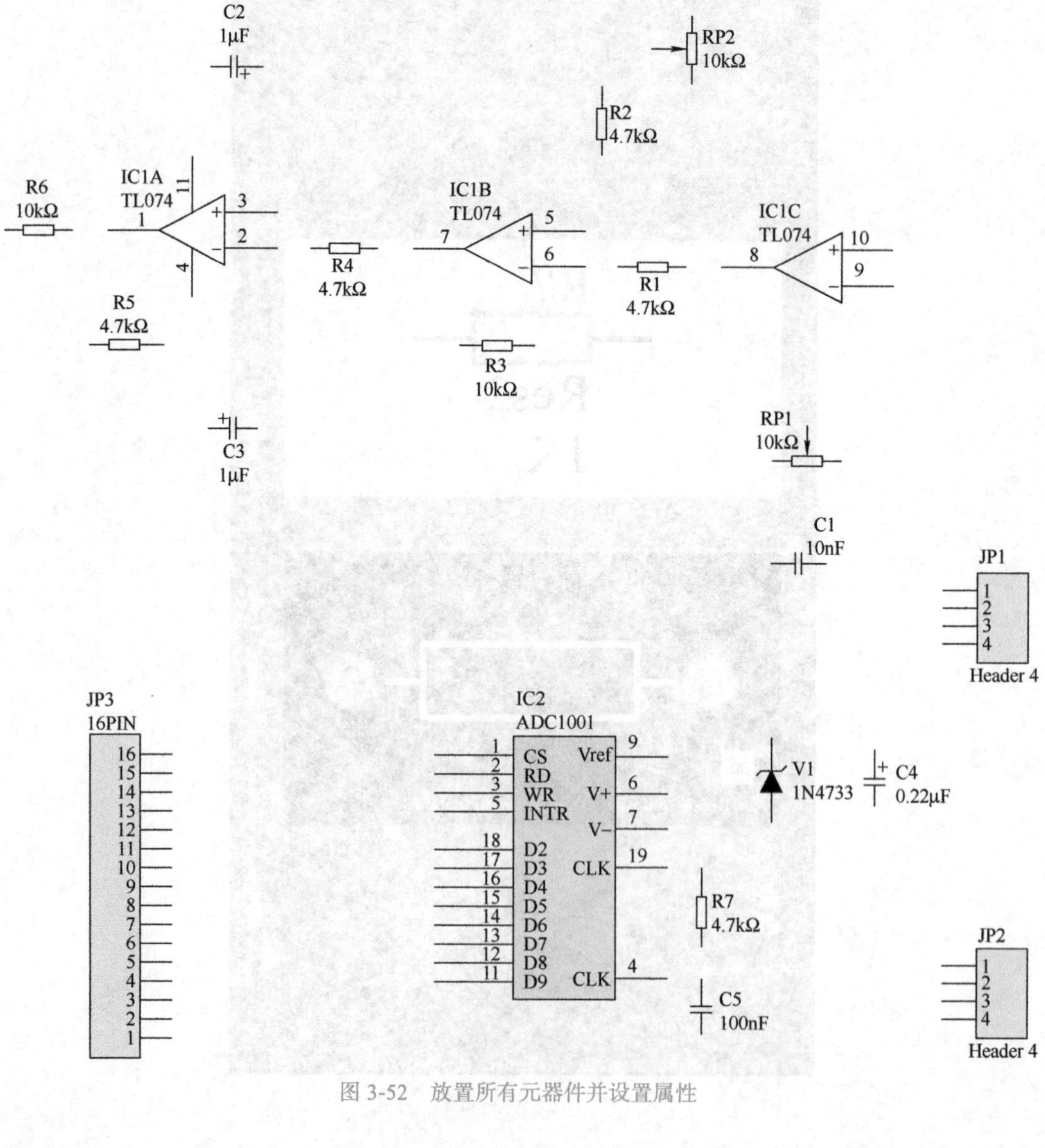

图 3-52　放置所有元器件并设置属性

步骤 7：绘制导线、总线、总线入口及放置网络标签

1）绘制导线，放置电源和接地端子，如图 3-53 所示。

2）绘制总线、总线入口与放置网络标签，如图 3-54 所示。

电路原理图绘制完毕，保存文件。

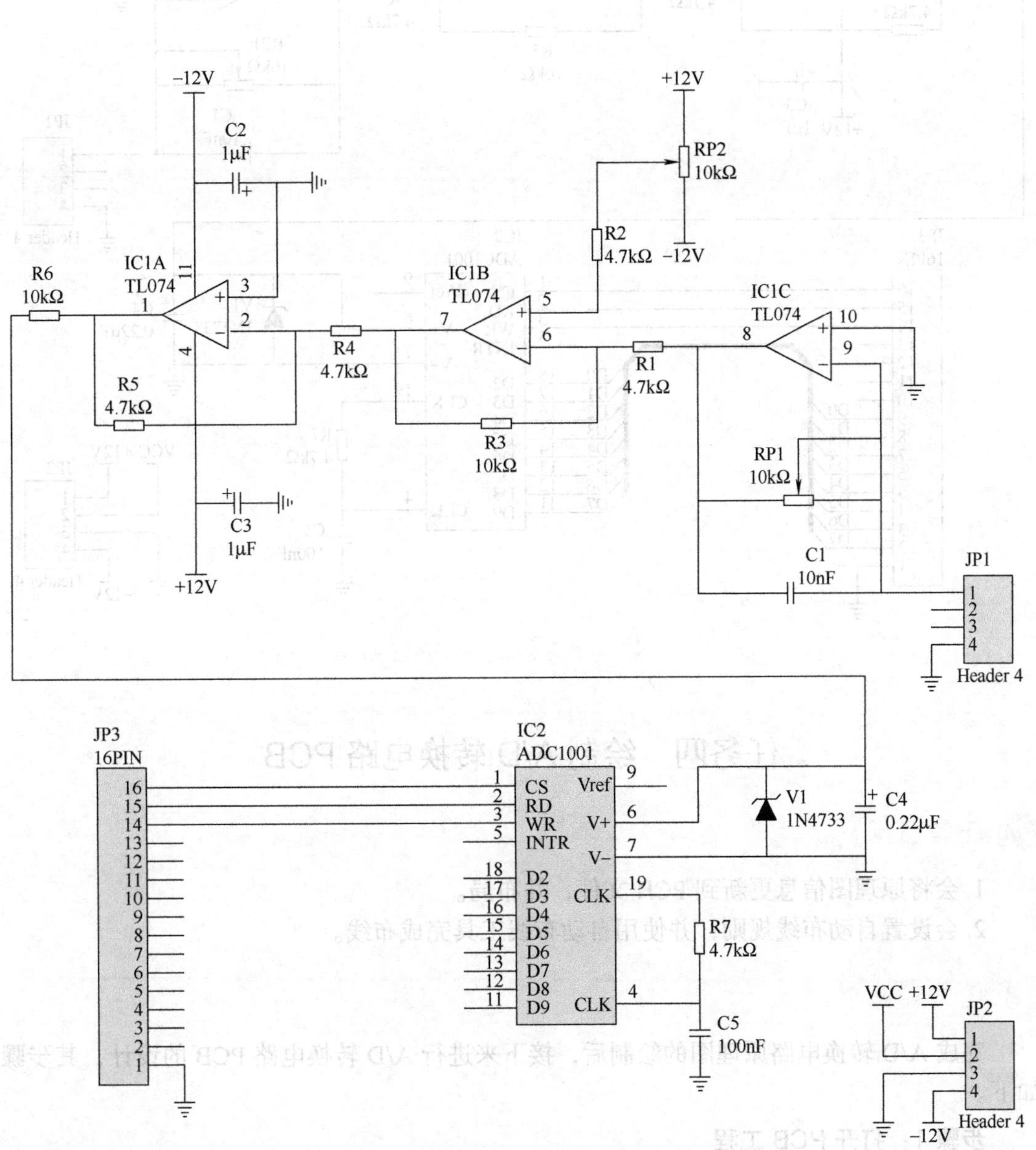

图 3-53 绘制导线并放置电源和接地端子

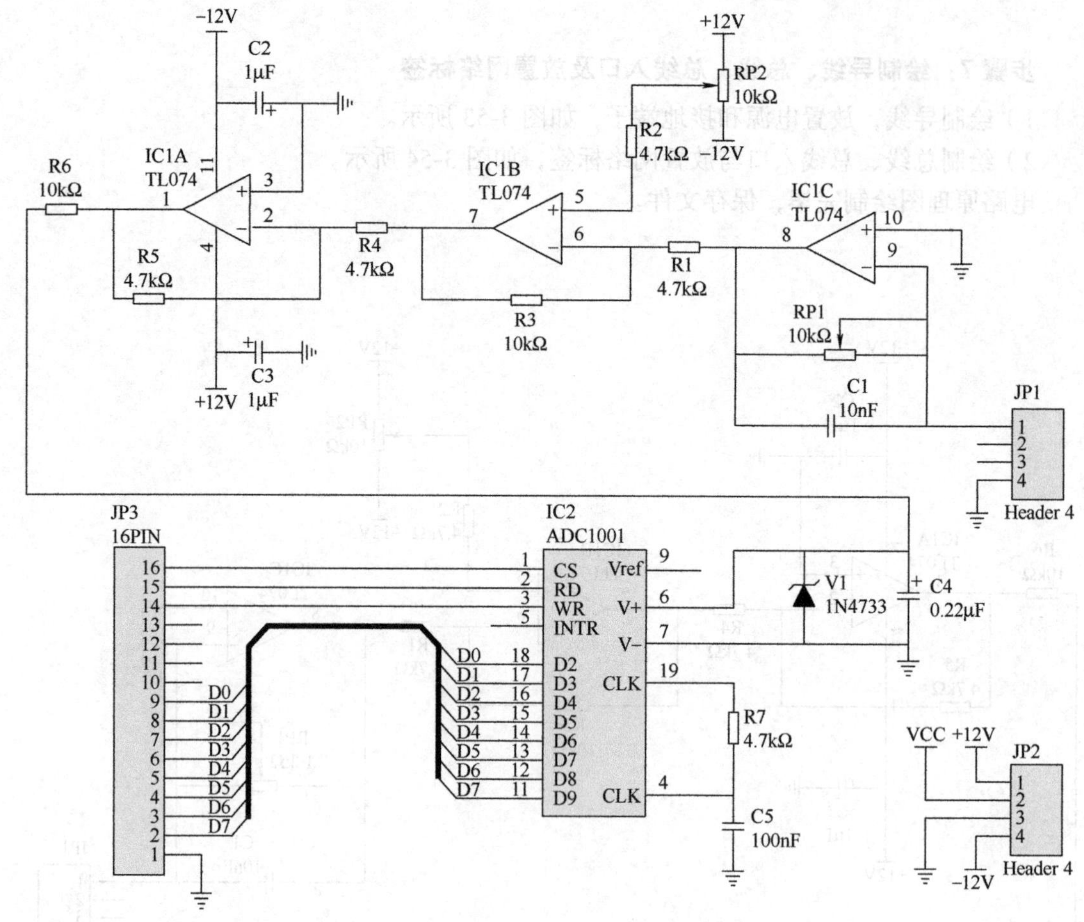

图 3-54　绘制总线、总线入口与放置网络标签

任务四　绘制 A/D 转换电路 PCB

任务目标

1. 会将原理图信息更新到 PCB 文件，并布局。
2. 会设置自动布线规则，并使用自动布线工具完成布线。

任务实施

完成 A/D 转换电路原理图的绘制后，接下来进行 A/D 转换电路 PCB 的设计，其步骤如下。

步骤 1：打开 PCB 工程

启动 Altium Designer 21 软件，打开名为“AD 转换电路”的 PCB 工程，如图 3-55 所示，可以看到 PCB 工程、原理图库、PCB 元器件库和原理图文件都一并打开。

步骤 2：创建 PCB 文件

执行菜单“文件”→“新的”→“ PCB”命令，创建一个名为“ AD 转换电路”的 PCB 编辑器文件，如图 3-56 所示。

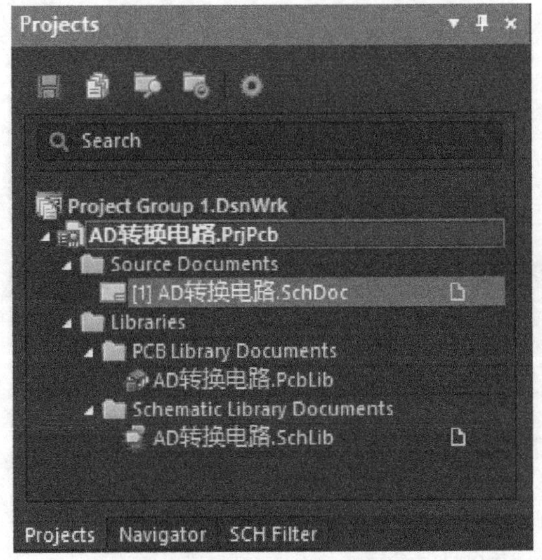

图 3-55　打开 PCB 工程

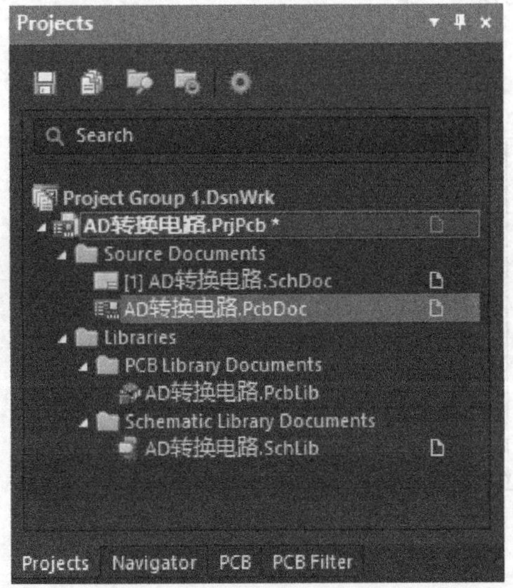

图 3-56　创建 PCB 文件

步骤 3：规划 PCB

根据项目一任务三中 PCB 边界设定的内容，依次将当前工作层设置为 Mechanical 1（机械层）、Keep-Out Layer（禁止布线层），分别绘制一个尺寸均为 2280mil × 2660mil 的矩形，从而设定 PCB 的物理边界和电气边界。规划好的 PCB 如图 3-57 所示。

图 3-57　规划好的 PCB

步骤 4：将原理图信息导入 PCB 文件

执行菜单“Design(设计)”→“Import Changes From AD 转换电路 .PrjPcb”命令，在弹出的“工程变更指令”对话框中依次单击“验证变更”“执行变更”和“关闭”按钮，可以将原理图中元器件的封装、网络连接信息等导入 PCB 文件，如图 3-58 所示。

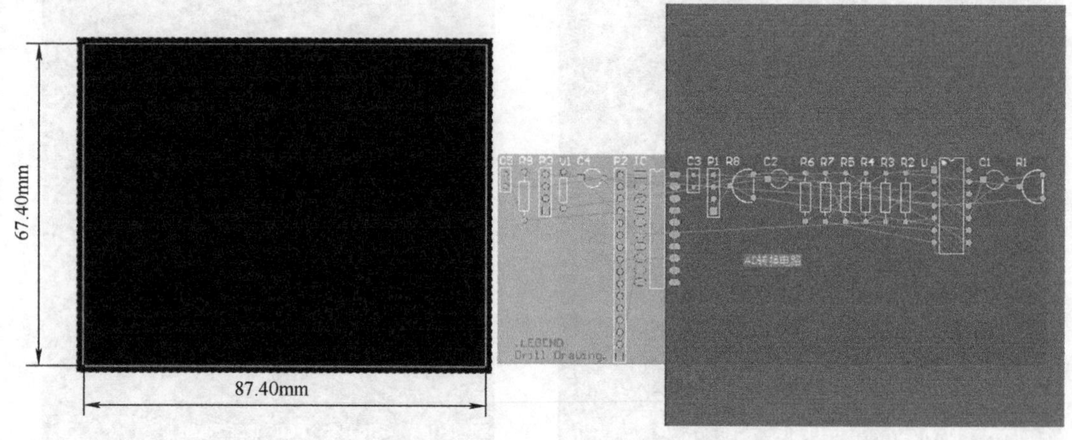

图 3-58　将原理图信息导入 PCB 文件

步骤 5：元器件布局

手动拖动元器件封装到板框中，在选中元器件封装的情况下按 <Space> 键实现元器件 90° 旋转，或者移动元器件的位置，以使元器件之间交叉的飞线尽可能少，如图 3-59 所示。

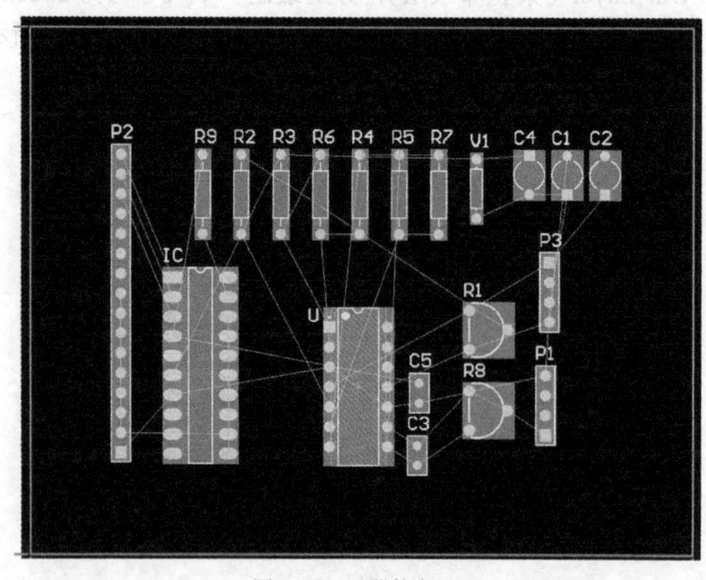

图 3-59　元器件布局

步骤 6：自动布线

执行菜单“Route（布线）”→“Auto Route（自动布线）”→“All（全部）”命令，打开“Situs 布线策略”对话框，如图 3-60 所示。单击“编辑规则”按钮，弹出“PCB 规则及约束编辑器”对话框，如图 3-61 所示。按图 3-61 所示修改布线层为“Bottom Layer（底层）”，按图 3-62 所示修改布线线宽。

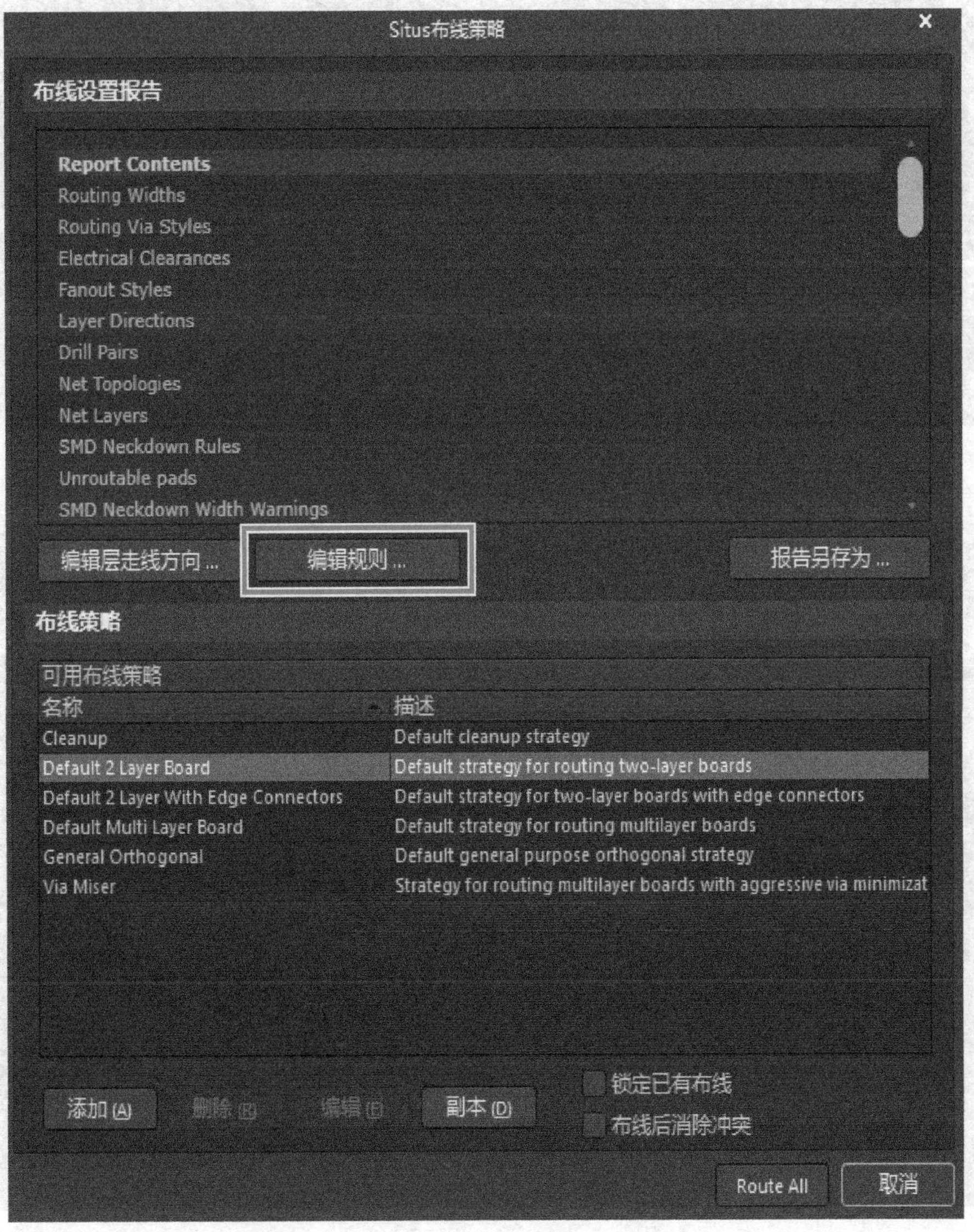

图 3-60　“Situs 布线策略”对话框

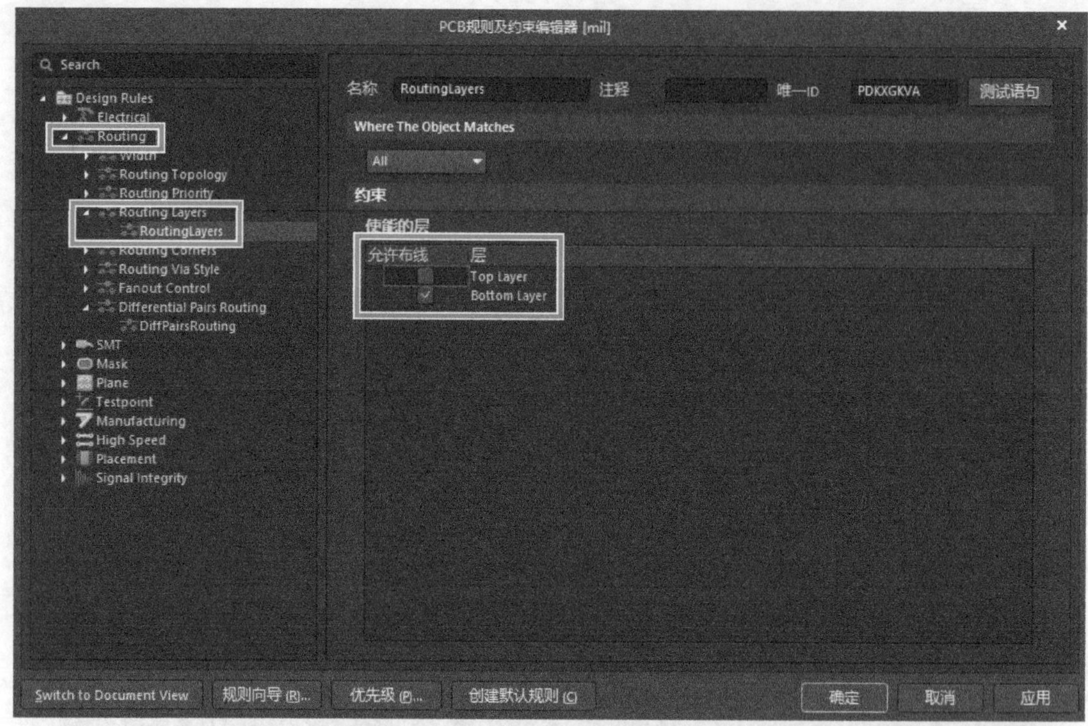

图 3-61　修改布线层

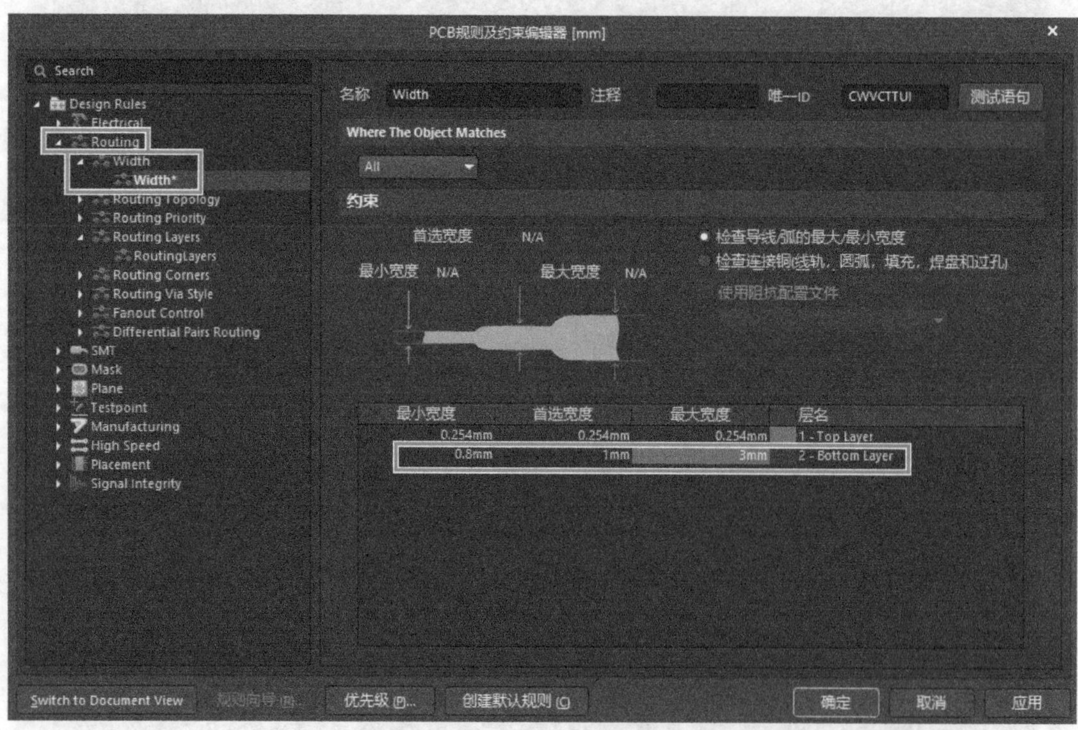

图 3-62　修改布线线宽

单击“确定”按钮返回“Situs 布线策略”对话框，在该对话框中单击右下角的“Route All”（全部布线）按钮进行自动布线。等待自动布线完成，可得到如图 3-63 所示的 PCB 图。

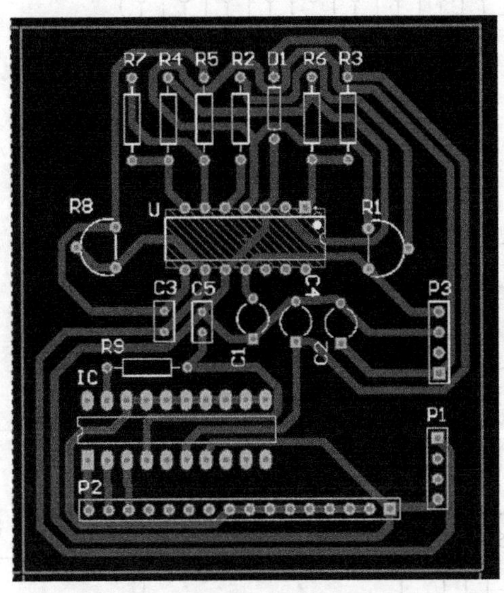

图 3-63　完成自动布线的 PCB 图

自动布线完成以后，如果存在布线不够完善的地方，可以采用手动布线的方法调整布线。

经过以上操作，A/D 转换电路的 PCB 设计已完成，最后保存文件。

项目验收与评价

1. 项目验收

根据 PCB 设计的相关规范进行项目验收，按照附录五所示的评分标准进行评分。

2. 项目评价

1）各小组学生代表汇报小组完成工作任务情况。

2）填写如附录六所示的小组学习活动评价表。

拓展训练

1. 绘制如图 3-64 所示的 PC 并行口连接的 A/D 转换电路原理图及 PCB。
2. 绘制如图 3-65 所示的优先编码器组成的电路原理图及 PCB。
3. 绘制如图 3-66 所示的时钟电路原理图及 PCB。

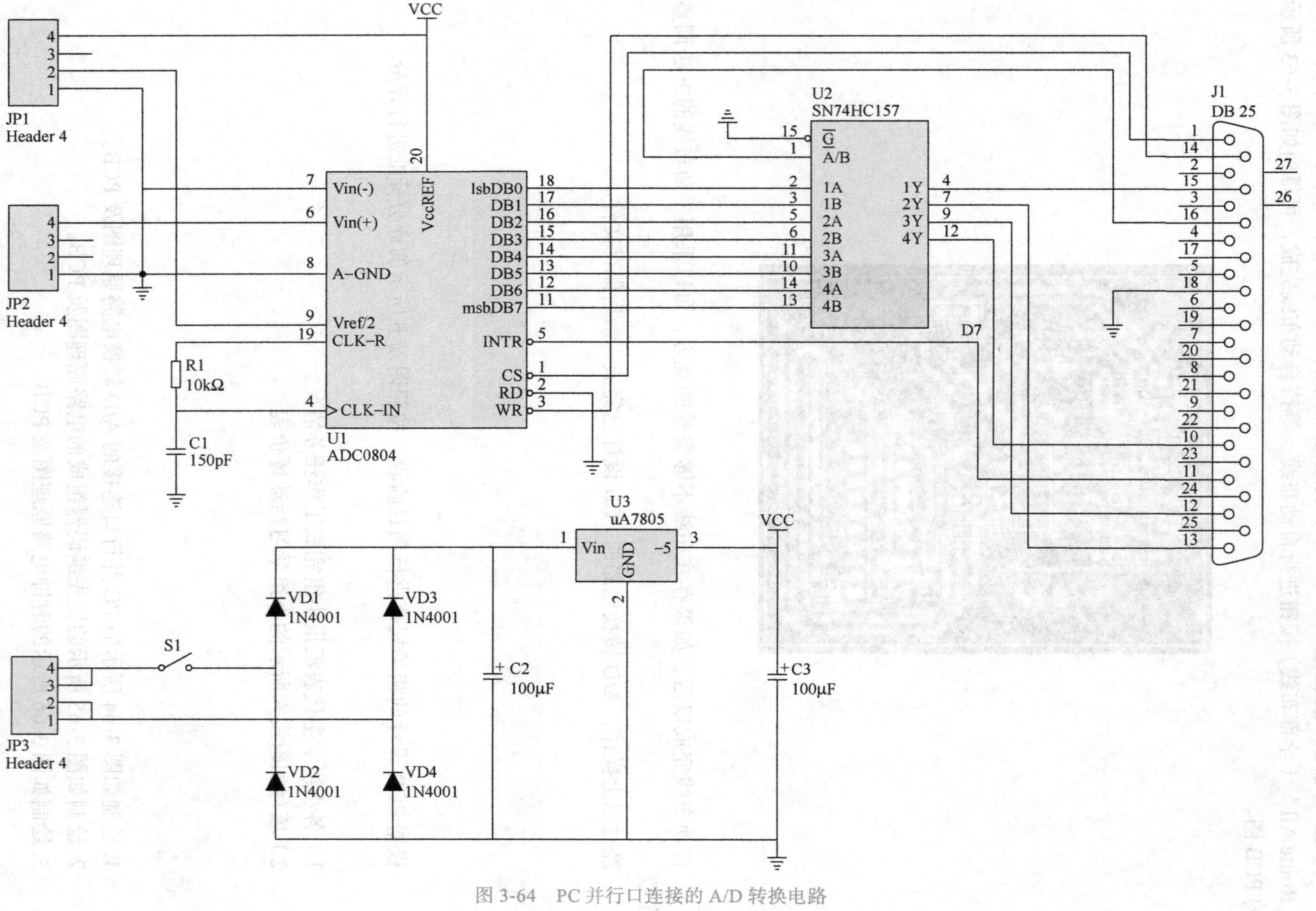

图 3-64　PC 并行口连接的 A/D 转换电路

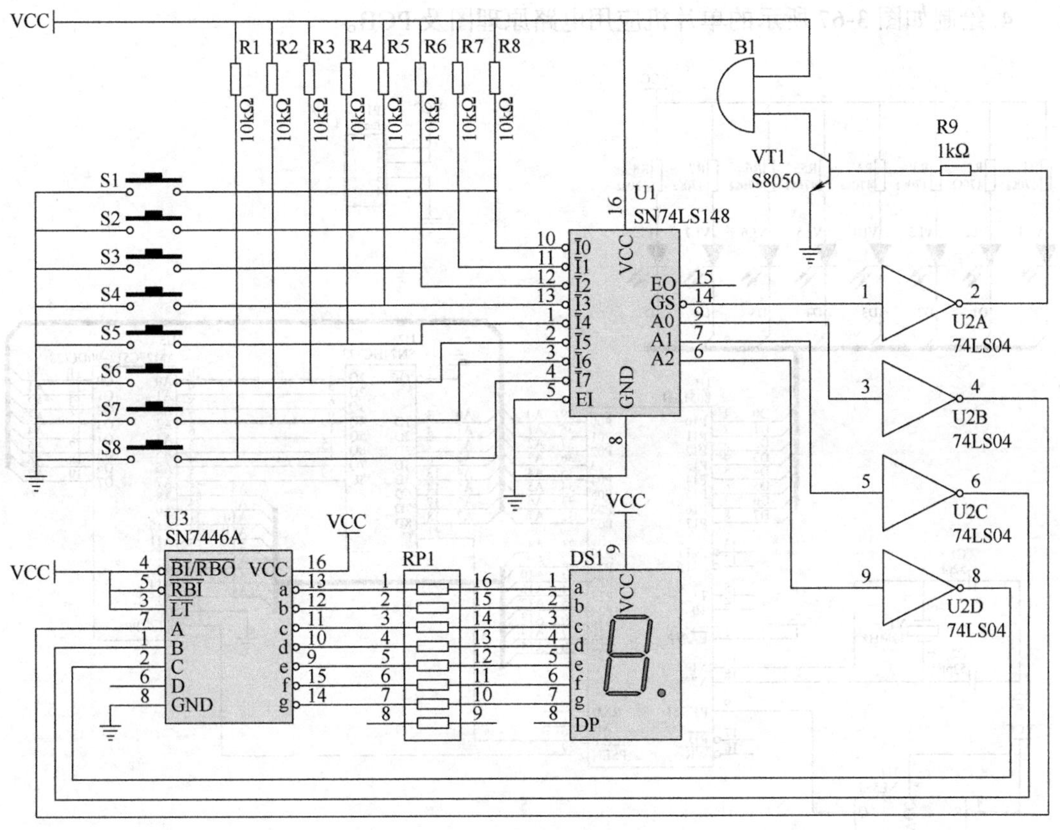

图 3-65　优先编码器组成的电路

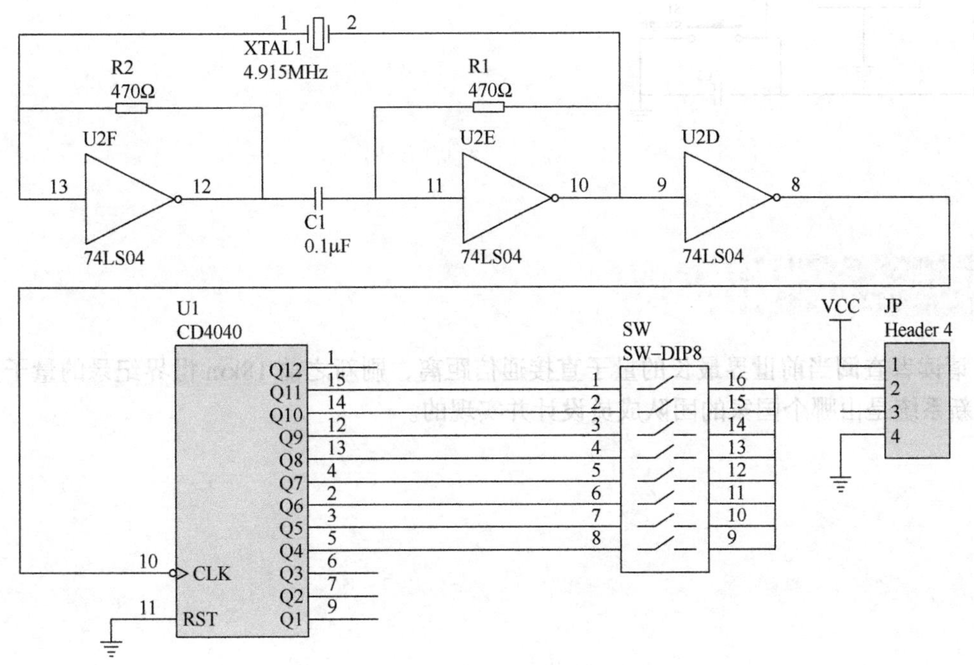

图 3-66　时钟电路

4. 绘制如图 3-67 所示的单片机应用电路原理图及 PCB。

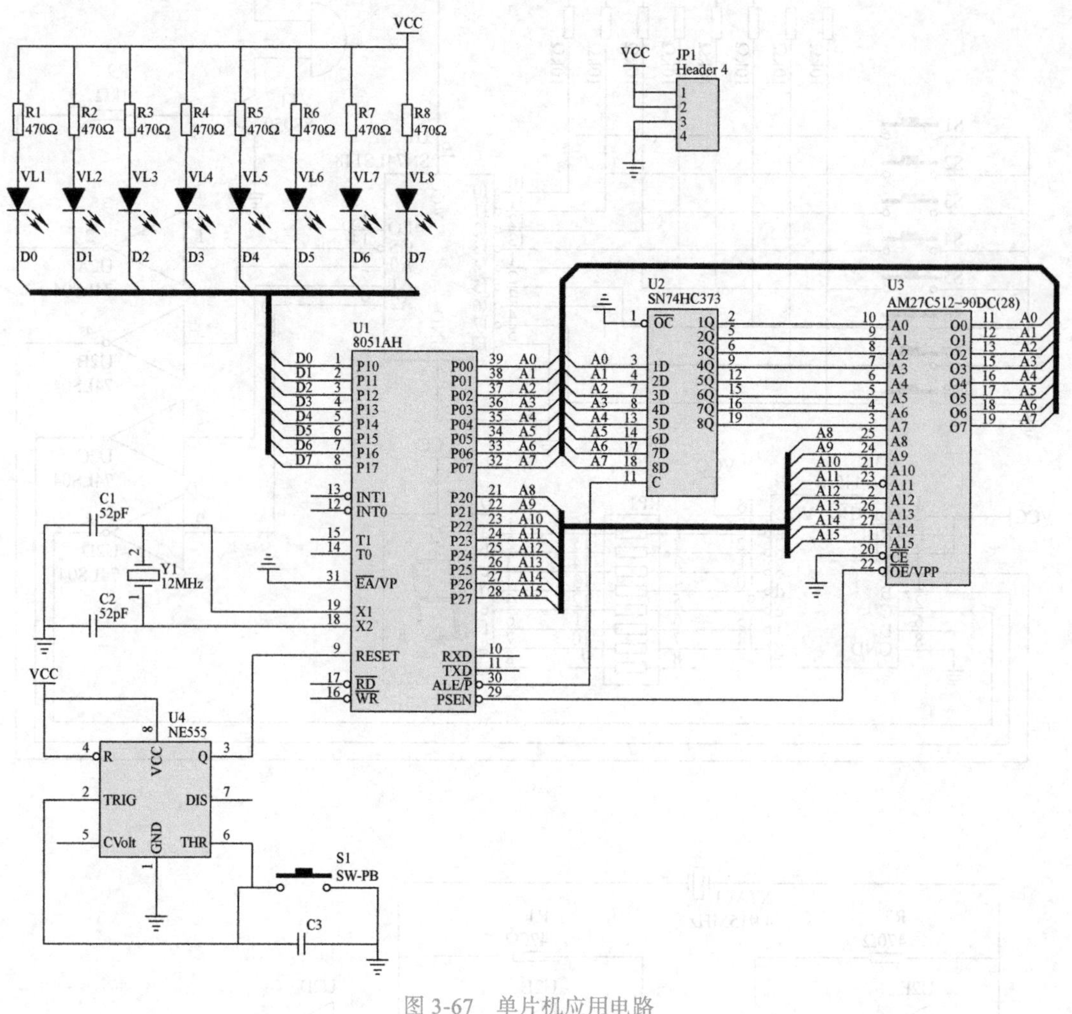

图 3-67　单片机应用电路

拓展活动

请读者查阅当前世界最长的量子直接通信距离，刷新之前 18km 世界纪录的量子直接通信新系统是由哪个国家的团队成员设计并实现的。

项目四

单片机电子时钟电路的设计

项目目标

知识目标

1. 了解端口、图形端口和方块图的命名规范。
2. 了解顶层电路图和子图之间的结构关系及切换操作。
3. 掌握用自上而下和自下而上的方法绘制层次原理图的步骤。

能力目标

1. 会绘制端口、图形端口和方块图。
2. 会绘制顶层电路图、子图，能完成它们之间的切换操作。
3. 会使用自上而下和自下而上的方法绘制层次原理图。
4. 会对晶振电路正确布局与布线。

项目描述

在设计电路原理图的过程中，有时会遇到电路比较复杂的情况，用一张电路原理图来绘制显得比较困难，此时可以采用层次电路来简化电路图。层次电路就是将一个较为复杂的电路原理图分成若干个模块，而且每个模块还可以再分成几个基本模块。各个基本模块可以由工作组成员分工完成，这样就能够大大地提高设计的效率。本项目以“单片机电子时钟电路”的设计为例讲解层次电路的设计方法。单片机电子时钟电路如图 4-1 所示，使用层次电路的设计方法简化电路，将电路分为两个模块“单片机最小系统 SchDoc”和“数码管显示电路 SchDoc”。

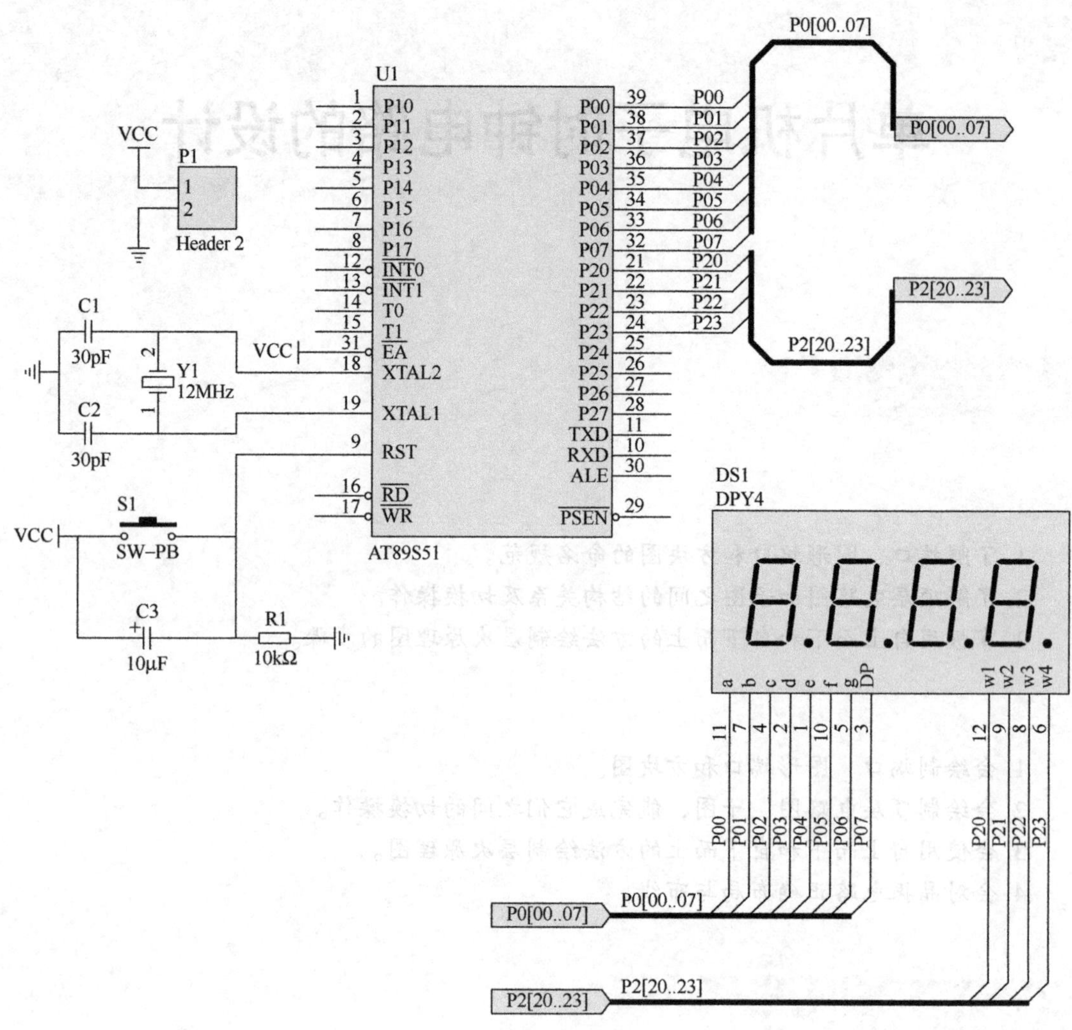

图 4-1 单片机电子时钟电路

项目计划

1. 准备工作。查看“附录一 Altium Designer 21 软件中常用原理图库元器件”，了解常用元器件的名称、图形符号和库中名称等信息。

2. 在教师指导下，根据具体情况将学生分为若干小组，由组长填写如附录三所示的角色分配表。

3. 熟悉单片机电子时钟电路设计的工作过程，并填写电路设计任务单，见表 4-1。

4. 根据电路原理图、电路功能，选择合适的电路元器件及其绘制方式和封装方式，并将对应信息填入如附录四所示电路元器件清单。

表 4-1　电路设计任务单

项目名称			
工作人员			
工作开始时间		工作完成时间	
设计内容	1. 将单片机电子时钟电路按功能分成模块电路 2. 建立基于单片机电子时钟电路的原理图库、PCB 元器件库 3. 将单片机电子时钟电路分别用自上而下和自下而上的方法绘制层次电路原理图 4. 基于“单片机电子时钟电路”层次原理图设计电路 PCB		
设计要求	按相关规范绘制 PCB		

项目实施

任务一　绘制单片机电子时钟电路层次原理图

任务目标

1. 会根据项目计划阶段所列元器件清单，认识层次原理图符号。
2. 会规范绘制层次原理图符号。
3. 会分别采用自下而上及自上而下两种不同的层次方法设计电路原理图。

相关知识

一、层次原理图简介

层次原理图的设计是一种模块化的设计方法。它是将整个电路划分成多个功能模块，分别绘制在多张图纸中，也就是把整个项目原理图用若干个子图来表示。下面以如图 4-2 所示的仿真电路的层次原理图为例来讲解层次原理图的有关概念。

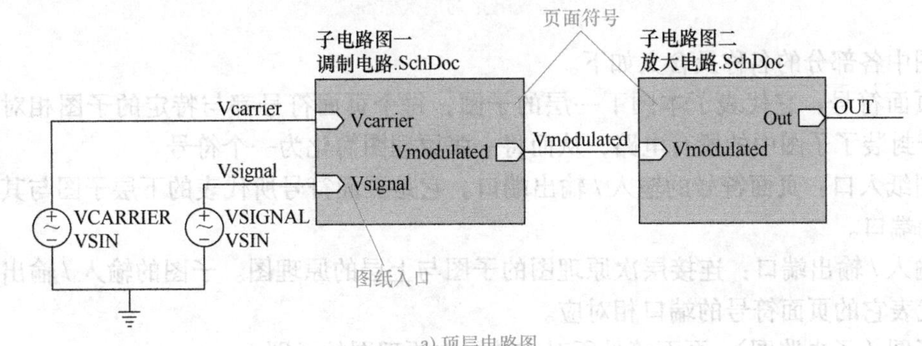

a) 顶层电路图

图 4-2　仿真电路的层次原理图

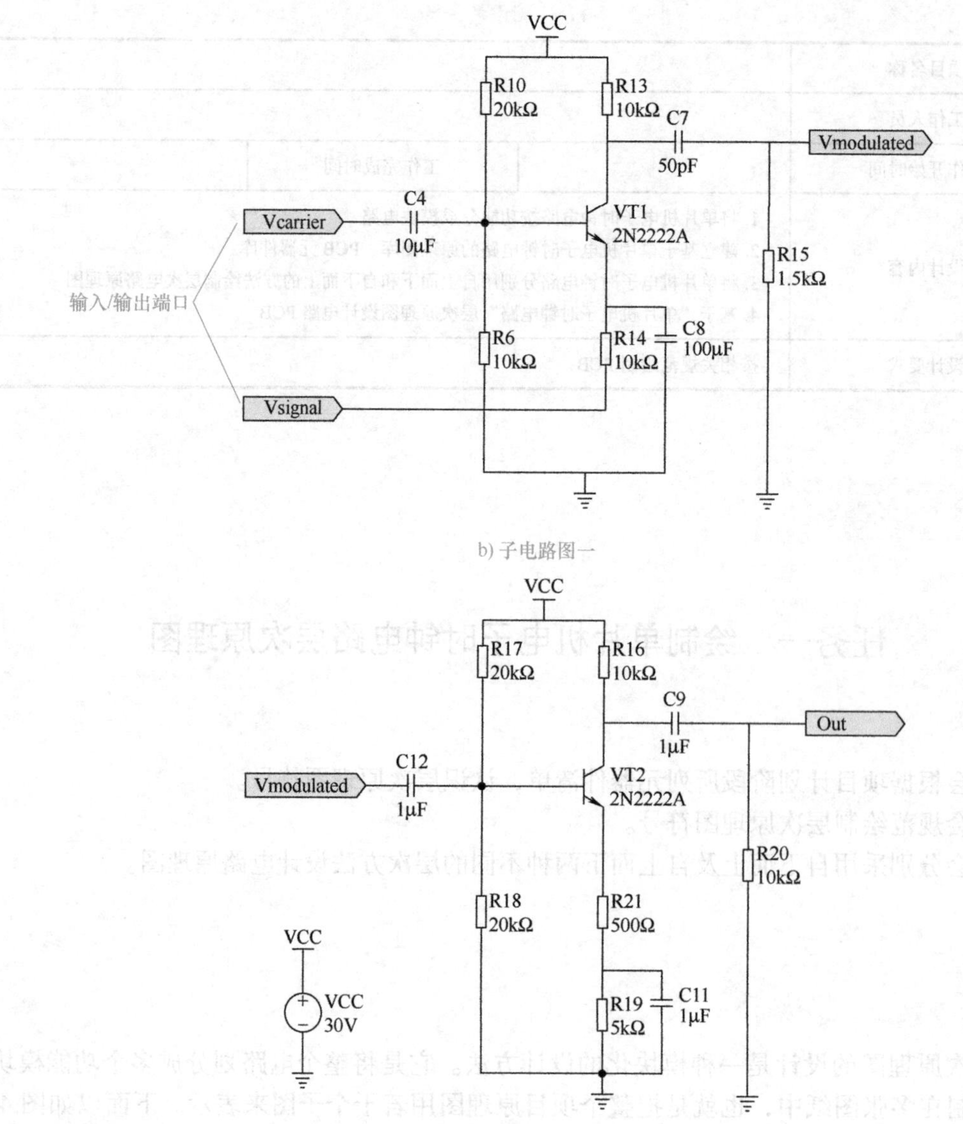

b) 子电路图一

c) 子电路图二

图 4-2　仿真电路的层次原理图（续）

图中各部分的名称及含义如下。

页面符号：它代表了本图下一层的子图，每个页面符号都与特定的子图相对应，它相当于封装了子图中的所有电路，从而将一张原理图简化为一个符号。

图纸入口：页面符号的输入 / 输出端口。它是页面符号所代表的下层子图与其他电路连接的端口。

输入 / 输出端口：连接层次原理图的子图与上层的原理图。子图的输入 / 输出端口必须与代表它的页面符号的端口相对应。

子图（子电路图）：页面符号所对应的层次原理图的子图。

二、层次原理图的设计

在 Altium Designer 21 软件中，与层次原理图相对应的层次化设计方法分为自上而下的设计方法和自下而上的设计方法两种形式。

（一）自上而下设计层次原理图

自上而下的设计是指先建立一张系统总图，用页面符号代表它的下一层子系统，然后分别绘制各个页面符号对应的子电路图。下面以如图 4-2 所示的仿真电路为例讲解层次原理图的绘制过程。

1. 建立层次原理图总图

1）启动 Altium Designer 21 软件，创建名为“层次原理图一”的 PCB 工程。

2）移动光标到工作区面板上的“层次原理图一 .PrjPcb”上并右击，从弹出的快捷菜单中选择“添加新的…到工程”→“ Schematic”命令，创建一个原理图文件，并将其以“仿真电路 .SchDoc”为文件名保存。

3）在原理图编辑界面中执行菜单命令“放置”→“页面符”，或单击绘制工具栏中的按钮，启动放置页面符命令。

4）启动该命令后，十字光标带着系统默认的页面符出现在绘图区。移动光标到适当位置后单击，确定图表符的左上角点，接着移动光标调整页面符的大小，然后再单击确定页面符的右下角点，完成一个页面符的放置。放置好的页面符如图 4-3 所示。

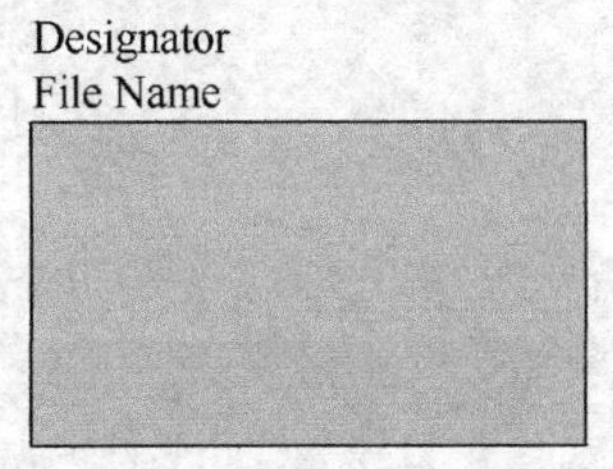

图 4-3　放置好的页面符

5）双击已放置的页面符，在弹出的如图 4-4 所示的“Sheet Symbol”（方块符号）对话框中可对页面符的边框颜色、线宽和填充色等属性进行设置。这里将“ Designator”文本框设置为“子电路图一”，将“ File Name”文本框设置为“调制电路 .SchDoc”，其他选项采用默认设置。设置结束后，单击“OK”按钮。

6）采用同样的方法放置另一个页面符。设置其“ Designator”为“子电路图二”，“File Name”为“放大电路 .SchDoc”。放置好的两个方块符号如图 4-5 所示。

7）执行菜单命令“放置”→“添加图纸入口”，放置图纸入口。

8）执行该命令后，移动十字光标到页面符的适当位置，这时十字光标上将出现一个图纸入口，此时按 <Tab> 键或者双击已经放置好的图纸入口，在编辑工作区右侧弹出图纸入口属性对话框，如图 4-6 所示。在该对话框中将“ Name”设置为“ Vcarrier”，“I/O Type”设置为“Input”。

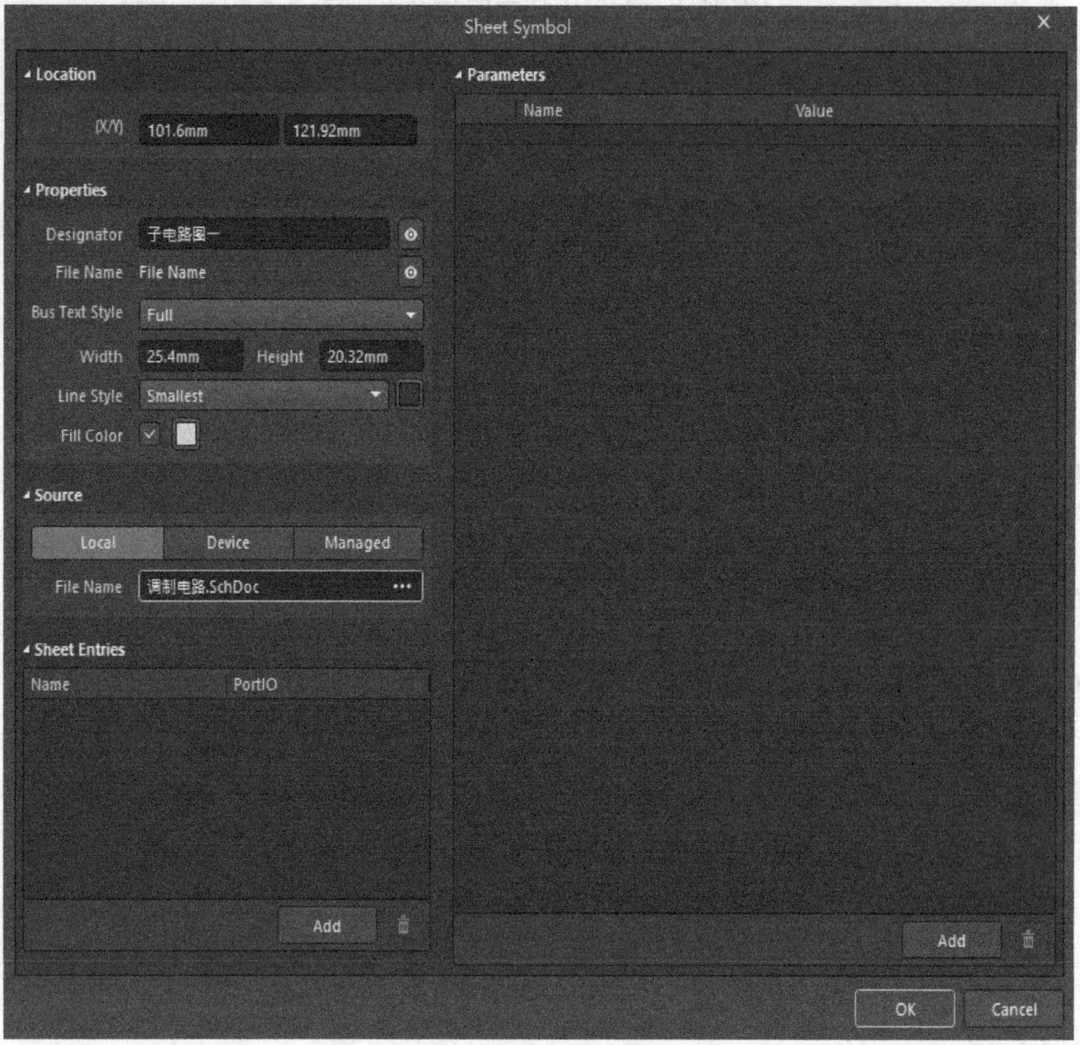

图 4-4 “Sheet Symbol”（方块符号）对话框

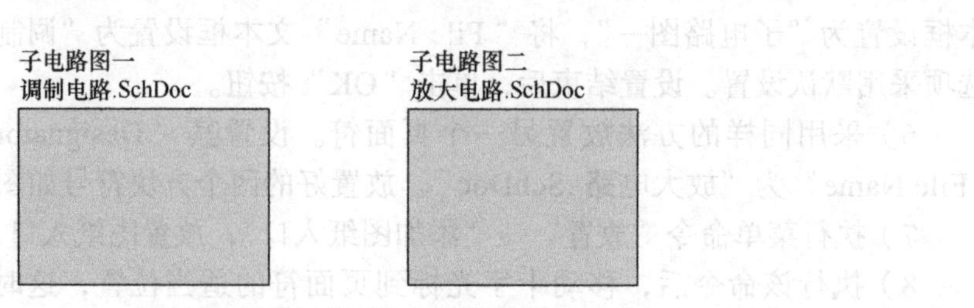

图 4-5 放置好的两个方块符号

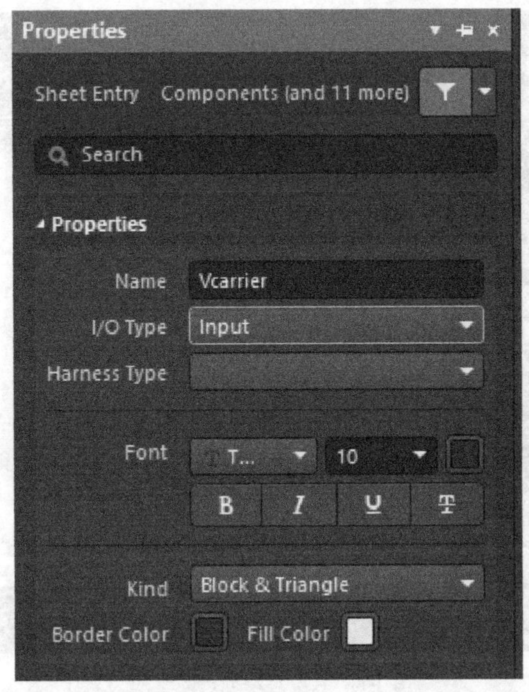

图 4-6　图纸入口属性对话框

9）设置结束后，按 <Enter> 键或者单击该对话框中的“OK”按钮，然后移动光标到适当位置单击，即可将图纸入口“Vcarrier”放置在该处，如图 4-7 所示。之后光标仍处于放置图纸入口状态，可连续放置图纸入口，右击退出该命令状态。

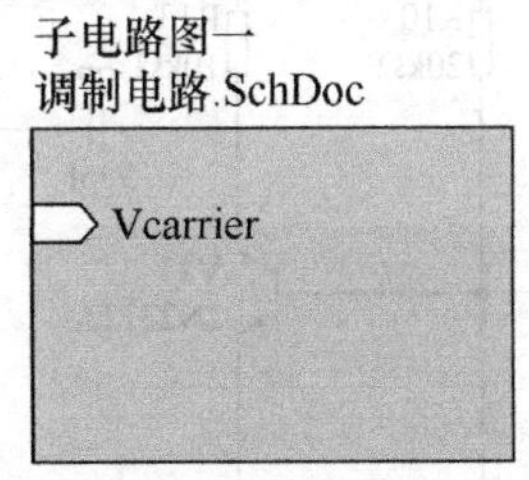

图 4-7　放置图纸入口“Vcarrier”

10）绘制导线。将具有电气连接关系的页面符号入口用导线或总线连接起来。完成的层次原理图总图如图 4-2a 所示。

2. 绘制原理图子图

1）执行菜单命令“设计”→“从页面符创建图纸”，之后光标变成十字形。将十字光标移到页面符号“调制电路 .SchDoc”上单击，系统会自动为“子电路图一”的页面符创建一个子原理图，该子原理图的名称为“调制电路 .SchDoc”。并且根据在页面符中放置的图纸入口，系统自动在该原理图中生成了 3 个与页面符“子电路图一”中相对应的输入 / 输出端口。系统自动创建的子图如图 4-8 所示。

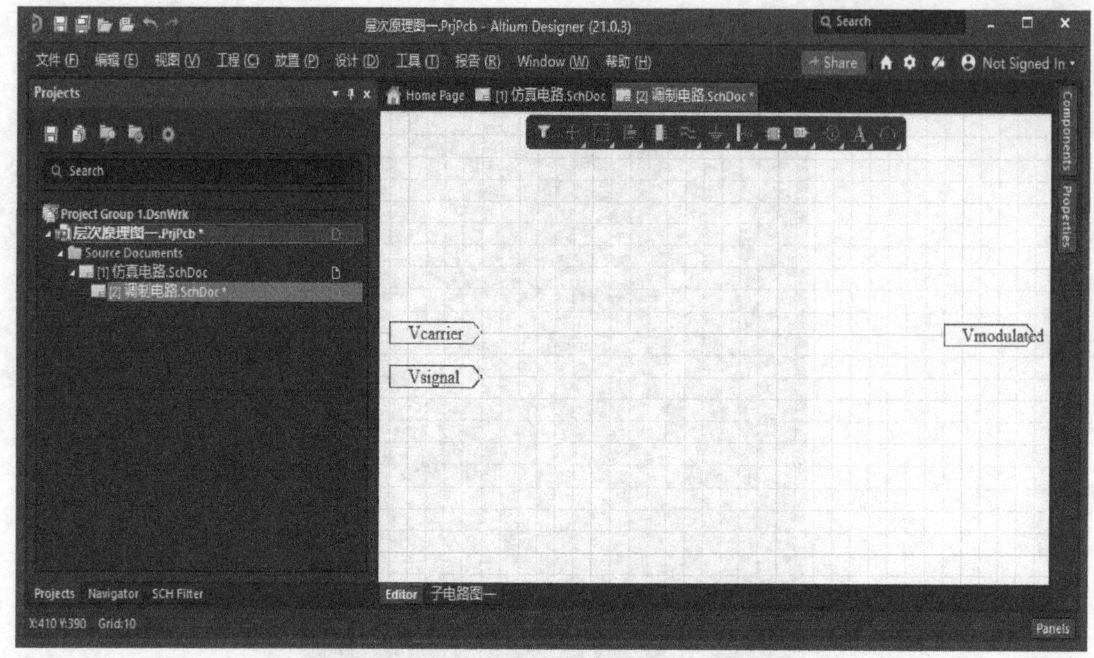

图 4-8　系统自动创建的子图

2）加载相应的元器件库，按照电气连接关系完成原理图子电路图一“调制电路 .SchDoc”的绘制，绘制好的“调制电路 .SchDoc”如图 4-9 所示。

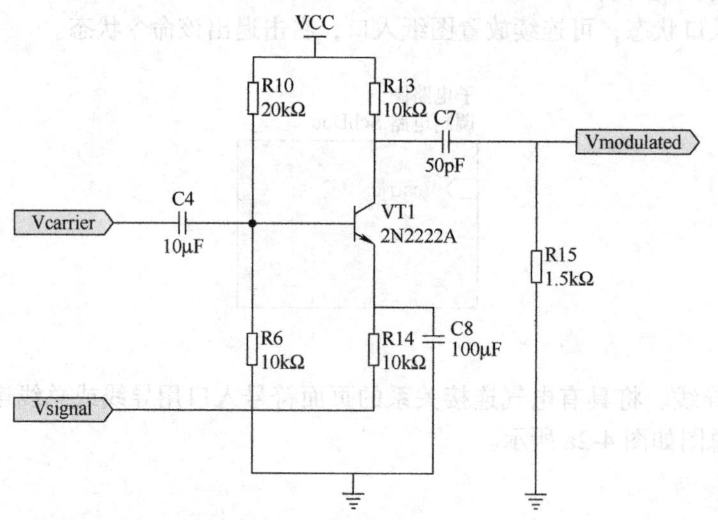

图 4-9　调制电路 .SchDoc

3）单击工作区面板上的原理图总图文件名“仿真电路 .SchDoc”，切换到原理图总图界面。

4）采用相同的方法绘制子电路图二“放大电路 .SchDoc”并保存。绘制好的子电路图二“放大电路 .SchDoc”如图 4-10 所示。

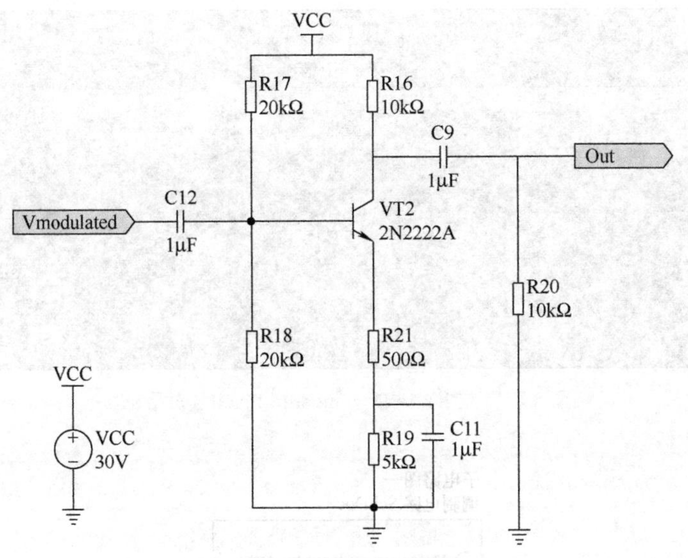

图 4-10　放大电路 .SchDoc

5）对项目文件进行保存，完成自上而下的层次原理图的设计。

（二）自下而上设计层次原理图

自下而上的设计是指先建立底层子电路原理图，然后再由这些子原理图产生页面符号，从而产生上层原理图，最后生成系统的原理总图。下面仍以如图 4-2 所示仿真电路为例，具体操作步骤如下：

1）启动 Altium Designer 21 软件，创建名为“层次原理图二”的 PCB 工程。

2）移动光标到工作区面板中的“层次原理图二 .PrjPcb”上并右击，从弹出的快捷菜单中选择“添加新的…到工程”→“ Schematic”命令，创建一个文件名为“调制电路 .SchDoc”的原理图文件作为子电路图一。

3）进入原理图编辑界面，按照图 4-9 绘制完成该电路图。

4）同样的方法在“层次原理图二 .PrjPcb”项目中追加一个新的原理图文件作为子电路图二，并将其命名为“放大电路 .SchDoc”，并根据图 4-10 绘制完成该电路图。

5）在该项目中再添加一个原理图文件作为层次原理图的顶层原理图，命名为“仿真电路 .SchDoc”。

6）执行菜单命令“设计”→“ Create Sheet Symbol From Sheet”，打开“ Choose Document to Place”对话框，如图 4-11 所示。

7）在该对话框中选中“调制电路 .SchDoc”文件后单击“ OK”按钮，系统自动生成一个页面符随光标一起出现在绘图区，并且在页面符内根据设计的底层电路原理图“调制电路 .SchDoc”中的输入 / 输出端口自动添加了相应的图纸入口。移动光标到适当位置后单击，在顶层原理图中放置“子电路图一”的页面符，如图 4-12 所示。

图 4-11 “Choose Document to Place”对话框

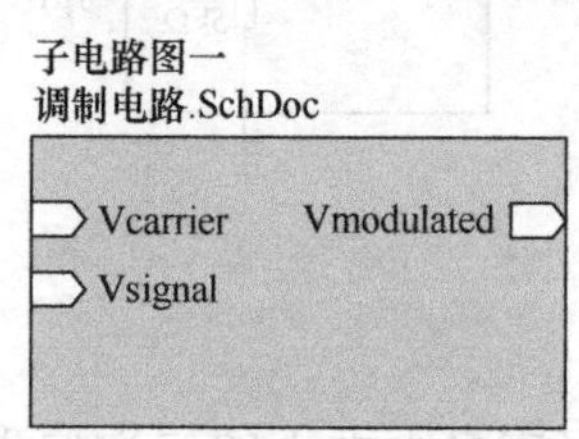

图 4-12 放置“子电路图一”的页面符

8）用同样的方法再生成另一个子电路图“放大电路 .SchDoc”的页面符，并放置在顶层原理图的适当位置。

9）调用仿真信号源库中的电压信号源，将具有电气连接关系的页面符入口用导线连接起来，完成层次原理图顶层电路图的绘制，如图 4-13 所示。

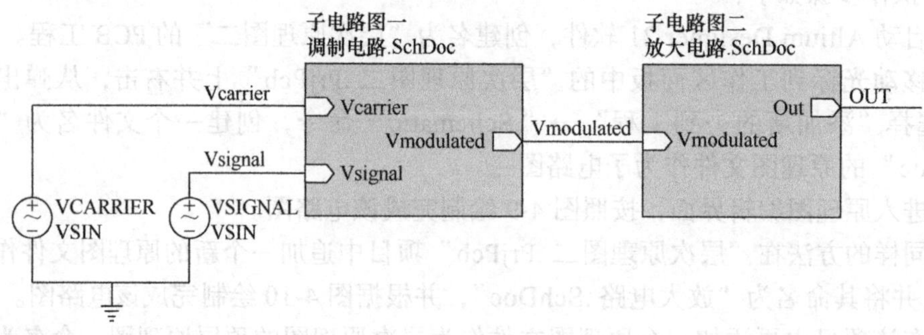

图 4-13 顶层电路图

（三）切换层次原理图

为了便于用户在层次电路之间进行切换，Altium Designer 21 提供了专用的切换命令，可实现多张原理图的同步查看和编辑。

1. 方块图切换到子原理图

方块图切换到子原理图的方法通常有以下两种。

方法 1：执行“工具”→“上 / 下层次”命令。

方法 2：单击原理图标准工具栏中的按钮（前提是已打开标准工具栏）。

进行切换时光标变为十字形，移动光标到页面符的某个图纸入口上单击，对应的子原理图被打开，显示在编辑窗口中，具有相同名称的输入 / 输出端口处于高亮显示状态。

2. 子原理图切换到方块图

子原理图切换到方块图的方法通常有以下两种。

方法 1：执行“工具”→“上 / 下层次”命令。

方法 2：单击原理图标准工具栏中的按钮（前提是已打开标准工具栏）。

进行切换时光标变为十字形，移动光标到子电路图中的某个端口上单击，对应的页面图被打开，显示在编辑窗口中，具有相同名称的图纸入口处于高亮显示状态。

任务实施

认识了层次原理图的符号，掌握了层次原理图的绘制方法后，下面以自下而上层次电路原理图的设计方法进行单片机电子时钟电路层次原理图的绘制，其基本步骤如下。

步骤 1：新建项目文件

启动 Altium Designer 21 软件，创建名为“单片机电子时钟电路 .PrjPcb”的 PCB 工程，如图 4-14 所示，并保存。

步骤 2：添加原理图库文件

执行“文件”→“新的”→“库”→“原理图库”，为步骤 1 创建的 PCB 工程添加名为“单片机最小系统”的原理图库文件，如图 4-15 所示。

图 4-14　新建项目文件

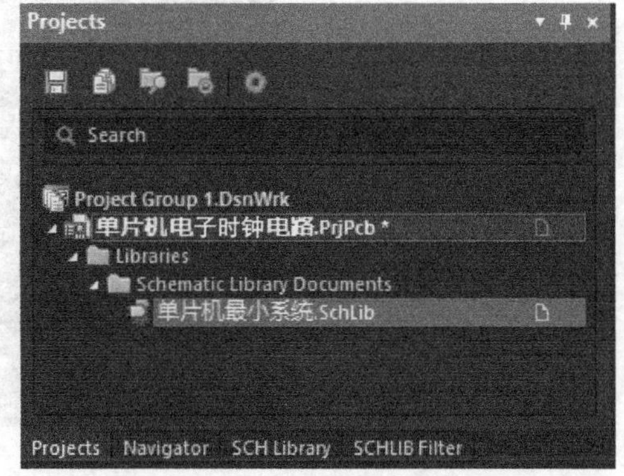

图 4-15　添加原理图库文件

步骤 3：添加封装库文件

执行“文件”→“新的”→“库”→“PCB 元器件库”，为步骤 1 创建的 PCB 工程添加名为“层次电路”的封装库文件，如图 4-16 所示。

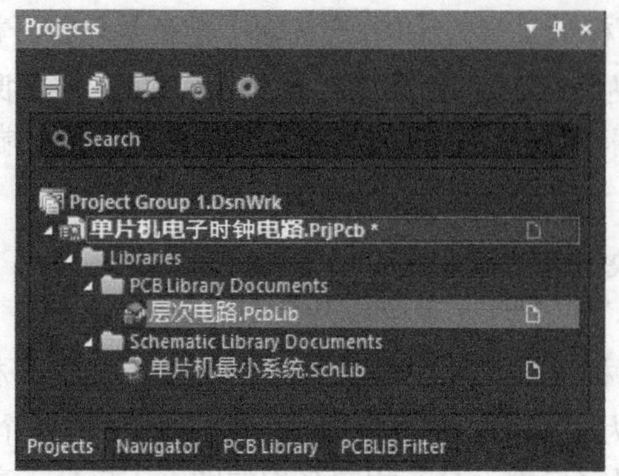

图 4-16 添加封装库文件

步骤 4：绘制原理图元器件及封装

根据项目三任务一和任务二的相关知识，绘制本项目电路的原理图元器件及封装，并保存。

步骤 5：创建原理图文件

执行“文件”→“新的”→“原理图”，为步骤 1 创建的 PCB 工程添加 3 个原理图文件，分别保存为“单片机电子时钟电路 .SchDoc”“单片机最小系统 .SchDoc”和“数码管显示电路 .SchDoc”，如图 4-17 所示。

图 4-17 创建原理图文件

步骤 6：绘制单片机最小系统

1）打开“单片机最小系统 .SchDoc”，首先在原理图编辑器中放置电阻、电容、按钮和晶振等元器件并修改其参数和属性。

2）执行“放置”→“端口”命令，在相应位置放置输出端口，打开“Port”（端口）属性对话框，在“Name”（名称）文本框中输入端口名称 P0[00..07]，“I/O Type”（I/O 类型）设置为“Output”，其他采用默认设置，依此再放置 P2。

3）用导线将各元器件、端口、电源和接地端口进行电气连接，绘制完成后的单片机最小系统如图 4-18 所示。

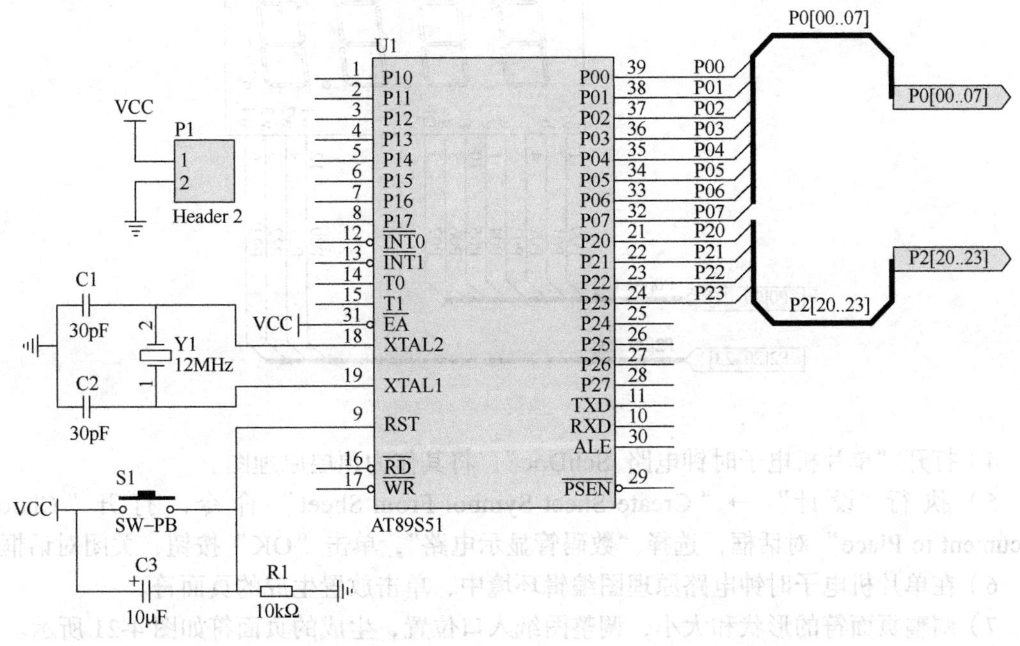

图 4-18　单片机最小系统

4）打开“单片机电子时钟电路 .SchDoc”，将其作为顶层原理图。

5）执行“设计”→“Create Sheet Symbol From Sheet”命令，打开“Choose Document to Place”对话框，选择“单片机最小系统”，单击“OK”按钮，关闭对话框。

6）在单片机电子时钟电路原理图编辑环境中，单击放置生成的页面符。

7）调整页面符的形状和大小，调整图纸入口位置，生成的页面符如图 4-19 所示。

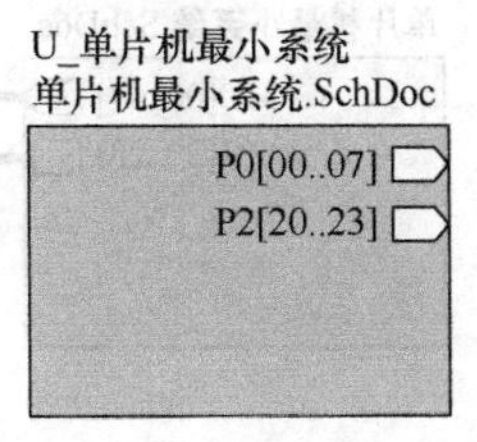

图 4-19　生成的页面符

步骤 7：绘制数码管显示电路

1）打开“数码管显示电路 .SchDoc”，在原理图编辑器中放置数码管并修改其参数和属性。

2）执行“放置”→“端口”命令，在相应位置放置输入端口，打开“Port”（端口）属性对话框，在“Name”（名称）文本框中输入端口名称 P0[00..07]，“I/O Type”（I/O 类型）设置为“Input”，其他采用默认设置，依此再放置 P2。

3）用导线将数码管、端口进行电气连接，绘制完成后的数码管显示电路如图 4-20 所示。

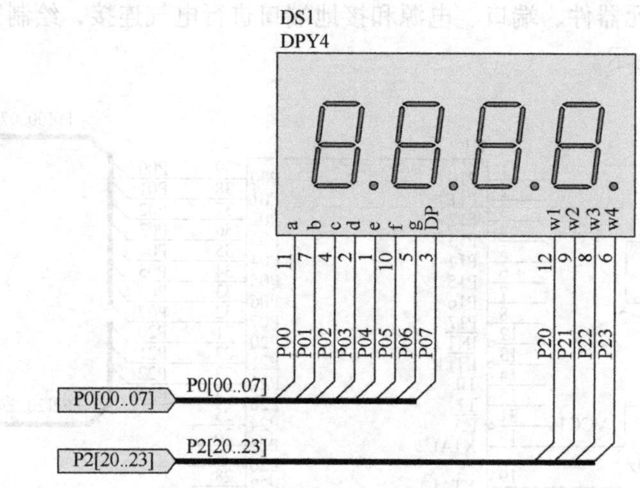

图 4-20 数码管显示电路

4）打开“单片机电子时钟电路 .SchDoc”，将其作为顶层原理图。

5）执行“设计”→“Create Sheet Symbol From Sheet”命令，打开“Choose Document to Place”对话框，选择“数码管显示电路”，单击“OK”按钮，关闭对话框。

6）在单片机电子时钟电路原理图编辑环境中，单击放置生成的页面符。

7）调整页面符的形状和大小，调整图纸入口位置，生成的页面符如图 4-21 所示。

步骤 8：绘制单片机电子时钟电路

1）打开单片机电子时钟电路原理图编辑器。

2）执行“放置”→“总线”命令，将对应的图纸入口进行连接。

3）执行“放置”→“网络标签”命令，在对应的总线处放置相应的网络标签，完成顶层原理图绘制，如图 4-22 所示。

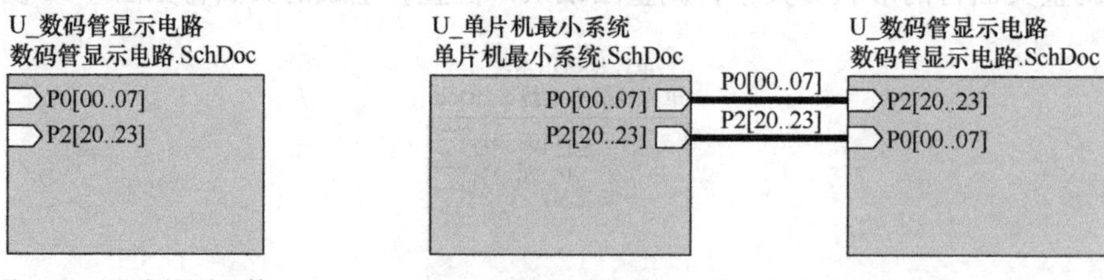

图 4-21 生成的页面符　　　　图 4-22 单片机电子时钟电路

步骤 9：生成层次设计表

1. 元器件交叉参考报表

元器件交叉参考报表主要用于将整个工程中的所有元器件按照所属的原理图进行分组设计。元器件交叉参考报表实际是元器件报表的一种，是以元器件所属的原理图文件为标准进行分类统计的元器件清单。因此，系统默认保存时采用了同一个文件名，用户可以通过设置不同的文件名加以区分。

在菜单栏中执行“报告”→“Component Cross Reference”命令，系统弹出“Component

Cross Reference Report for Project”对话框，如图 4-23 所示。

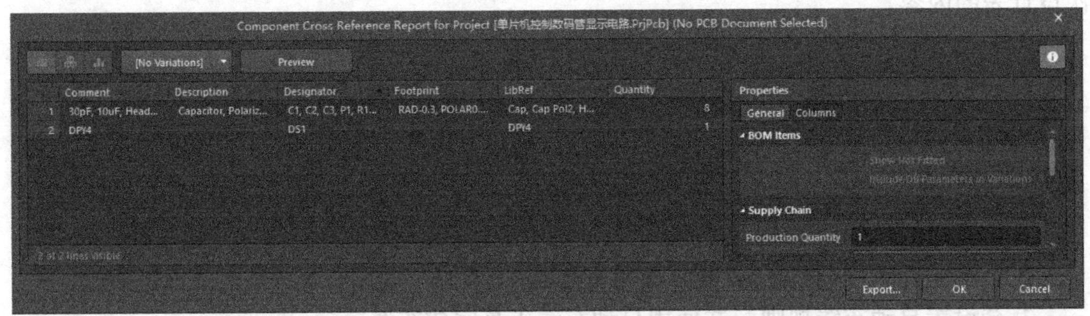

图 4-23　“Component Cross Reference Report for Project”对话框

系统将以列表框属性信息为标准，对元器件进行归类显示。单击右下角的“Export”按钮，可以将该报表保存，保存类型为“MS-Excel (*.xls，*.xlsx，*xlsm)”。

按照上述操作，“单片机电子时钟电路”元器件交叉参考报表（打开保存后的“MS-Excel”文件）如图 4-24 所示。

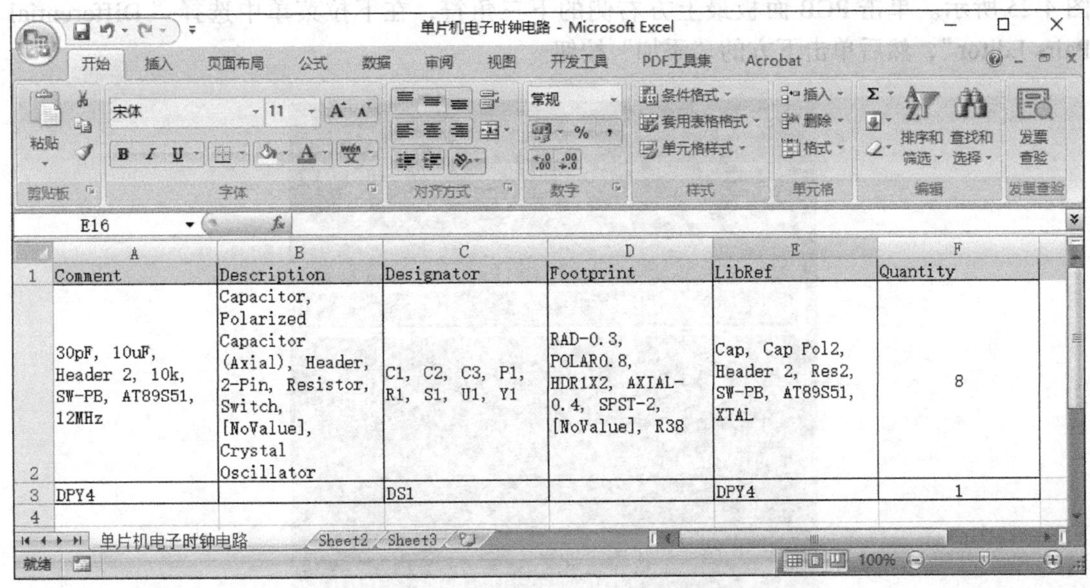

Comment	Description	Designator	Footprint	LibRef	Quantity
30pF, 10uF, Header 2, 10k, SW-PB, AT89S51, 12MHz	Capacitor, Polarized Capacitor (Axial), Header, 2-Pin, Resistor, Switch, [NoValue], Crystal Oscillator	C1, C2, C3, P1, R1, S1, U1, Y1	RAD-0.3, POLAR0.8, HDR1X2, AXIAL-0.4, SPST-2, [NoValue], R38	Cap, Cap Pol2, Header 2, Res2, SW-PB, AT89S51, XTAL	8
DPY4		DS1		DPY4	1

图 4-24　“单片机电子时钟电路”元器件交叉参考报表

2. 层次设计表

在多图纸设计中，各原理图之间的层次结构关系可通过层次设计表明确显示，生成层次设计表的主要操作步骤如下。

1）编译整个工程。对工程“单片机电子时钟电路”进行编译。

2）执行“报告”→“Report Project Hierarchy（工程层次报告）”命令，生成有关该工程的层次设计表。

3）打开 Project（工程）面板，可以看到该层次设计表被添加在该工程的“Generated\Text Documents\”文件夹中，是一个与工程文件同名，扩展名为“.REP”的文本文件。

4）双击该层次设计表文件，系统转换到文本编辑器界面，在该界面中可以查看该层次设计表的内容。

任务二　绘制单片机电子时钟电路 PCB

任务目标

1. 会通过向导创建 PCB 文件。
2. 会将原理图信息更新到 PCB 文件并布局。
3. 会设置自动布线规则，并使用自动布线工具完成布线。
4. 会设置差分对线并绘制差分对线。

相关知识

差分线的绘制方法如下：

1）打开一个 PCB 文件，单击左侧面板下方的“PCB”标签按钮打开 PCB 面板，如图 4-25 所示。单击 PCB 面板最上方右侧的下三角符，在下拉菜单中选择“Differential Pairs Editor”，然后单击下方的“添加”按钮。

图 4-25　PCB 面板

2）在弹出的“差分对”对话框中分别选择需要进行差分线的网络，比如“正网络”

选择“NetC3_1”，“负网络”选择“NetQ1_2”，接着可以在“名称”处为这对差分线对进行命名，比如“差分线1”，如图4-26所示，但这个没有也不会影响走线。

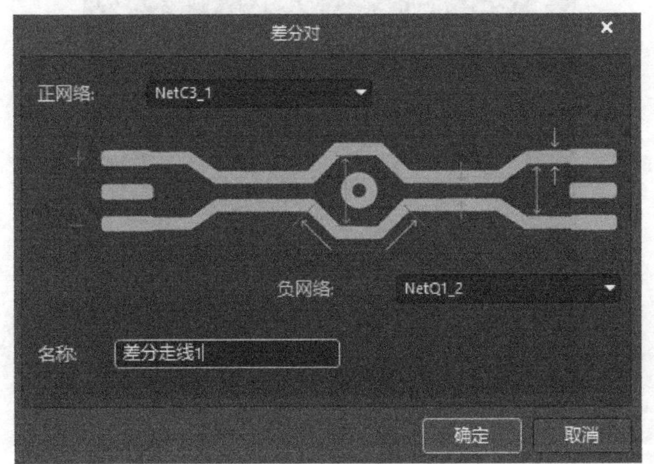

图4-26 “差分对”对话框

3）设置完差分线规则后，单击布线工具栏的按钮，便可以像正常走线那样绘制差分线。用软件自带的差分线功能走出来的线要齐整很多，如图4-27所示，这大大减少了计算线长的工作量。

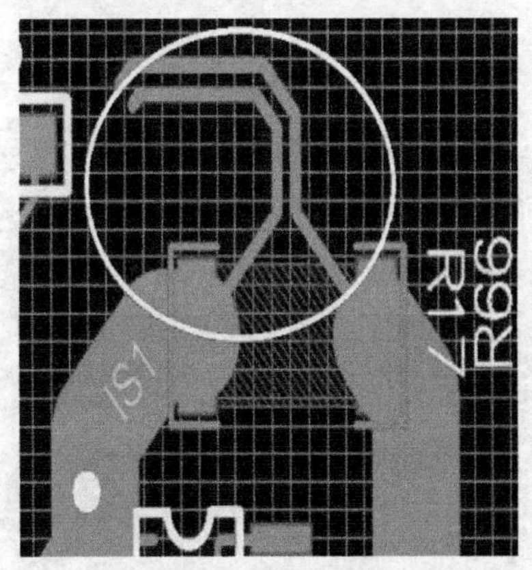

图4-27 绘制差分线

任务实施

完成“差分线的绘制方法”的学习，以及单片机电子时钟电路层次原理图的绘制后，接下来进行单片机电子时钟电路PCB的绘制，其步骤如下。

步骤1：打开PCB工程

启动Altium Designer 21软件，打开名为“单片机电子时钟电路”的PCB工程，如图4-28所示，可以看到PCB工程、原理图库、封装库和原理图文件都一并打开。

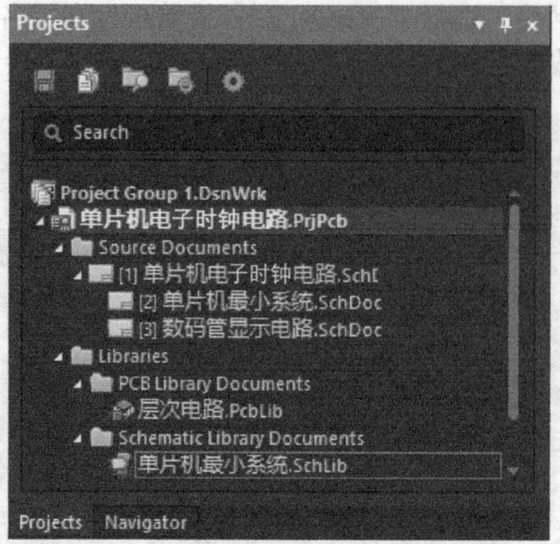

图 4-28　打开 PCB 工程

步骤 2：创建 PCB 文件

执行菜单“文件”→“新的”→“PCB”命令，创建一个名为“单片机电子时钟电路 .PcbDoc”的 PCB 编辑器文件，如图 4-29 所示。

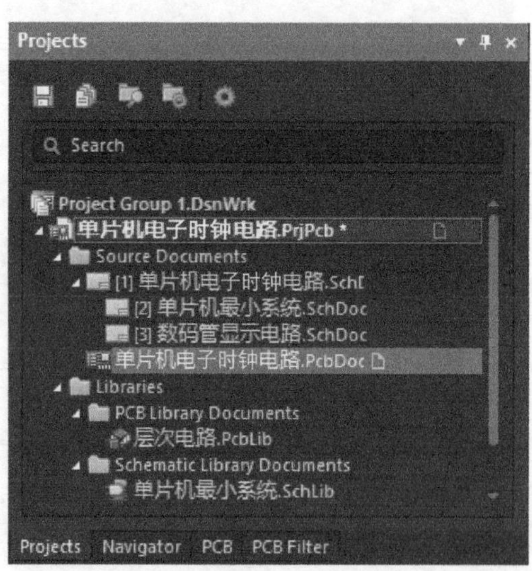

图 4-29　创建 PCB 文件

步骤 3：将原理图中的元器件与网络信息导入 PCB 文件

执行“Design（设计）”→“Import Changes From 单片机电子时钟电路 .PrjPcb”命令，在弹出的“工程变更指令”窗口中依次单击“验证变更”“执行变更”和“关闭”按钮，可以将原理图中元器件的封装、网络连接信息导入 PCB 文件，如图 4-30 所示。

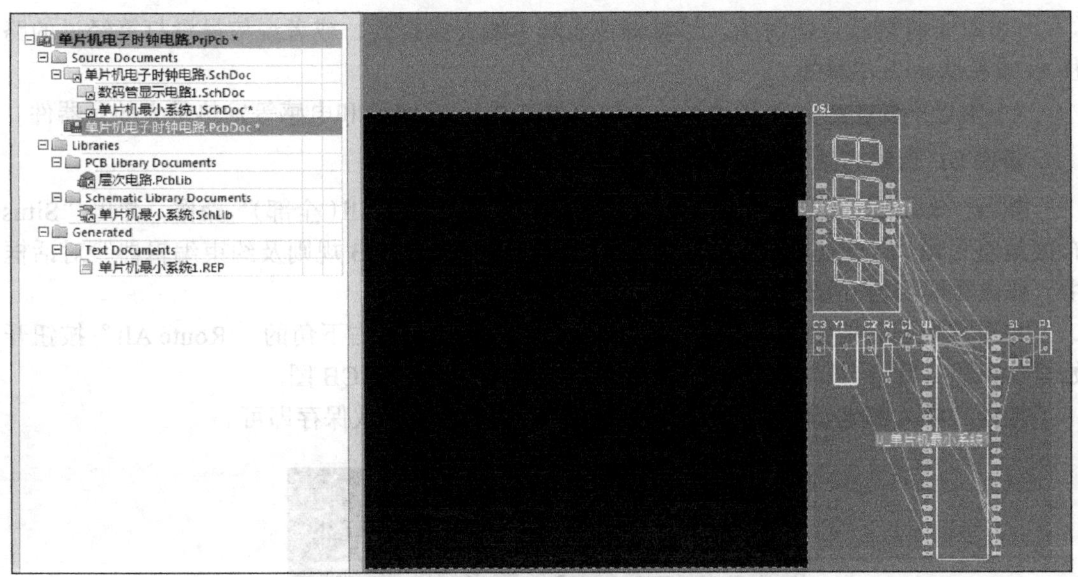

图 4-30　导入 PCB 文件

步骤 4：元器件布局

手动拖动元器件封装到板框中，在选中元器件封装的情况下按 <Space> 键实现元器件 90° 旋转，或者移动元器件的位置，以使元器件之间交叉的飞线尽可能少，如图 4-31 所示。

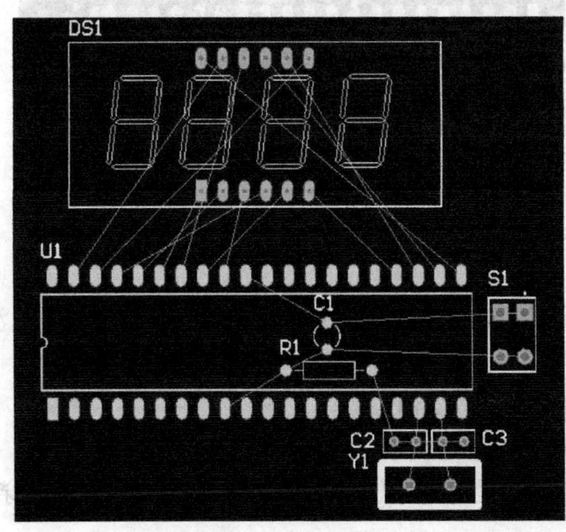

图 4-31　元器件布局

注意：在此电路中，时钟电路对抗干扰特性有高要求，单片机 U1、晶振 Y1、两个电容 C2、C3 的布局应遵循以下原则。

1）和 IC（在本电路中为单片机）布在同一层面，这样可以少打孔。

2）布局要紧凑，电容位于晶振和 IC 之间，且靠近晶振放置，使时钟线到 IC 尽量短。

3）对于有测试点的情况，尽量避免 stub（线头或歪线，或者说信号没打算经过的路径），或者使 stub 尽量短。

4）附近不要摆放大功率元器件，如电源芯片、MOS 管和电感等发热量大的元器件。

步骤 5：自动布线

执行“Route(布线)”→“Auto Route(自动布线)”→“All(全部)”操作，弹出“Situs 布线策略”窗口，单击“编辑规则”按钮，在弹出的“PCB 规则及约束编辑器”对话框中，修改布线层为“Bottom Layer”，并修改线宽。

单击“确定”按钮返回“Situs 布线策略”窗口，单击右下角的“Route All”按钮开始自动布线，等待自动布线完成，可得到如图 4-32 所示的 PCB 图。

至此，单片机电子时钟电路的 PCB 绘制完毕，最后再次保存即可。

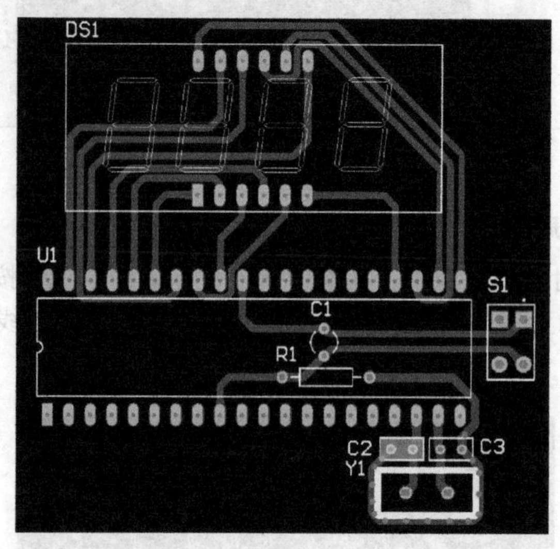

图 4-32 PCB 图

注意：同样地，在此电路中，时钟电路对抗干扰特性有高要求，单片机 U1、晶振 Y1、两个电容 C2、C3 的布线应遵循以下原则。

1）和 IC 同层走线，尽量少打孔，如果打孔，需要在附近加回流地孔。

2）差分走线。

3）走线要加粗，通常 8 ～ 12mil。

4）信号线包地处理，且包地线或者铜皮要打屏蔽地孔。

5）晶振电路模块区域相当于模拟区域，尽量不要有其他信号穿过。

项目验收与评价

1. 项目验收

根据 PCB 设计的相关规范进行项目验收，按照附录五所示的评分标准进行评分。

2. 项目评价

1）各小组学生代表汇报小组完成工作任务情况。

2）填写如附录六所示的小组学习活动评价表。

拓展训练

利用层次电路设计原理绘制如图 4-33 所示的“红外遥控信号转发器电路”，设计要求如下：

1）采用自上而下层次电路设计原理绘制对应的页面符并产生图样。

2）完成顶层电路设计，并编译工程。

3）生成元器件交叉参考报表。

4）生成层次设计表。

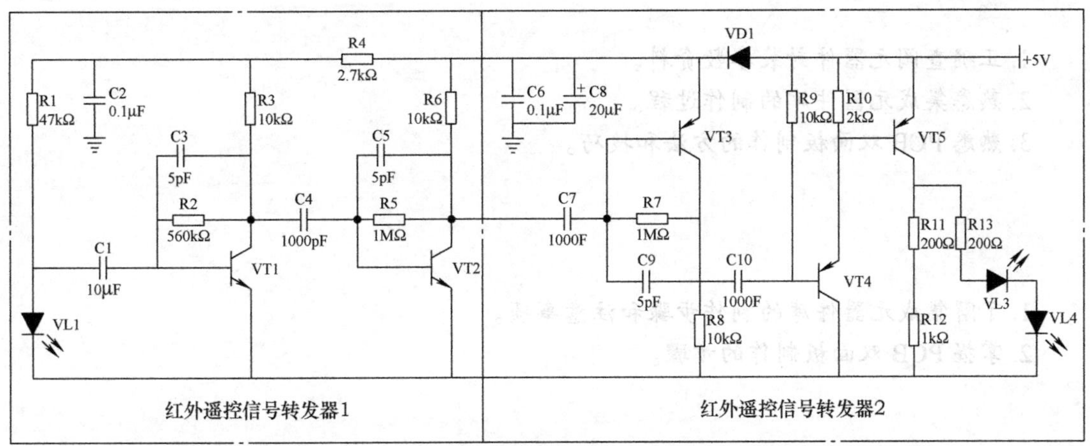

图 4-33　红外遥控信号转发器电路

拓展活动

请读者查阅集成电路发展史上最著名的 10 个人物。其中中国人有几个？他们有哪些事迹？

项目五

流水灯电路双面板的设计

项目目标

知识目标

1. 正确查阅元器件封装参数资料。
2. 熟悉集成元器件库的制作过程。
3. 熟悉 PCB 双面板制作的方法和技巧。

能力目标

1. 了解集成元器件库的制作步骤和注意事项。
2. 掌握 PCB 双面板制作的步骤。

项目描述

流水灯常用于电子玩具和室内装饰中，可以美化环境，渲染气氛。本项目中的流水灯电路采用双面圆形 PCB，通过 16 个发光二极管（LED）进行流水显示，LED 的显示由微处理器 89C51 编程控制。电路原理图如图 5-1 所示，电路由电源稳压电路、微处理器控制电路和 LED 显示电路 3 个部分组成。

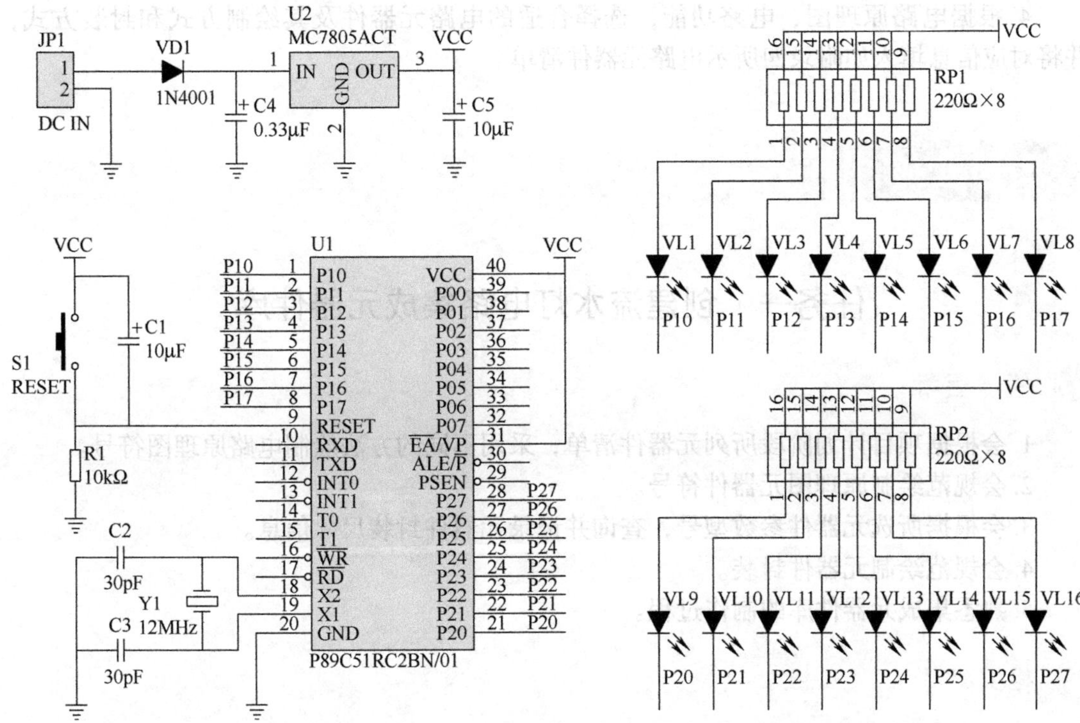

图 5-1　流水灯电路原理图

项目计划

1. 准备工作。查看“附录一　Altium Designer 21 软件中常用原理图库元器件”，了解常用元器件的名称、图形符号和库中名称等信息。

2. 在教师指导下，根据具体情况将学生分为若干小组，由组长填写如附录三所示的角色分配表。

3. 熟悉流水灯电路双面板设计的工作过程，并填写电路设计任务单，见表 5-1。

表 5-1　电路设计任务单

项目名称			
工作人员			
工作开始时间		工作完成时间	
设计内容	1. 建立基于流水灯电路的集成元器件库 2. 基于流水灯电路集成元器件库绘制电路原理图 3. 基于流水灯电路集成元器件库设计电路 PCB		
设计要求	按相关规范绘制 PCB		

4. 根据电路原理图、电路功能，选择合适的电路元器件及其绘制方式和封装方式，并将对应信息填入如附录四所示电路元器件清单。

项目实施

任务一　创建流水灯电路集成元器件库

任务目标

1. 会根据项目计划阶段所列元器件清单，采用不同的方法绘制电路原理图符号。
2. 会规范绘制原理图元器件符号。
3. 会根据所选元器件参数型号，查询并记录元器件封装尺寸信息。
4. 会规范绘制元器件封装。
5. 熟悉集成元器件库的制作过程。

相关知识

Altium Designer 21 软件提供了基本的、用户熟悉的两类集成元器件库，分别为 Miscellaneous Devices 和 Miscellaneous Connectors，如图 5-2 所示。在这两类集成元器件库中都可以找到一些基础的、常见的元器件及其封装，如电阻、电容、变压器、排针和晶振等。但是在实际做电路设计项目的过程中，很多元器件往往无法在这两类集成元器件库中找到，因此需要用户制作属于自己的集成元器件库。另外，做好了自己的集成元器件库后，在此后的电路设计中如果需要用到之前做过的元器件就可以直接加载该集成元器件库来进行设计，而无须重新制作，比较方便。

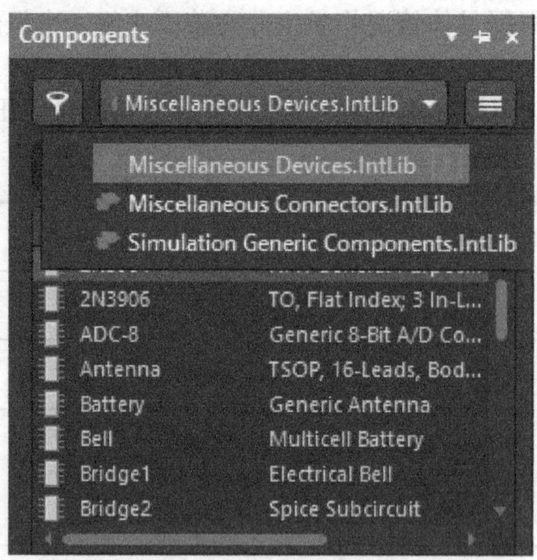

图 5-2　软件提供的基本集成元器件库

下面以电容器 Cap、光敏电阻 RG 和双列直插式芯片 74LS48 这 3 个元器件构成的元器件库为例，介绍创建集成元器件库的操作。

一、创建集成元器件库工程相关文件

集成元器件库的创建与加载

1. 创建集成元器件库工程

打开 Altium Designer 21 软件，执行菜单命令“文件”→“新的”→“库”→“集成库”，创建一个默认名称为“Integrated_Library1.LibPkg”的集成元器件库工程文件；把鼠标放到刚创建的“Integrated_Library1.LibPkg”集成元器件库工程文件上，右击选择“保存”，选择保存的路径，并将刚创建的集成元器件库工程文件保存并命名为“My_Library.LibPkg”。

2. 创建原理图元器件库文件

执行菜单命令“文件”→“新的”→“库”→“原理图库”，创建一个原理图元器件库文件；执行菜单命令“文件”→“保存”，将刚创建的原理图元器件库文件保存并命名为“Schlib.SchLib”。

3. 创建 PCB 元器件库文件

执行菜单命令“文件”→“新的”→“库”→“PCB 元器件库”，创建一个 PCB 元器件库文件；执行菜单命令“文件”→“保存”，将刚创建的 PCB 元器件库文件保存并命名为“PcbLib.PcbLib”。

创建好的集成元器件库工程相关文件如图 5-3 所示。

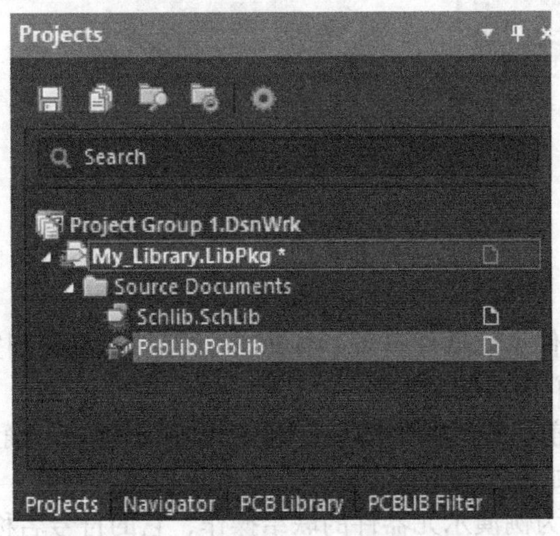

图 5-3　集成元器件库工程相关文件

二、为原理图元器件库添加元器件

根据项目三任务一的内容，绘制原理图元器件。绘制好的原理图元器件如图 5-4 所示。

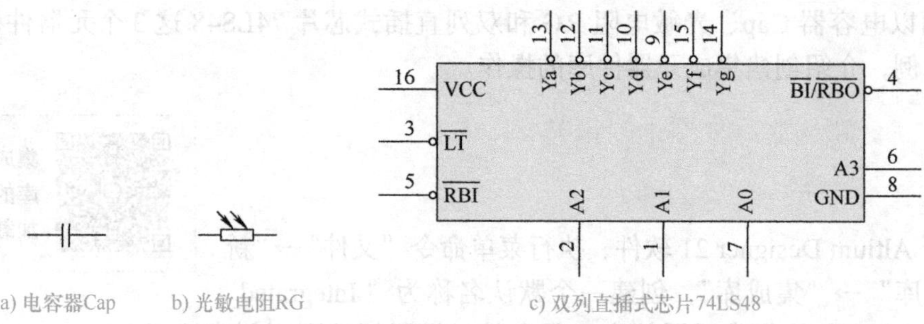

a) 电容器Cap　　b) 光敏电阻RG　　c) 双列直插式芯片74LS48

图 5-4　绘制好的原理图元器件

三、为 PCB 元器件库添加元器件封装

根据项目三任务二的内容，制作 PCB 元器件封装。制作好的 PCB 元器件封装如图 5-5 所示。

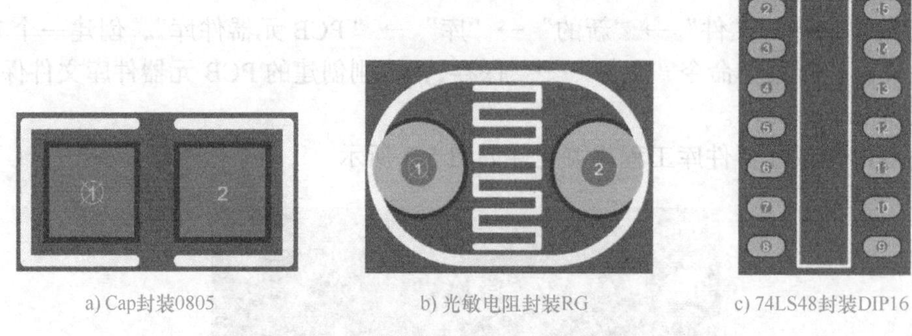

a) Cap封装0805　　b) 光敏电阻封装RG　　c) 74LS48封装DIP16

图 5-5　制作好的 PCB 元器件封装

四、联结符号与封装

所有的原理图元器件（元器件符号）与 PCB 元器件封装绘制完成后，还需要将它们联结起来，也就是给它们形成配对关系。

在进行联结操作之前，先对照如图 5-6 和图 5-7 所示列表，确认所有元器件的符号和封装已全部创建完毕，如果列表中存在空白元器件可以将其删除。

下面以电容器 Cap 为例演示元器件的联结操作，它的符号名称为“Cap”、封装名称为“0805”，步骤如下。

1）在原理图元器件编辑界面，单击编辑区下方的“Add Footprint”按钮，出现“PCB 模型”对话框，如图 5-8 所示。

2）单击“PCB 模型”对话框上方的“浏览”按钮，出现“浏览库”对话框，如图 5-9 所示。选中“0805”，然后单击“确定”按钮关闭该对话框。

图 5-6　原理图元器件列表

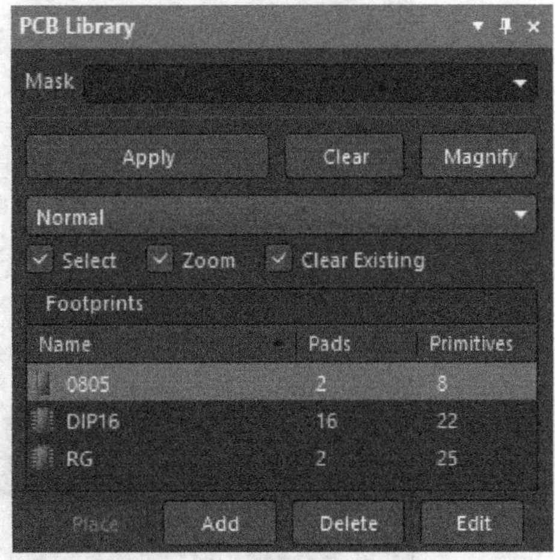

图 5-7　PCB 元器件封装列表

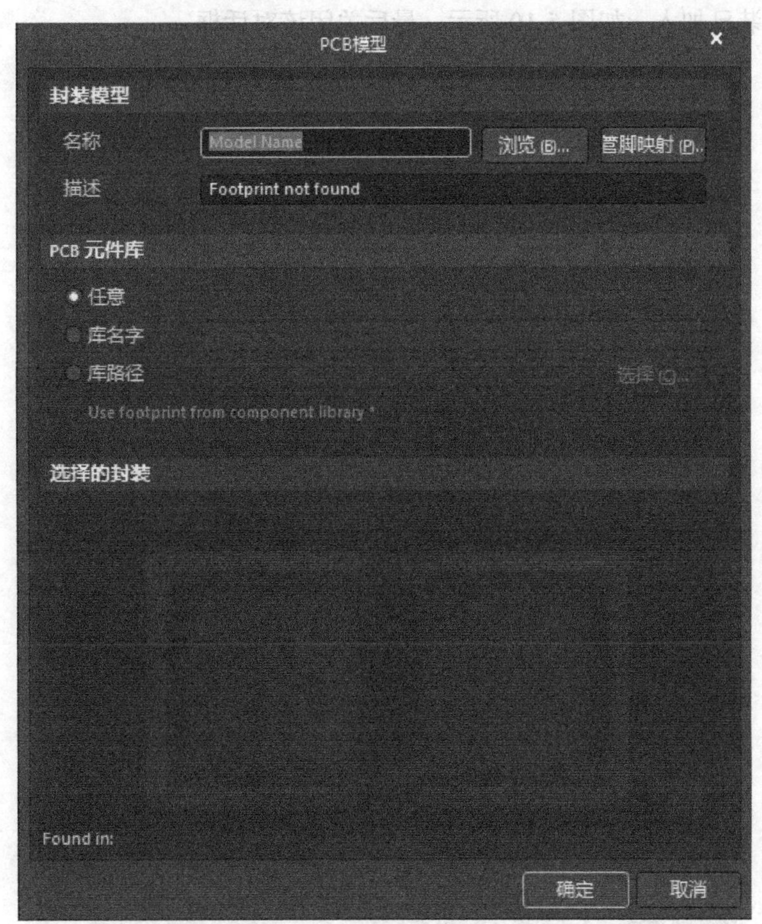

图 5-8　“PCB 模型”对话框

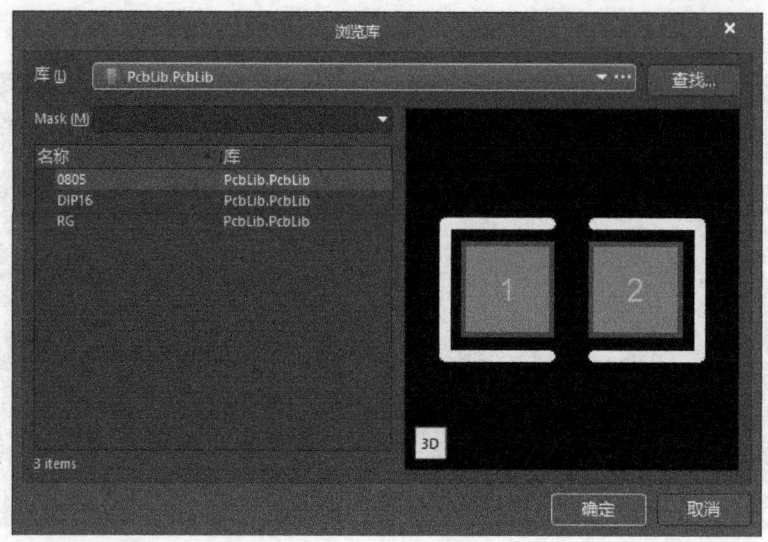

图 5-9 “浏览库”对话框

3）回到“PCB 模型”对话框，可以发现刚才选择的电容器封装“0805”已经在对话框中显示，封装已加入，如图 5-10 所示，最后关闭该对话框。

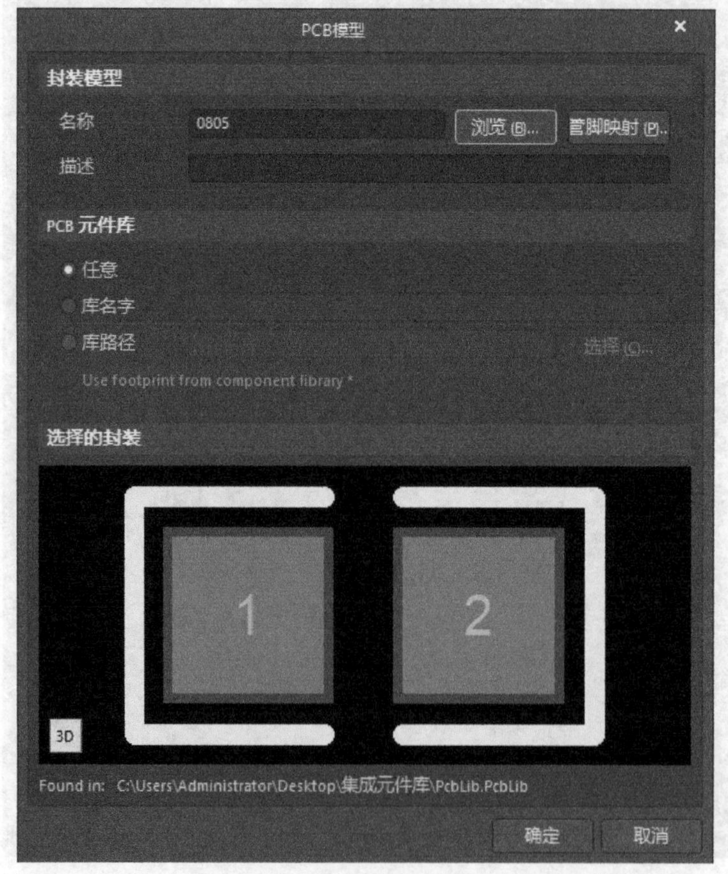

图 5-10 封装已加入

4）可以发现封装“0805”同样出现在了原理图元器件编辑界面的模型管理区，如图 5-11 所示，电容器符号与封装联结完成。

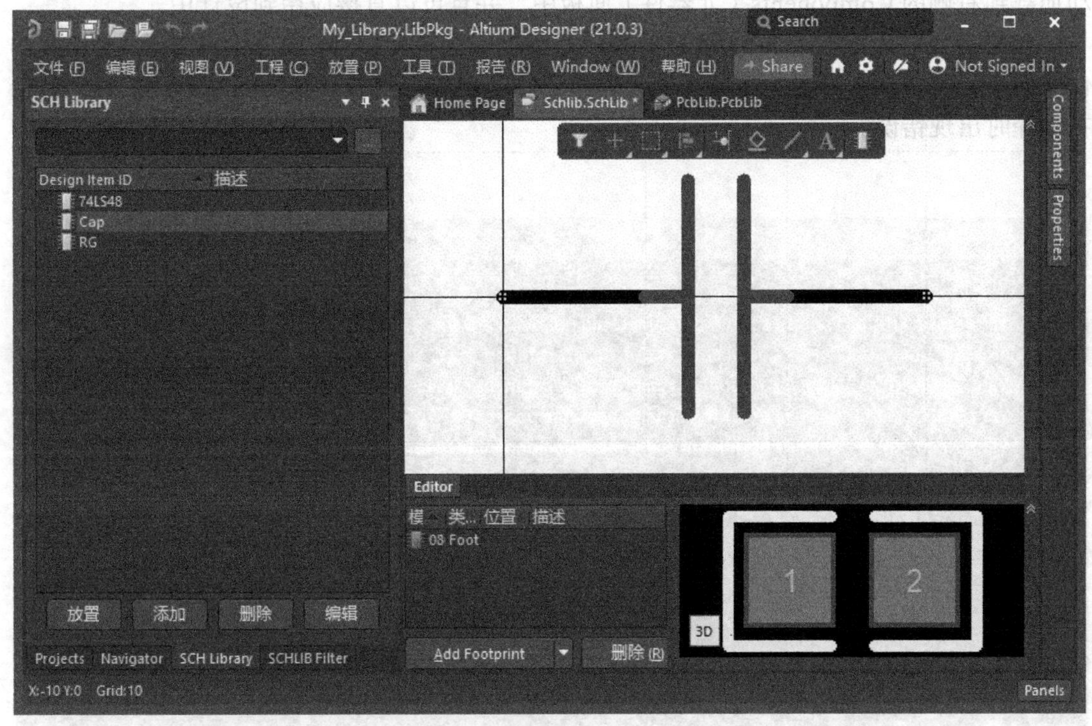

图 5-11　电容器符号与封装联结完成

以上演示了电容器 Cap 符号与封装的联结操作，其他元器件也完全相同。待全部元器件的符号与封装联结操作完成后，执行菜单命令“文件”→“全部保存”，保存全部文档。

五、编译集成元器件库

要使绘制的元器件（包括符号和封装）可以应用到设计中，必须编译它们成为集成元器件。执行菜单命令“工程”→“ Compile Integrated Library My_Library.LibPkg”，即可编译集成元器件库。

一般在编译前先保存各元器件库，否则在执行了编译命令后，会出现如图 5-12 所示的保存提示对话框，提示用户保存设计。

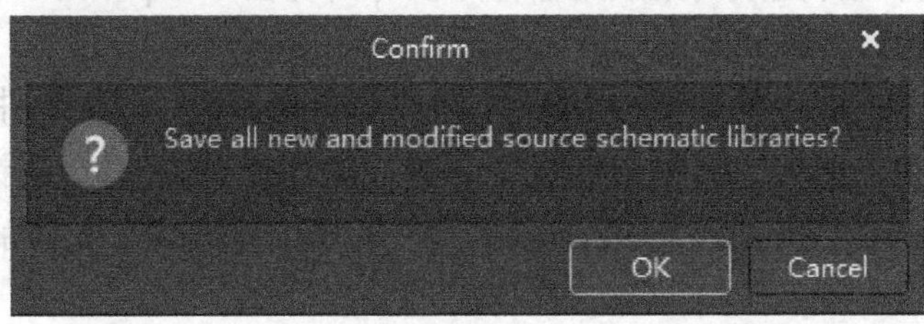

图 5-12　各元器件库保存提示对话框

编译完成后，会在元器件库相同位置自动生成一个名为“Project Outputs for My_Library”的文件夹，集成元器件库位于该文件夹中。另外编译成功的集成元器件库会自动加载到右侧的 Components（元器件）面板中，并且可以直接应用到设计中。

如果编译时出现如图 5-13 所示的提示对话框，则说明原理图元器件库或者 PCB 元器件库中有元器件存在问题。例如某个元器件的符号引脚与封装焊盘的编号不一致时，就会在编译时出现错误。

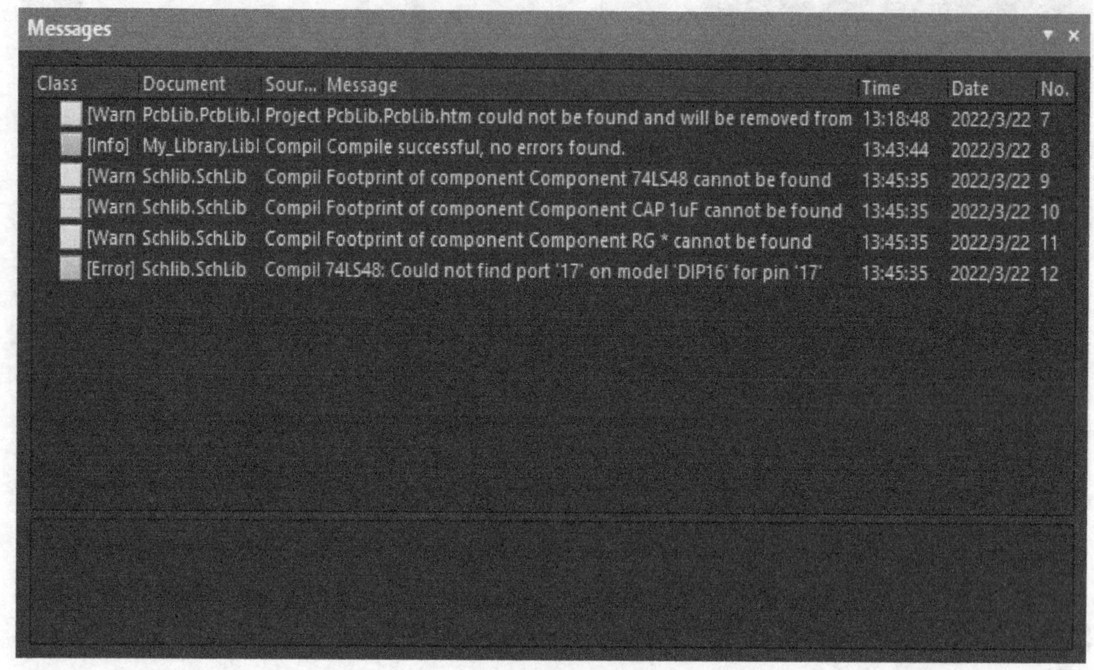

图 5-13 编译出现错误时的提示对话框

六、加载集成元器件库

一个稍复杂的 PCB 项目，需要用到的元器件通常存在于多个集成元器件库中。系统自带了多个集成元器件库，如果需要可以随时加载，其中“Miscellaneous Devices”是最常用的。

如果自己创建并编译完成的集成元器件库没有出现在 Components（元器件）面板中，也可以自行加载，加载步骤如下。

1）如图 5-14 所示，单击编辑区右侧“Components（元器件）”标签，弹出 Components（元器件）面板；再单击面板中元器件库列表右侧的按钮，然后在下拉菜单中选择“File-based Libraries Preferences”打开“可用的基于文件的库”对话框，如图 5-15 所示。

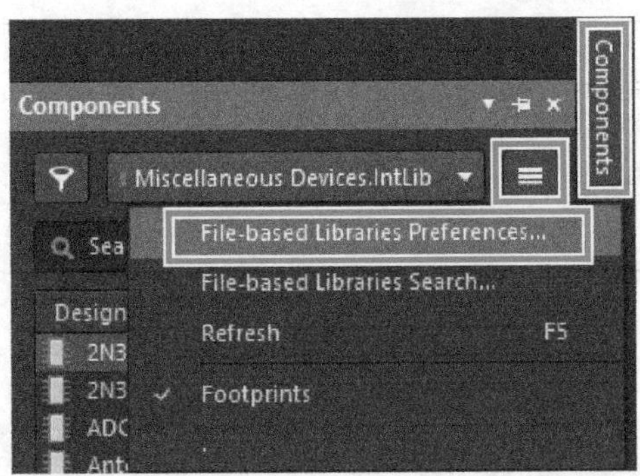

图 5-14 Components（元器件）面板

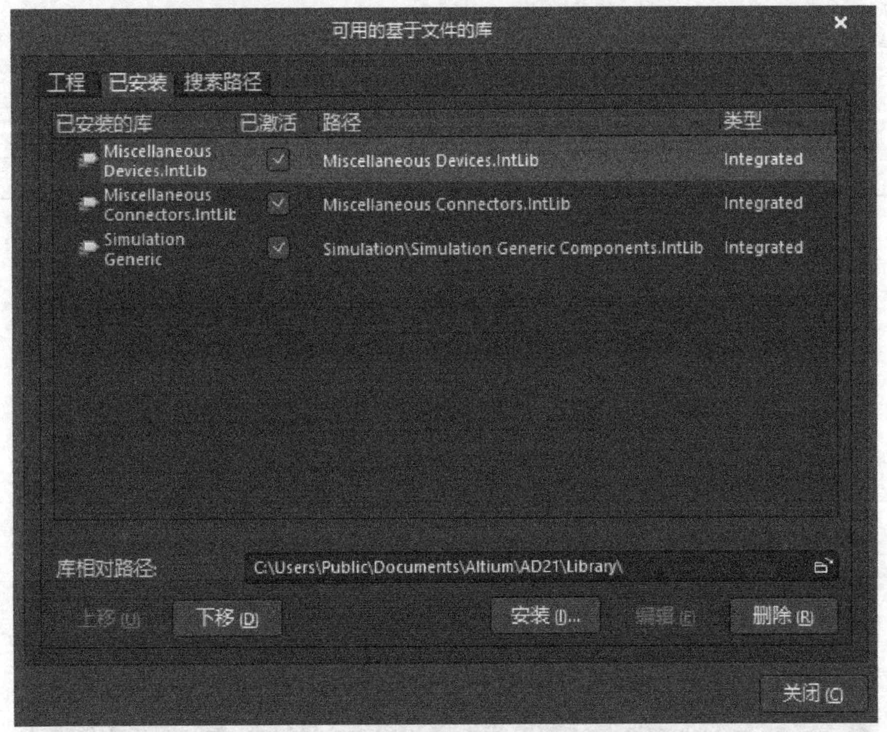

图 5-15 “可用的基于文件的库”对话框

2）在“可用的基于文件的库”对话框的“已安装”页面，单击“安装”按钮，打开“打开”对话框，如图 5-16 所示，找到编译完成的集成元器件库“ My_Library”，例如在“ C:\Users\Administrator\Desktop\ 集成元器件库 \Project Outputs for My_Library”目录下，然后单击“打开”按钮打开该集成元器件库。

3）回到“可用的基于文件的库”对话框，可以发现刚才打开的集成元器件库已经在已安装目录中出现，完成加载集成元器件库如图 5-17 所示，最后单击“关闭”按钮关闭该对话框。

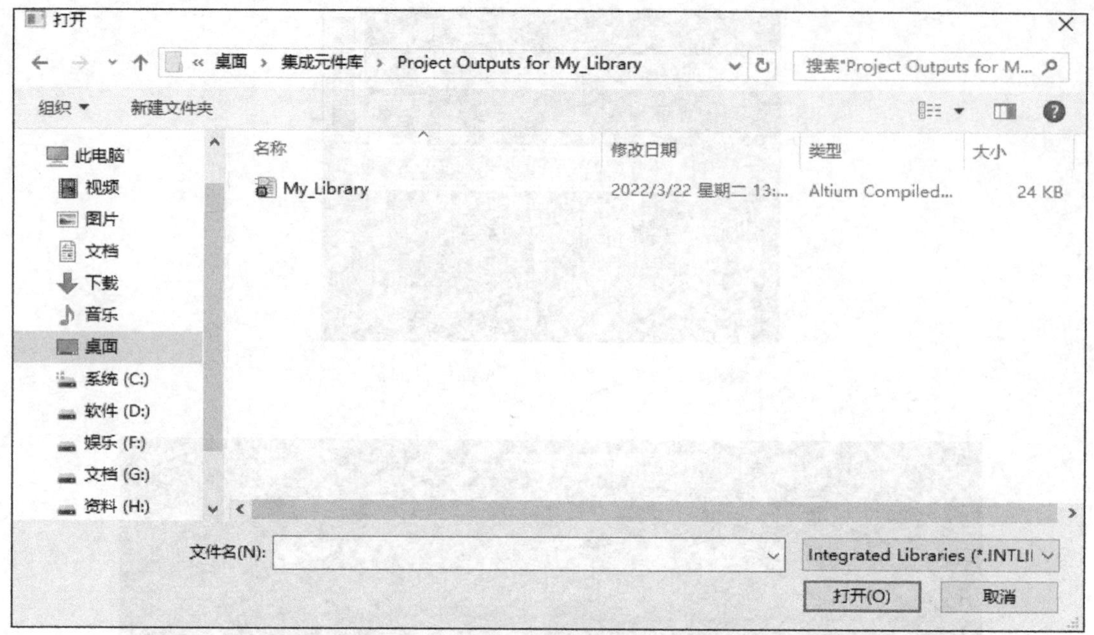

图 5-16　找到编译完成的集成元器件库

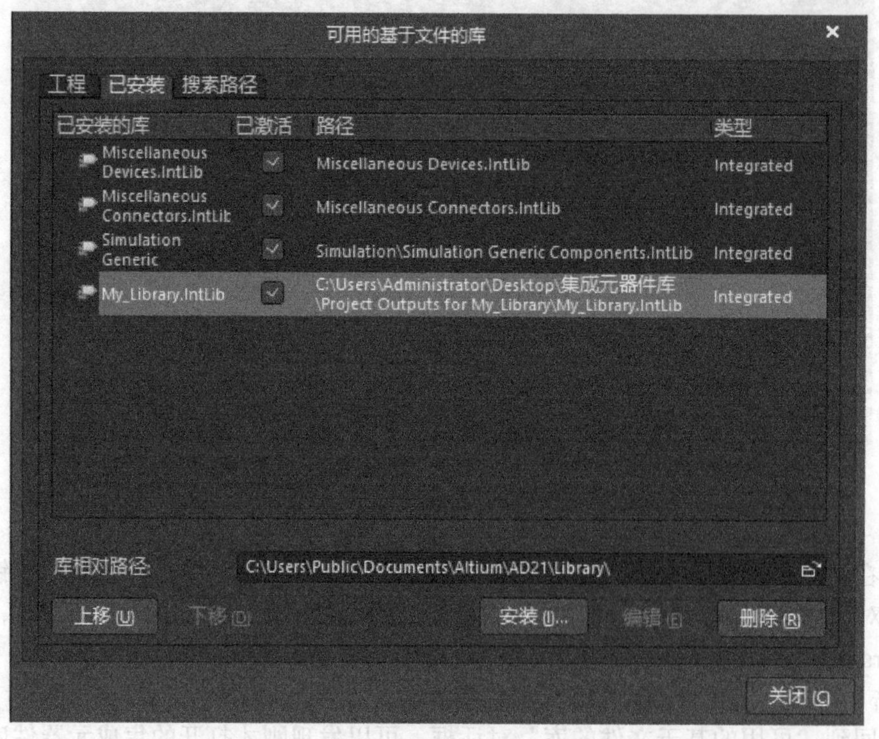

图 5-17　完成加载集成元器件库

4）此时再查看 Components（元器件）面板，单击元器件库栏右侧的按钮，可以发现新加载的集成元器件库已经出现在列表中，如图 5-18 所示。选择它后，属于该集成元器件库的元器件便会在库面板元器件列表中显示。

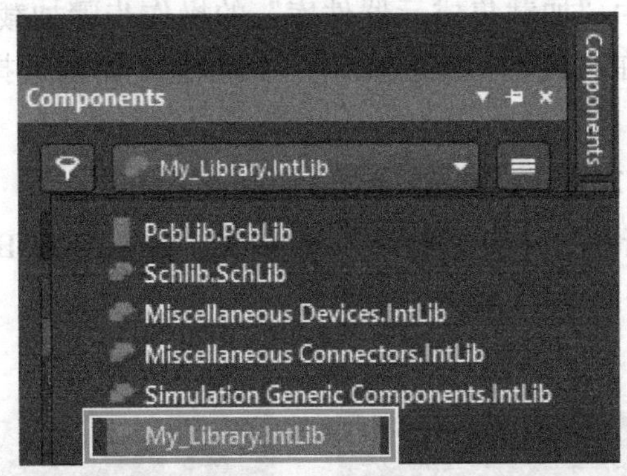

图 5-18　元器件库列表中新加载的集成元器件库

任务实施

根据项目计划阶段所列元器件清单，采用不同方法绘制该项目电路原理图符号和电路元器件封装，并创建“流水灯电路”集成元器件库。

任务二　绘制流水灯电路原理图

任务目标

会加载集成元器件库，并绘制电路原理图。

任务实施

在完成“流水灯电路”集成元器件库的创建后，接下来便可以进行流水灯电路原理图的绘制，其步骤如下。

步骤 1：创建 PCB 工程

启动 Altium Designer 21 软件，创建名为“流水灯电路”的 PCB 工程，如图 5-19 所示，并保存。

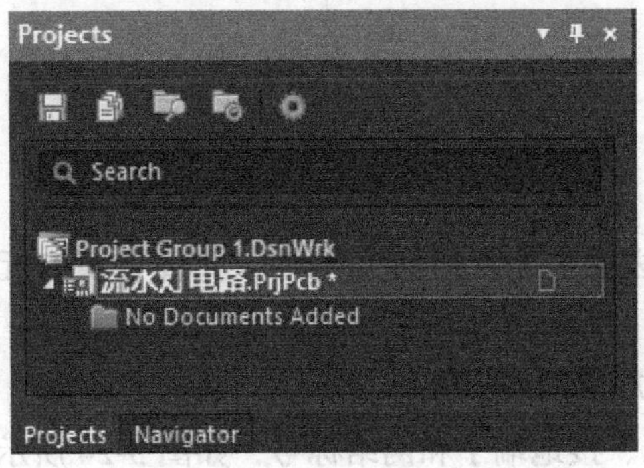

图 5-19　创建 PCB 工程

步骤 2：加载流水灯电路集成元器件库文件

根据本项目任务一中“加载集成元器件库”的操作步骤加载流水灯电路集成元器件库文件，加载完成后，在右侧的 Components（元器件）面板选择该集成元器件库即可，如图 5-20 所示。

步骤 3：创建原理图文件

执行“文件”→“新的”→“原理图”，为步骤 1 创建的 PCB 工程添加名为“流水灯电路”的原理图文件，如图 5-21 所示，并保存。

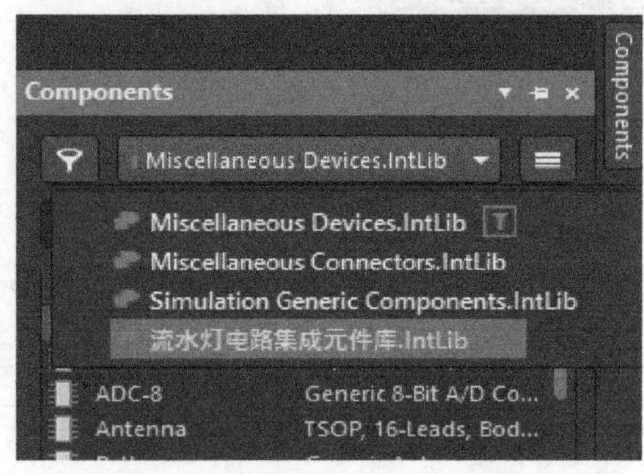

图 5-20　流水灯电路集成元器件库文件

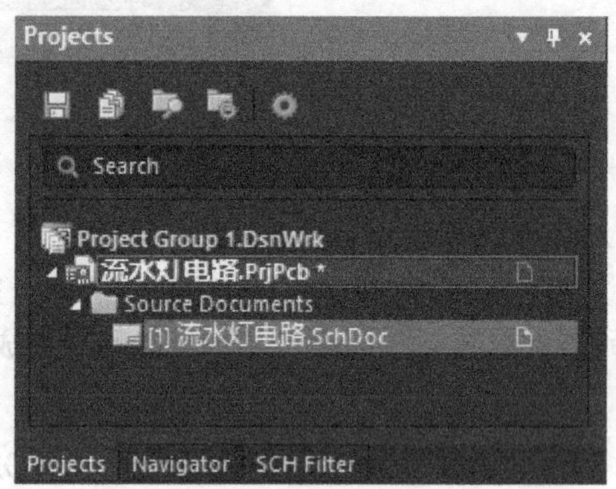

图 5-21　创建原理图文件

步骤 4：放置元器件并设置属性

在原理图编辑器右侧 Components（元器件）面板的“流水灯电路集成元器件库”中，选中要放置的元器件，如 Res2，右击选择“ Place Res2”，光标指针变成十字形并浮动一个要放置的元器件，状态如图 5-22 所示。按 <Tab> 键设置元器件的属性，并在原理图的适当位置放置该元器件。

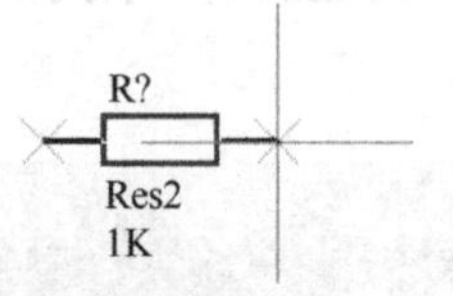

图 5-22　放置元器件状态

重复上述步骤的方法依次放置所有元器件，并设置所有元器件的属性，如图 5-23 所示。

步骤 5：绘制导线及放置网络标号

绘制导线，放置电源、接地端子和网络标号，如图 5-24 所示。

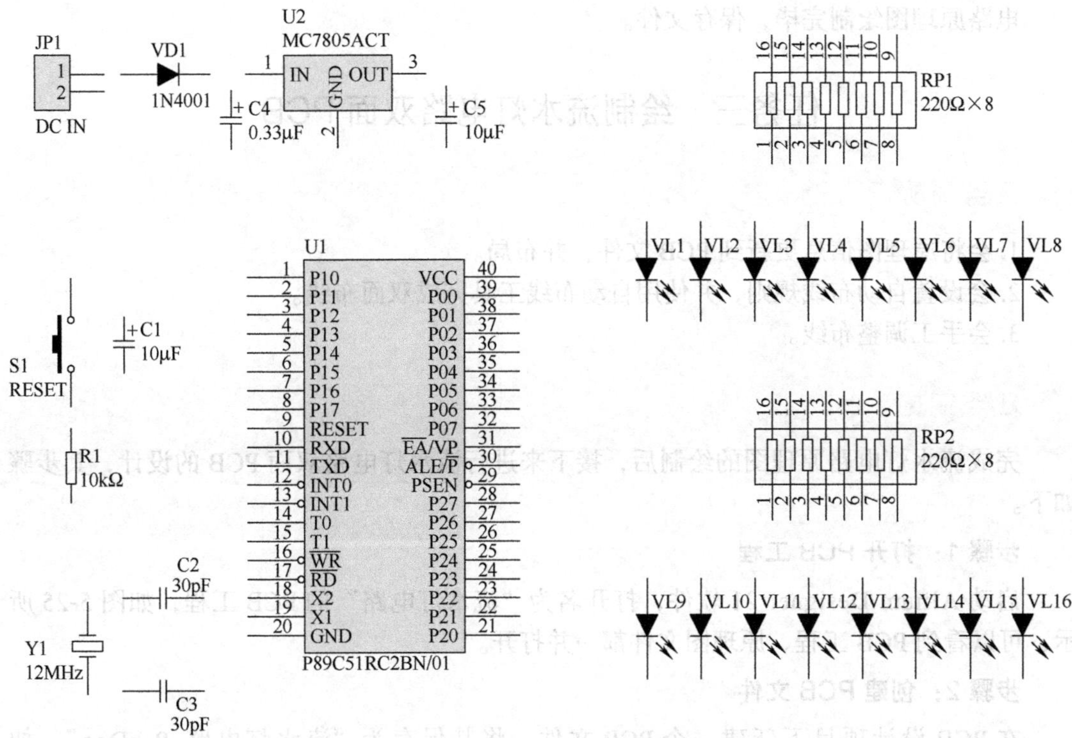

图 5-23　放置所有元器件并设置属性

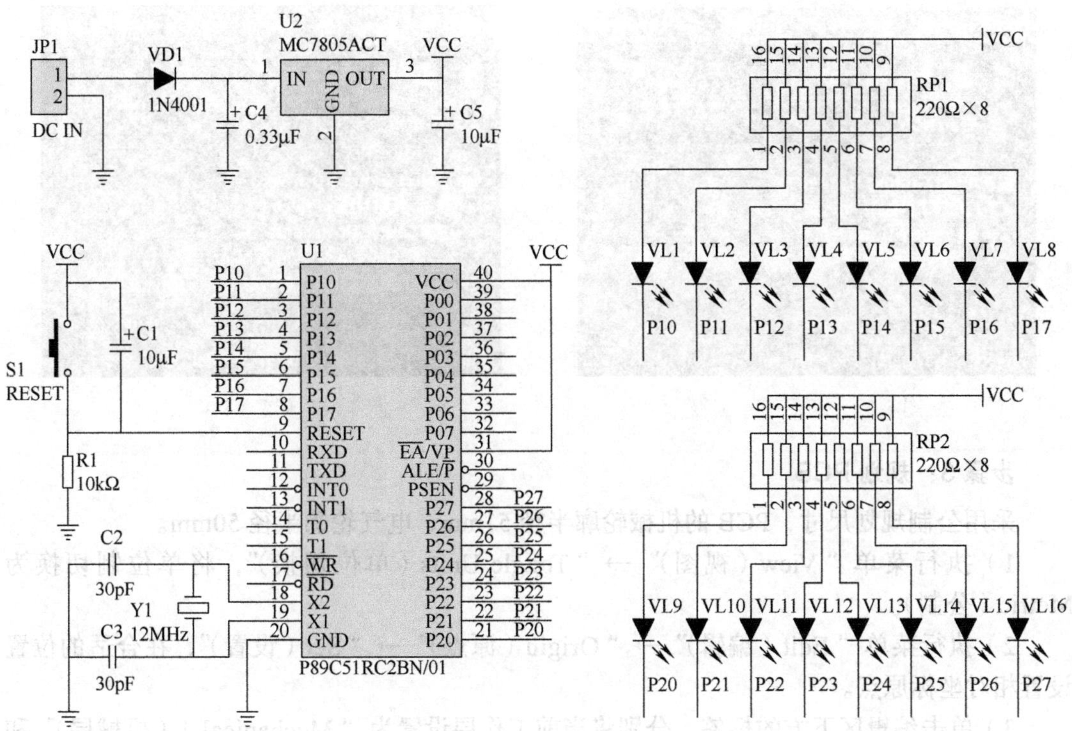

图 5-24　绘制导线及网络标号放置

电路原理图绘制完毕，保存文件。

任务三　绘制流水灯电路双面 PCB

任务目标

1. 会将原理图信息更新到 PCB 文件，并布局。
2. 会设置自动布线规则，并使用自动布线工具完成双面布线。
3. 会手工调整布线。

任务实施

完成流水灯电路原理图的绘制后，接下来进行流水灯电路双面 PCB 的设计，其步骤如下。

步骤 1：打开 PCB 工程

启动 Altium Designer 21 软件，打开名为“流水灯电路”的 PCB 工程，如图 5-25 所示，可以看到 PCB 工程、原理图文件都一并打开。

步骤 2：创建 PCB 文件

在 PCB 设计项目下新建一个 PCB 文件，将其保存为“流水灯电路 .PcbDoc”，如图 5-26 所示。

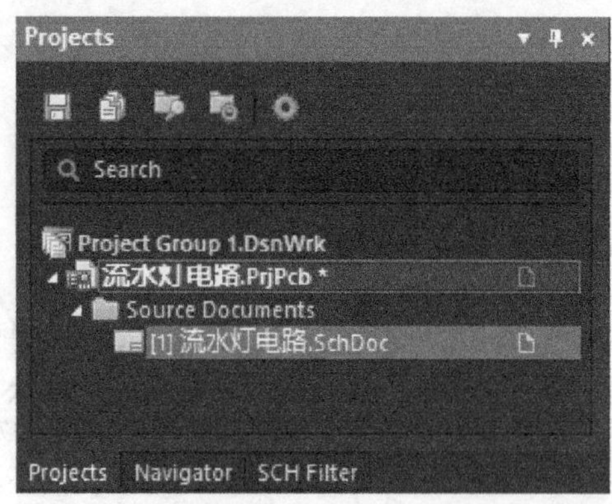

图 5-25　打开 PCB 工程

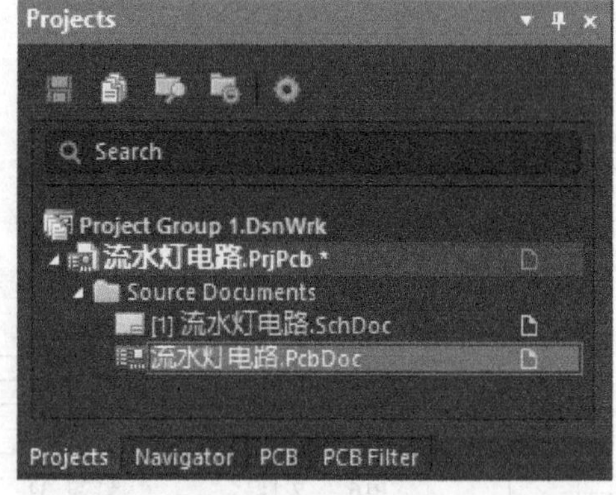

图 5-26　创建 PCB 文件

步骤 3：规划 PCB

采用公制规划尺寸，PCB 的机械轮廓半径 51mm，电气轮廓半径 50mm。

1）执行菜单“View（视图）”→“Toggle Units（单位切换）”，将单位制切换为 Metric（公制）。

2）执行菜单“Edit（编辑）”→“Origin（原点）”→“Set（设置）”，在合适的位置设置相对坐标原点。

3）单击编辑区下方的标签，分别将当前工作层设置为“Mechanical 1（机械层）”和“Keep-Out Layer（禁止布线层）”，执行菜单“Place（放置）”→“Arc（圆）”→“Full

Circle（圆环）”，通过放置圆分别定义 PCB 的机械轮廓半径为 51mm，电气轮廓半径为 50mm，如图 5-27 所示。

图 5-27　规划好的 PCB

步骤 4：元器件预布局

本电路中 16 个 LED 采用圆形排列，为提高布局效率，采用预布局的方式，通过阵列式粘贴，事先放置好 16 个 LED。

1）放置 LED。执行菜单“Place（放置）”→“Component（元器件）”，屏幕右侧弹出如图 5-28 所示的 Components（元器件）面板，在元器件列表中选择元器件“LED”并双击，在 PCB 编辑区沿水平方向任意放置一个名称为“VL1”的 LED，如图 5-29 所示。

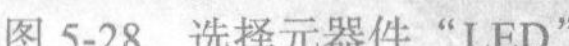

图 5-28　选择元器件“LED”

图 5-29　放置 LED

2）单击选中元器件 VL1，执行菜单“Edit（编辑）”→“Cut（剪切）”，移动光标到元器件 VL1 的两个焊盘中间，单击将其剪切。

3）LED 预布局。执行菜单“Edit（编辑）”→“Paste Special（特殊粘贴）”，屏

幕弹出“选择性粘贴”对话框，单击“粘贴阵列”按钮进行阵列式粘贴，屏幕弹出如图 5-30 所示的“设置粘贴阵列”对话框。

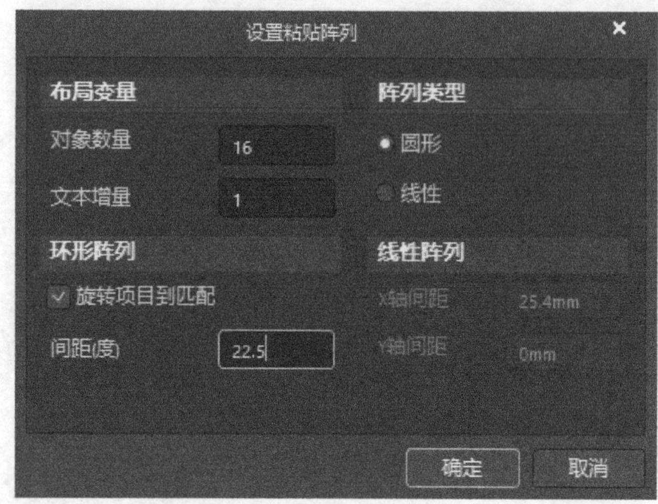

图 5-30 “设置粘贴阵列”对话框

本电路中在半径为 40mm 的圆上平均放置 16 个 LED，每个 LED 间旋转 22.5°，故在图 5-30 中设置如下：“对象数量”设置为 16（表示放置 16 个 LED），“文本增量”设置为 1（表示元器件标号依次增加 1），“阵列类型”选择“圆形”（表示元器件圆形排列），“间距（度）”设置为 22.5°（表示相邻元器件之间旋转 22.5°）。

参数设置完毕单击“确定”按钮，移动光标到图 5-27 中的坐标原点，单击确定圆心，沿水平轴往右继续移动光标确定圆的半径为 40mm，单击确认放置 16 个 LED，PCB 预布局如图 5-31 所示。

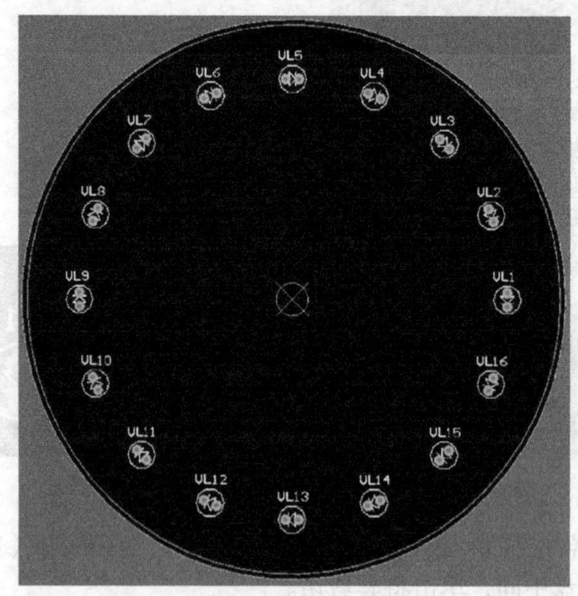

图 5-31 PCB 预布局

4）锁定预布局。为了防止已经排列好的 LED 在自动布局时重新布局，必须将这 16 个 LED 设置为锁定状态，这样在自动布局时，这些元器件的位置不会移动。双击 VL1，屏幕弹出“Component（元器件）”属性对话框，如图 5-32 所示，单击“Location（位置）”右侧的按钮，锁定元器件。

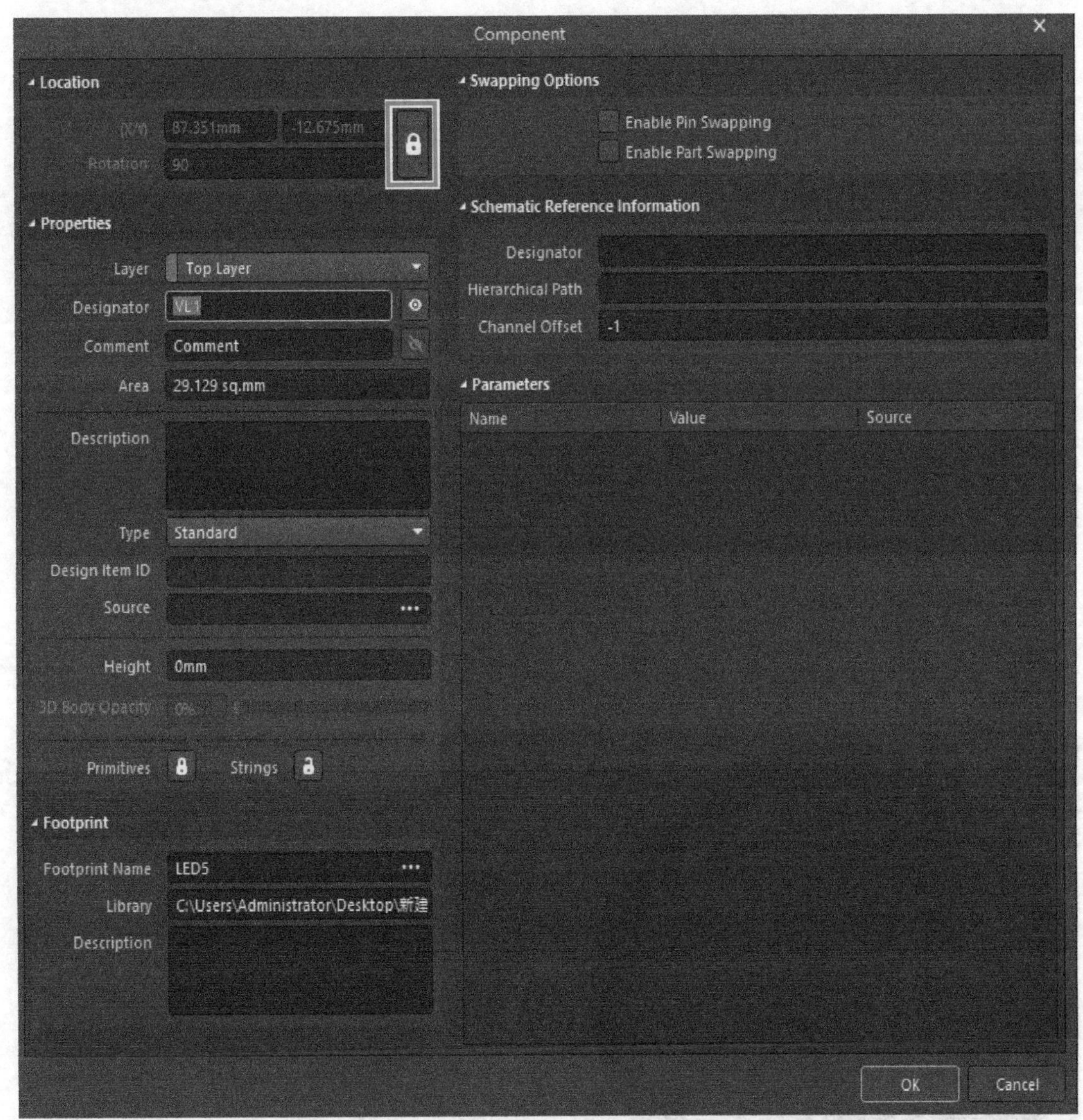

图 5-32　锁定元器件

依次将所有 LED 设定为锁定状态，最后保存为 PCB。

步骤 5：将原理图信息导入 PCB 文件

在原理图编辑器下，单击主菜单中的“设计”→“ Update PCB Document 流水灯电

路 .PcbDoc”，打开“工程变更指令”对话框，单击“验证变更”和“执行变更”，将原理图信息同步更新到 PCB 图中。如果执行过程中出现错误，则根据系统的提示更改错误，并重新执行此步骤，直到更新成功，如图 5-33 所示。关闭对话框，此时，原理图中的元器件封装及其连接关系就导入到 PCB 中了，PCB 工作区内容如图 5-34 所示。

工程变更指令

更改					状态		
启用	动作	受影响对象		受影响文档	检测	完成	消息
	Change Component Comments(16)						
✓	Modify	Comment -> LED [VL1]	In	流水灯电路.PcbDoc	✓	✓	
✓	Modify	Comment -> LED [VL2]	In	流水灯电路.PcbDoc	✓	✓	
✓	Modify	Comment -> LED [VL3]	In	流水灯电路.PcbDoc	✓	✓	
✓	Modify	Comment -> LED [VL4]	In	流水灯电路.PcbDoc	✓	✓	
✓	Modify	Comment -> LED [VL5]	In	流水灯电路.PcbDoc	✓	✓	
✓	Modify	Comment -> LED [VL6]	In	流水灯电路.PcbDoc	✓	✓	
✓	Modify	Comment -> LED [VL7]	In	流水灯电路.PcbDoc	✓	✓	
✓	Modify	Comment -> LED [VL8]	In	流水灯电路.PcbDoc	✓	✓	
✓	Modify	Comment -> LED [VL9]	In	流水灯电路.PcbDoc	✓	✓	
✓	Modify	Comment -> LED [VL10]	In	流水灯电路.PcbDoc	✓	✓	
✓	Modify	Comment -> LED [VL11]	In	流水灯电路.PcbDoc	✓	✓	
✓	Modify	Comment -> LED [VL12]	In	流水灯电路.PcbDoc	✓	✓	
✓	Modify	Comment -> LED [VL13]	In	流水灯电路.PcbDoc	✓	✓	
✓	Modify	Comment -> LED [VL14]	In	流水灯电路.PcbDoc	✓	✓	
✓	Modify	Comment -> LED [VL15]	In	流水灯电路.PcbDoc	✓	✓	
✓	Modify	Comment -> LED [VL16]	In	流水灯电路.PcbDoc	✓	✓	
	Add Components(14)						
✓	Add	C1	To	流水灯电路.PcbDoc	✓	✓	
✓	Add	C2	To	流水灯电路.PcbDoc	✓	✓	
✓	Add	C3	To	流水灯电路.PcbDoc	✓	✓	

验证变更　执行变更　报告变更 (R)...　仅显示错误　关闭

图 5-33 “工程变更指令”对话框

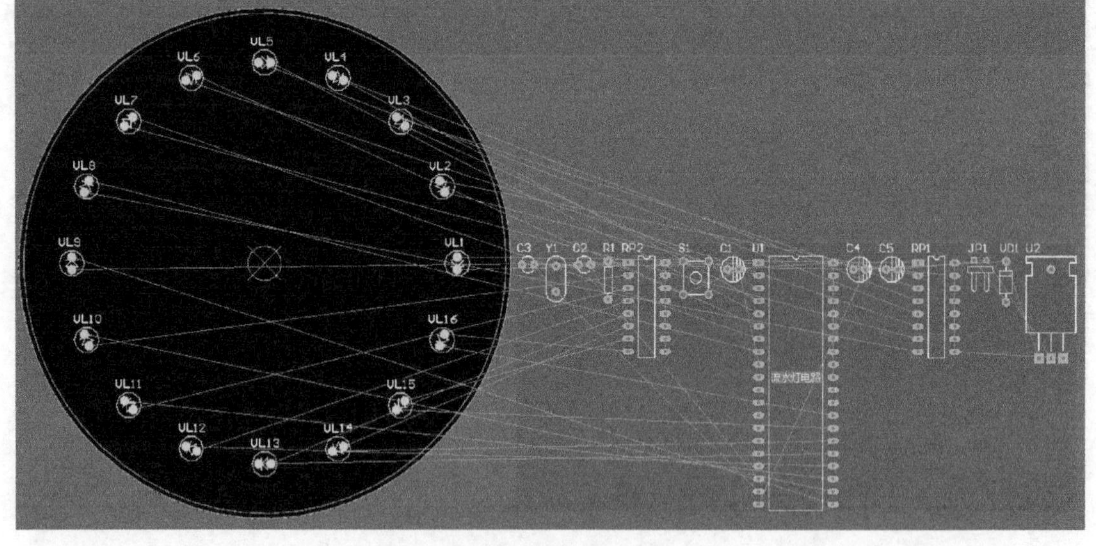

图 5-34 PCB 工作区内容

步骤 6：元器件布局

根据电路中元器件的连接关系，放置元器件，选择与其他元器件连线最短、交叉最少的方式进行合理的布局。本项目电路的元器件布局如图 5-35 所示。

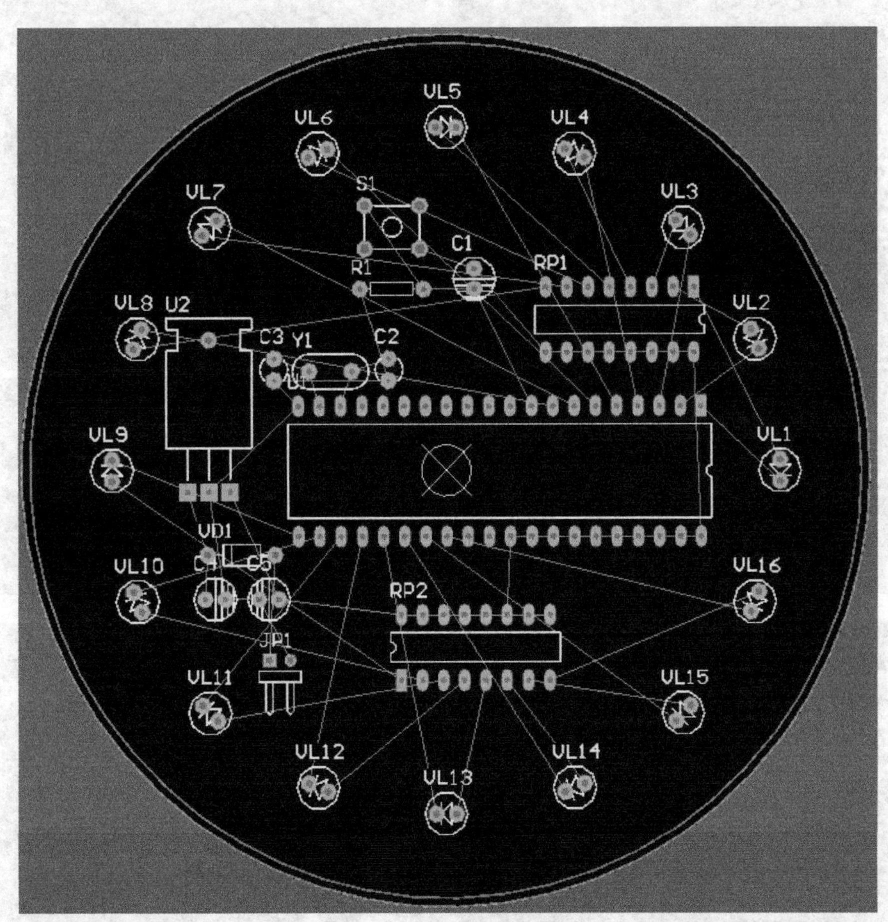

图 5-35　元器件布局

步骤 7：布线

双面 PCB 设计自动布线布线规则的设置

完成元器件布局之后，对其进行布线。

首先执行菜单命令“Design（设计）”→“Rules（规则）”，在弹出的对话框中设置线宽、布线层和拐角形状等参数，设置 PCB 布线规则如图 5-36 所示。

接着执行菜单命令“Route（布线）”→“Auto Route（自动布线）”→“All（全部）”，在弹出的“Situs 布线策略”对话框中单击右下角的“Route All”按钮对其进行布线，最后手动修改线路，设计完成的流水灯电路双面 PCB 图如图 5-37 所示。保存文件。

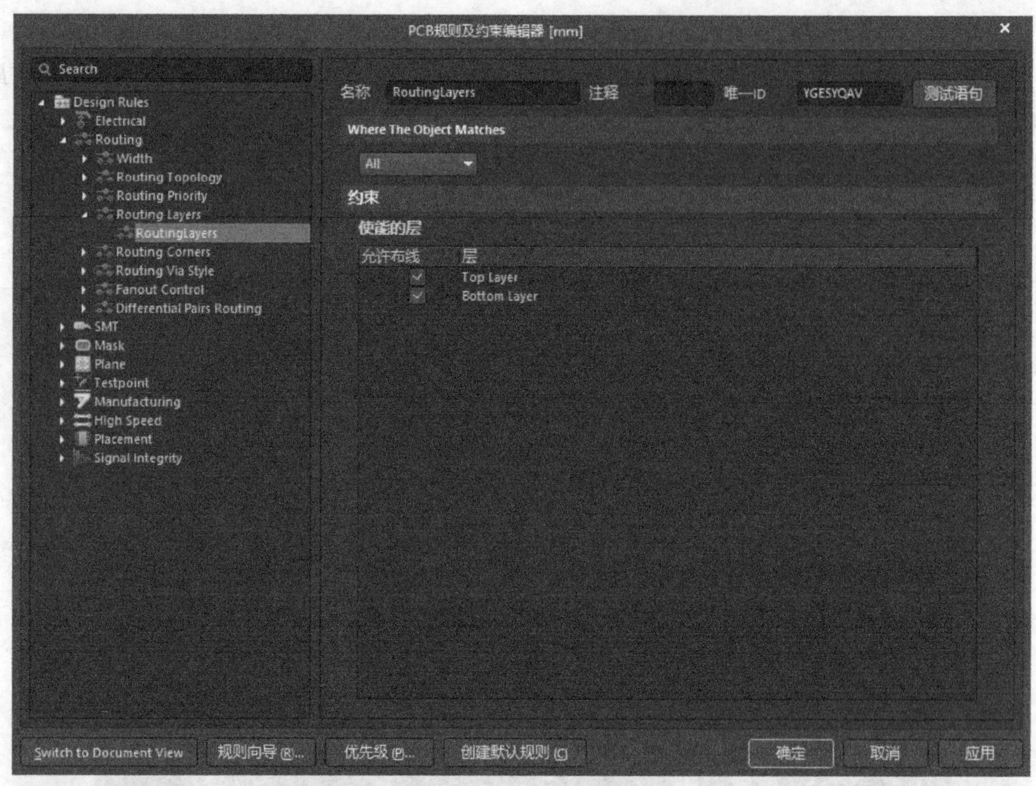

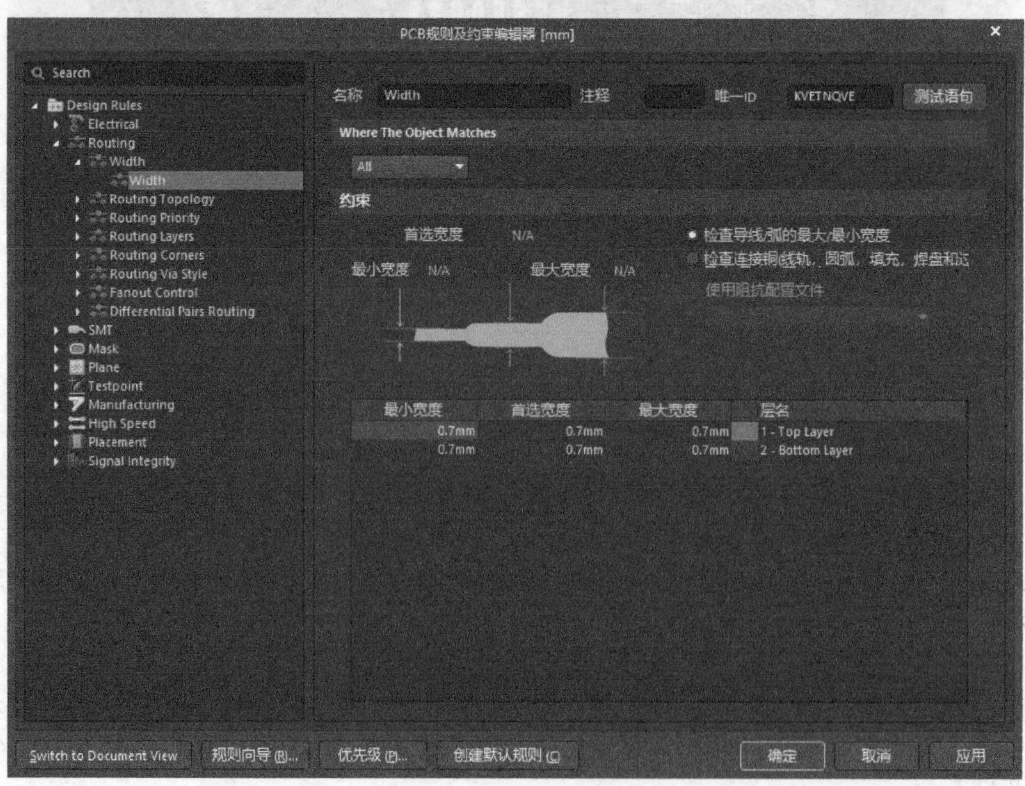

图 5-36　设置 PCB 布线规则

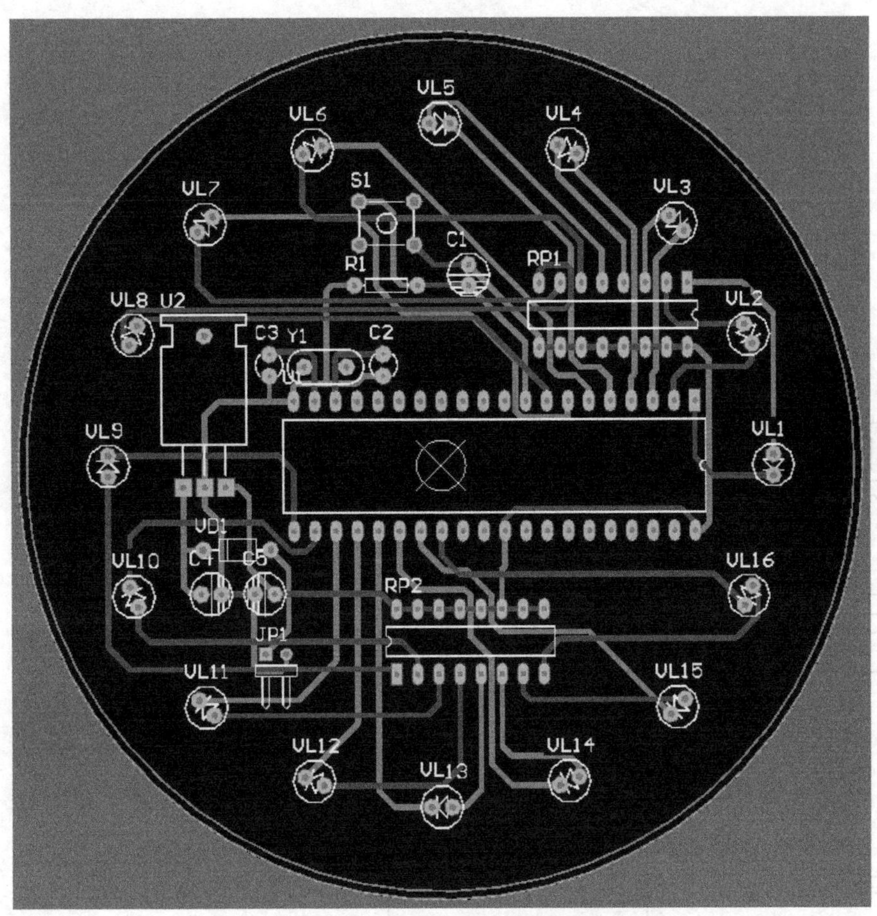

图 5-37　流水灯电路双面 PCB 图

项目验收与评价

1. 项目验收

根据 PCB 设计的相关规范进行项目验收，按照附录五所示的评分标准进行评分。

2. 项目评价

1）各小组学生代表汇报小组完成工作任务情况。

2）填写如附录六所示的小组学习活动评价表。

拓展训练

完成如图 5-38 所示单片机电路的双面板 PCB 设计。

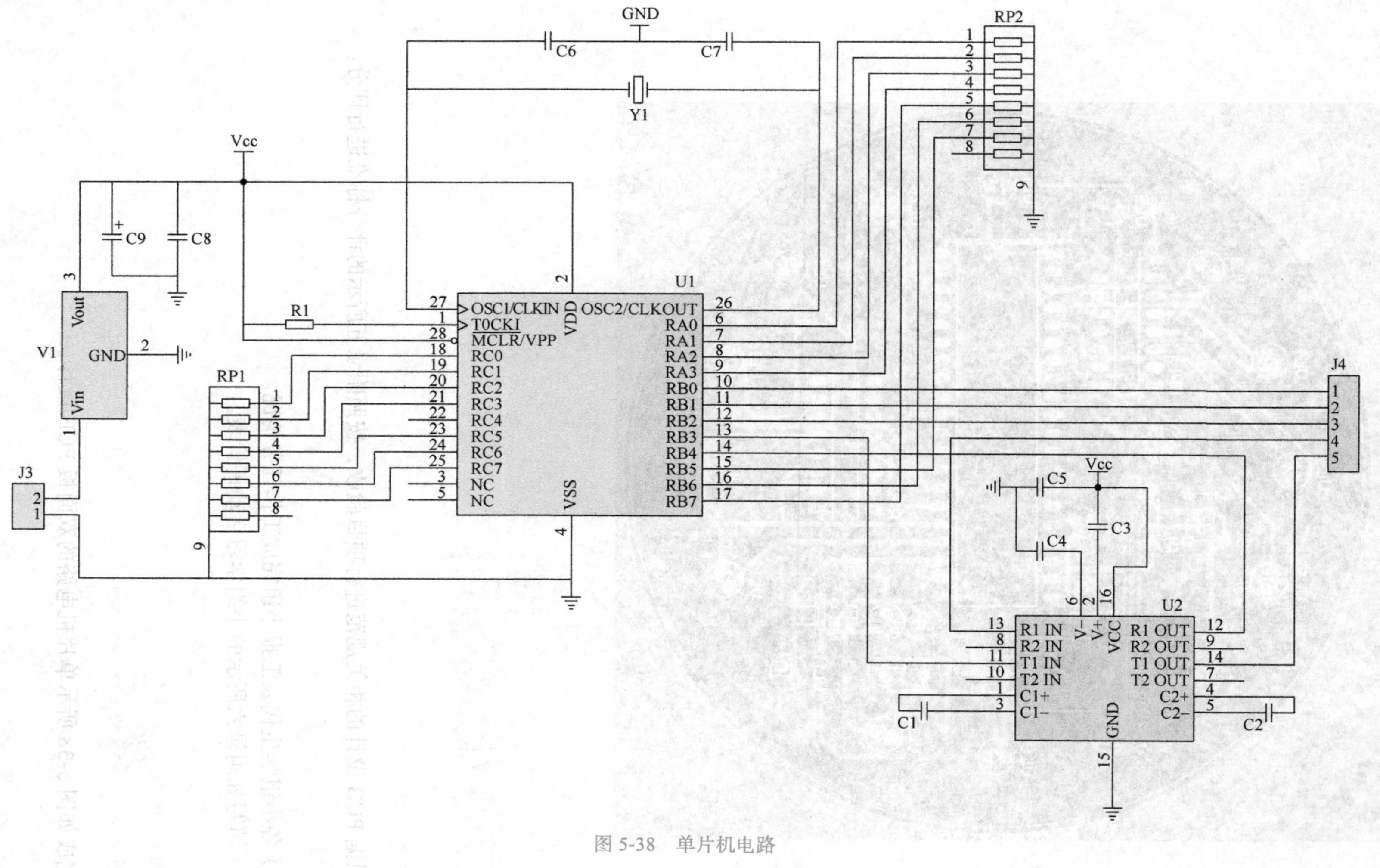
GND
C6
C7
Y1
RP2
Vcc
C9
C8
U1
OSC1/CLKIN
T0CKI
MCLR/VPP
RC0
RC1
RC2
RC3
RC4
RC5
RC6
RC7
NC
NC
VDD
VSS
OSC2/CLKOUT
RA0
RA1
RA2
RA3
RB0
RB1
RB2
RB3
RB4
RB5
RB6
RB7
R1
RP1
V1
Vout
GND
Vin
J3
J4
Vcc
C5
C3
C4
U2
R1 IN
R2 IN
T1 IN
T2 IN
C1+
C1−
V−
V+
VCC
GND
R1 OUT
R2 OUT
T1 OUT
T2 OUT
C2+
C2−
C1
C2
图 5-38 单片机电路

各元器件封装分别如下：

1）C9：外圆半径 6.5mm，封装名称“RB5/13”，如图 5-39 所示。

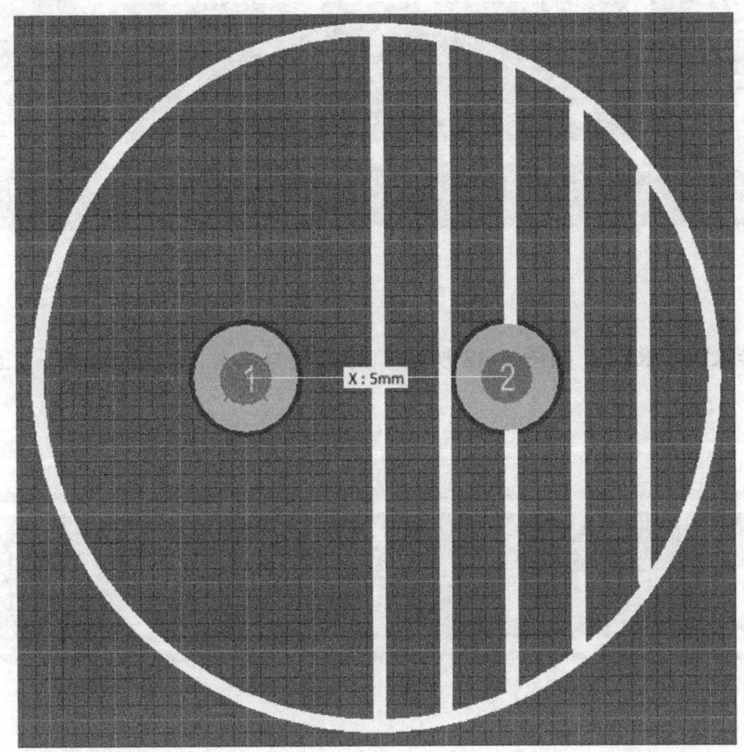

图 5-39　电解电容 C9 封装

2）C1 ～ C8：如图 5-40 所示，封装名称“RAD0.1”。

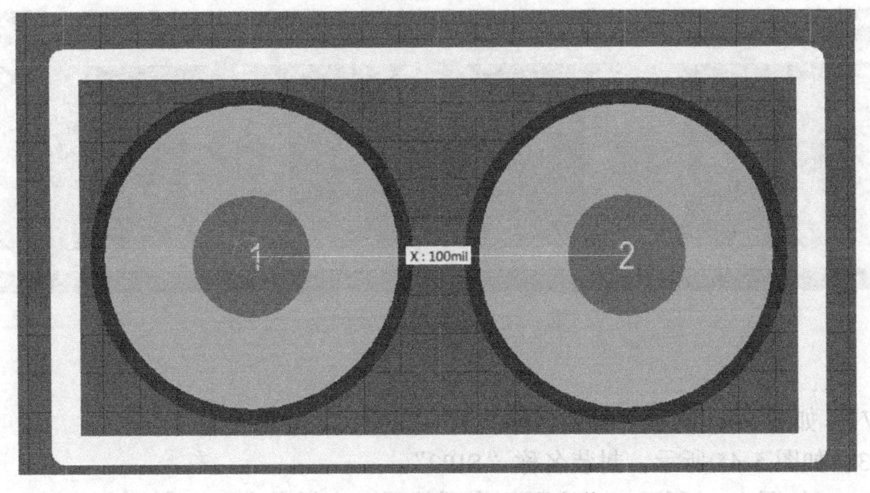

图 5-40　无极电容 C1 ～ C8 封装

3）电阻：如图 5-41 所示，封装名称“AXIAL0.3”。

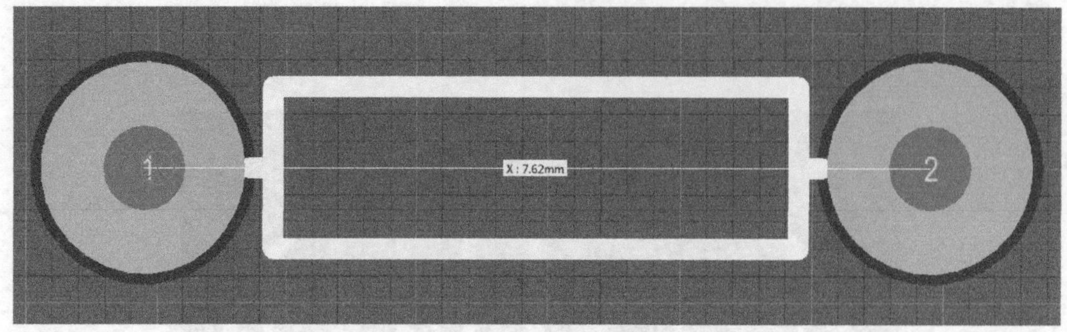

图 5-41　电阻封装

4）电阻排 RP1、RP2：如图 5-42 所示。焊盘尺寸：X，1.3mm；Y，2.5mm。封装名称“SIP9”。

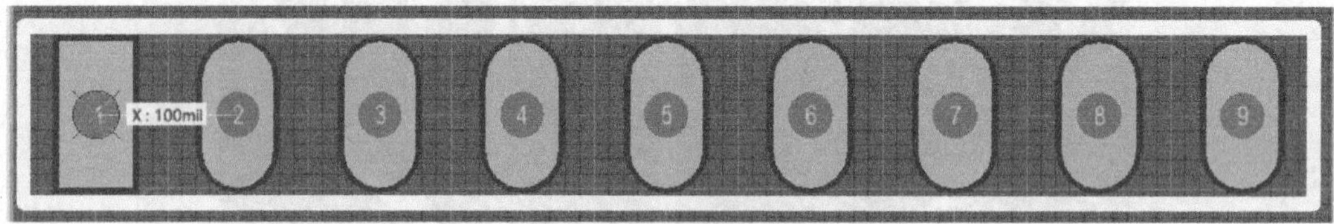

图 5-42　电阻排 RP1、RP2 的封装

5）J4：如图 5-43 所示。焊盘尺寸：X，1.3mm；Y，2.5mm。封装名称“SIP5”。

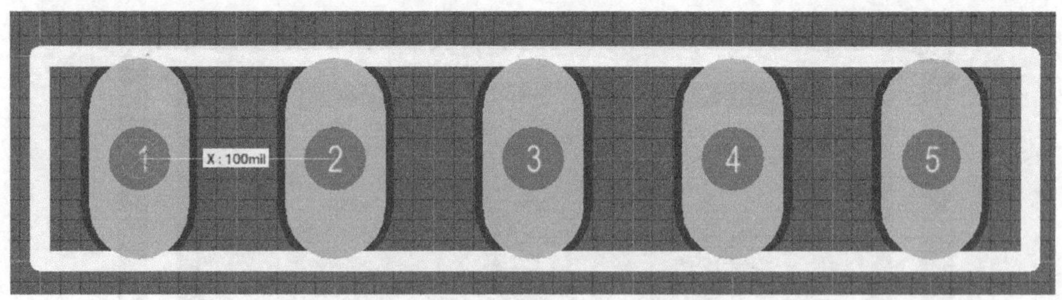

图 5-43　接线端子 J4 封装

6）V1：如图 5-44 所示，封装名称“TO–220”。

7）J3：如图 5-45 所示，封装名称“SIP2”。

8）Y1 ：如图 5-46 所示，左右两侧半圆的圆心为焊盘中心、半径为 2.032mm，封装名称“XTAL”。

9）U1：如图 5-47 所示。焊盘尺寸：X，2.5mm；Y，1.3mm。封装名称“DIP28”。

10）U2：如图 5-48 所示。焊盘尺寸：X，2.5mm；Y，1.3mm。封装名称“DIP16”。

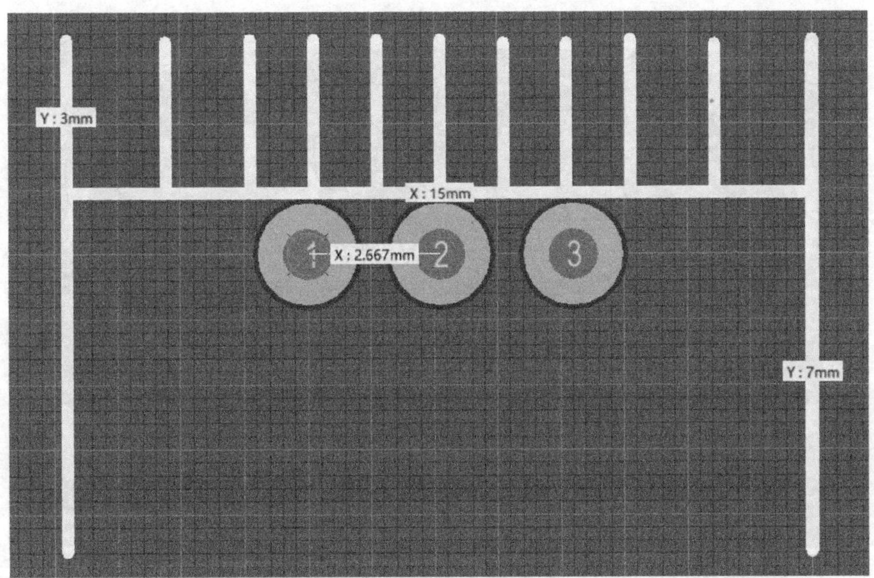

图 5-44　三端稳压器 V1 封装

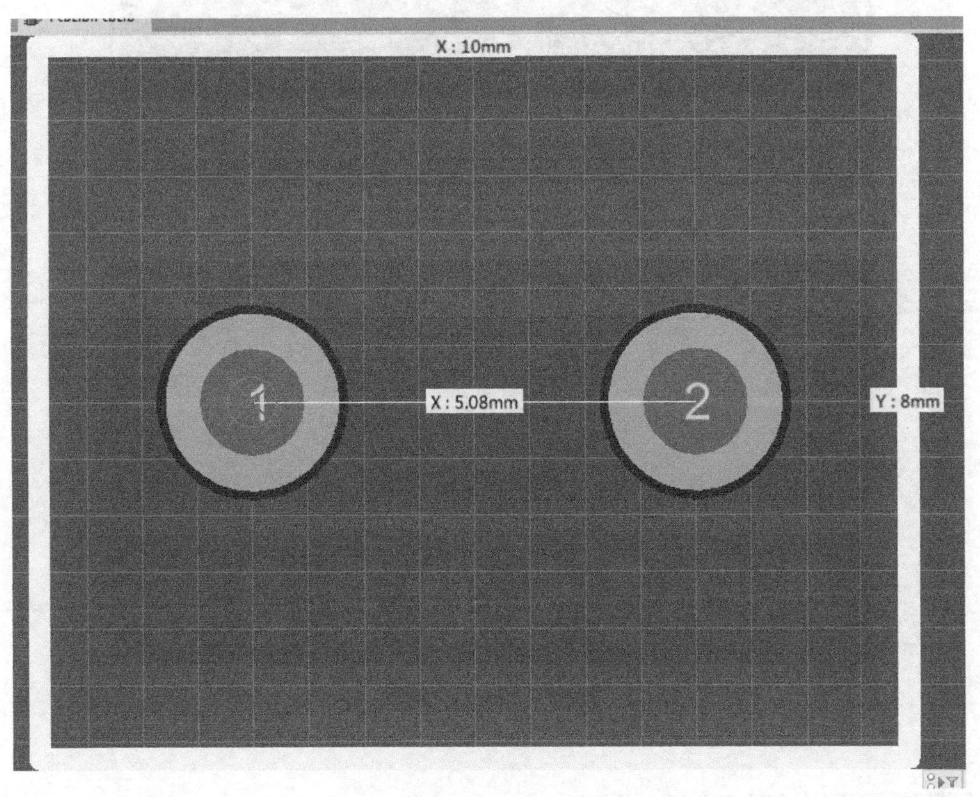

图 5-45　接线端子 J3 封装

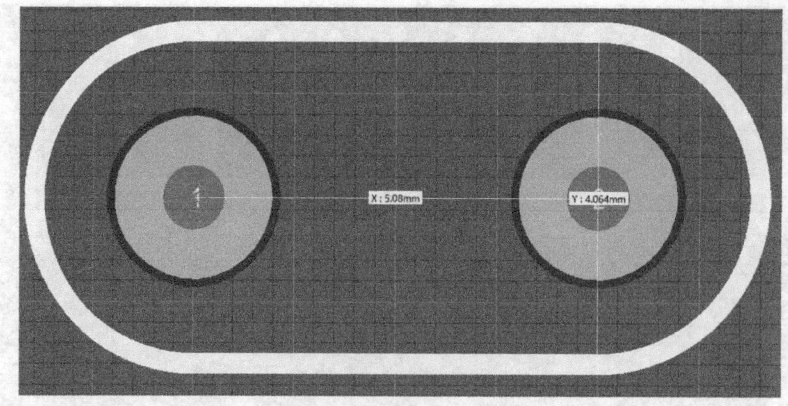

图 5-46　晶振 Y1 封装

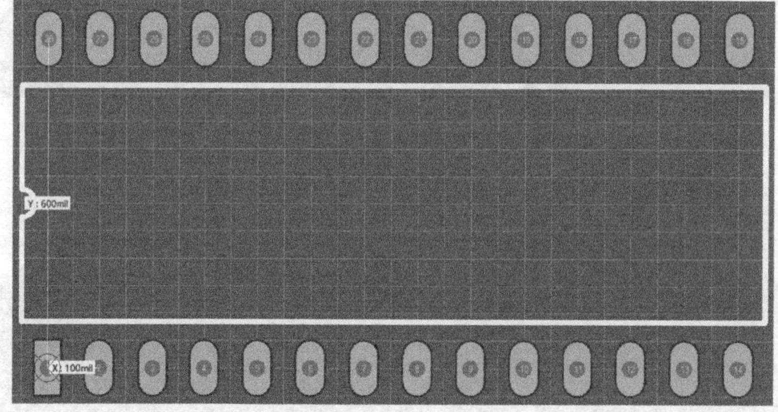

图 5-47　芯片 U1 封装

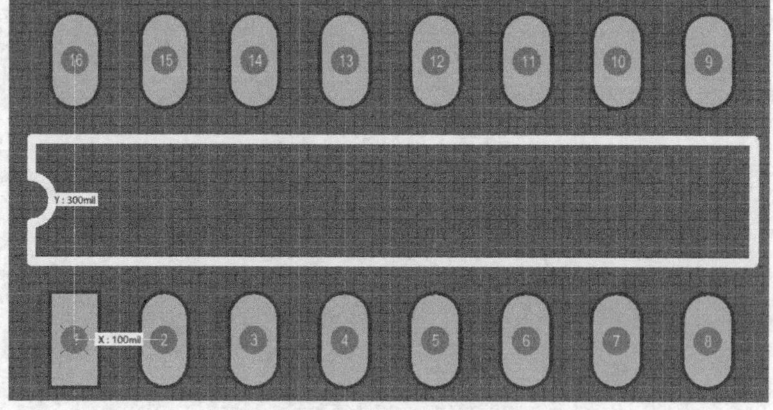

图 5-48　芯片 U2 封装

拓展活动

请读者查阅“80 后”科学家姚蕊有哪些事迹，可以从中学到什么？

项目六

含 SMT 元器件的防盗报警器遥控电路的设计

项目目标

知识目标

1. 理解常用贴片元器件封装的含义。
2. 理解过孔的分类及电磁特性；了解 Mark 点相关知识。

能力目标

1. 掌握常用贴片元器件封装的方法。
2. 掌握异形 PCB 规划的方法。
3. 掌握贴片元器件 PCB 设计的方法。
4. 能正确绘制并使用过孔。

项目描述

本项目要求完成如图 6-1 所示含 SMT（表面安装技术）元器件的防盗报警器遥控电路 PCB 的电路设计，分析如下：

1）电路板体积小巧，电路中的元器件绝大部分采用 SMT 元器件，以节省电路板面积。

2）电路板面积小、元器件多、元器件密度很高，因此需要采用多层板。

3）由于上述原因，不能采用默认的图纸参数，为进一步微调元器件位置，必须调整 PCB 的图纸选项。

4）了解内电层，并指定各内电层的网络属性。

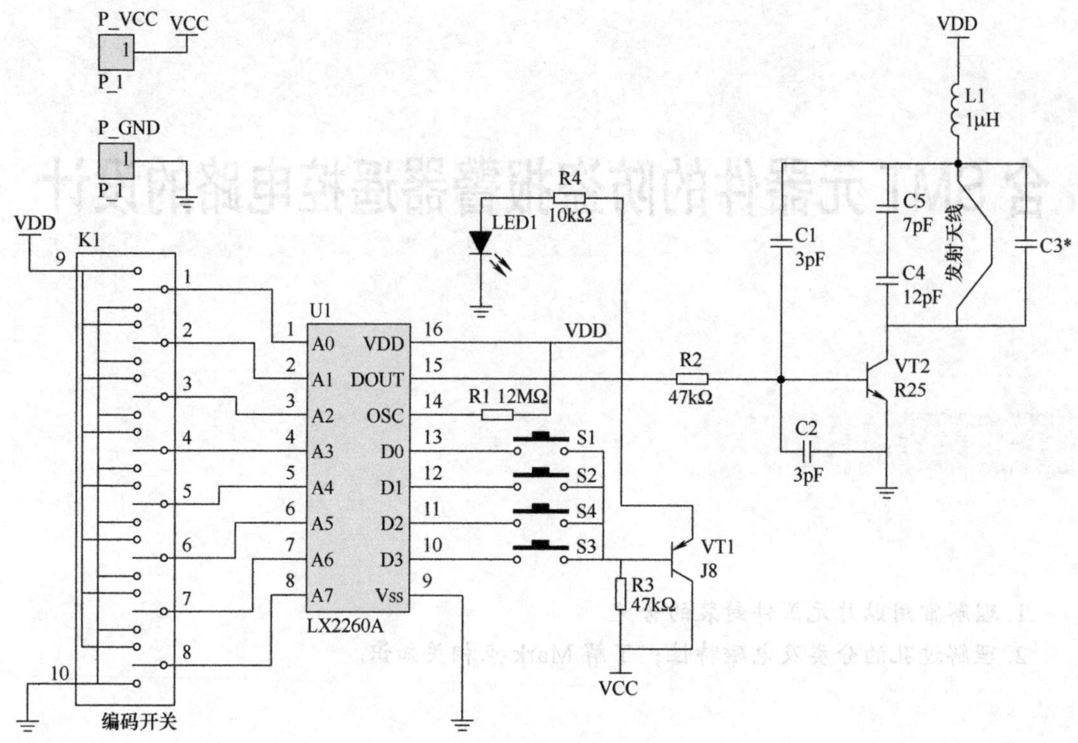

图 6-1　含 SMT 元器件的防盗报警器遥控电路原理图

项目计划

1. 准备工作。查看“附录一 Altium Designer 21 软件中常用原理图库元器件”，了解常用元器件的名称、图形符号和库中名称等信息。

2. 在教师指导下，根据具体情况将学生分为若干小组，由组长填写如附录三所示的角色分配表。

3. 熟悉含 SMT 元器件的防盗报警器遥控电路设计的工作过程，并填写电路设计任务单，见表 6-1。

表 6-1　电路设计任务单

项目名称			
工作人员			
工作开始时间		工作完成时间	
设计内容	1. 建立基于含 SMT 元器件的防盗报警器遥控电路的集成元器件库 2. 基于含 SMT 元器件的防盗报警器遥控电路集成元器件库绘制电路原理图 3. 基于含 SMT 元器件的防盗报警器遥控电路集成元器件库设计电路 PCB		
设计要求	按相关规范绘制 PCB		

4. 根据电路原理图、电路功能，选择合适的电路元器件及其绘制方式和封装方式，并将对应信息填入如附录四所示电路元器件清单。

项目实施

任务一　绘制含 SMT 元器件的防盗报警器遥控电路原理图

任务目标

1. 会根据项目计划阶段所列元器件清单，采用不同的方法绘制电路原理图符号。
2. 会规范绘制原理图元器件符号。
3. 会根据所选元器件参数型号，查询并记录元器件封装尺寸信息。
4. 会规范绘制元器件封装。
5. 熟悉集成元器件库的制作过程。
6. 会加载集成元器件库，并绘制电路原理图。

任务实施

绘制含 SMT 元器件的防盗报警器遥控电路原理图的基本步骤如下。

步骤 1：创建“含 SMT 元器件的防盗报警器遥控电路”集成元器件库

根据项目计划阶段所列元器件清单，根据项目五任务一的内容，采用不同方法绘制该项目电路原理图符号和电路元器件封装，并创建“含 SMT 元器件的防盗报警器遥控电路”集成元器件库。

步骤 2：创建 PCB 工程

启动 Altium Designer 21 软件，创建名为“含 SMT 元器件的防盗报警器遥控电路”的 PCB 工程，如图 6-2 所示，并保存。

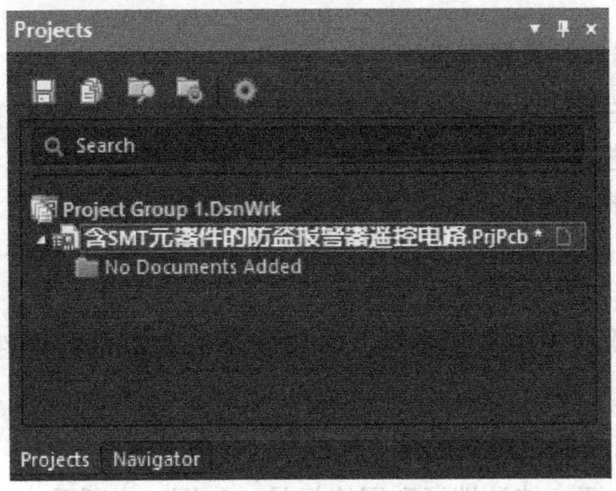

图 6-2　创建 PCB 工程

步骤 3：加载含 SMT 元器件的防盗报警器遥控电路集成元器件库文件

根据项目五任务一中“加载集成元器件库”的操作步骤加载含 SMT 元器件的防盗报警器遥控电路集成元器件库文件，加载完成后，在右侧的 Components（元器件）面板选择该集成元器件库即可，如图 6-3 所示。

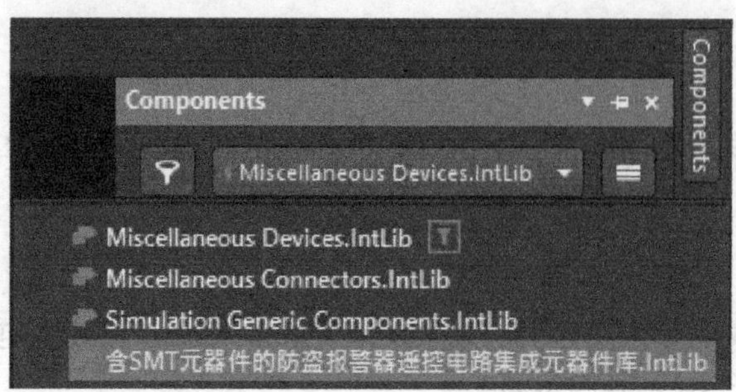

图 6-3　加载集成元器件库文件

步骤 4：创建原理图文件

执行“文件”→“新的”→“原理图”，为步骤 1 创建的 PCB 工程添加名为“含 SMT 元器件的防盗报警器遥控电路”的原理图文件，如图 6-4 所示，并保存。

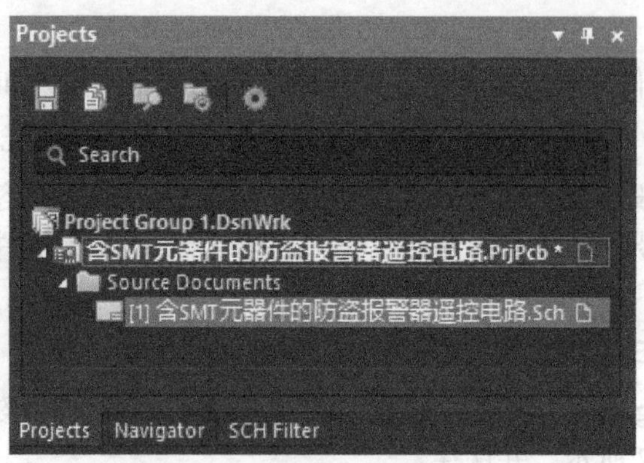

图 6-4　创建原理图文件

步骤 5：放置元器件并设置属性

在原理图编辑器右侧 Components（元器件）面板的“含 SMT 元器件的防盗报警器遥控电路集成元器件库”中，选中要放置的元器件，如 Res2，右击选择“Place Res2”，光标指针变成十字形并浮动一个要放置的元器件，状态如图 6-5 所示。按 <Tab> 键设置元器件的属性，并在原理图的适当位置放置该元器件。

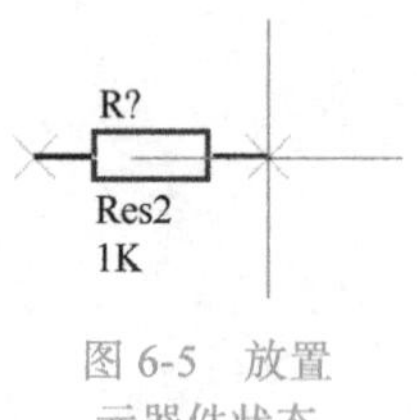

图 6-5　放置元器件状态

重复上述步骤依次放置所有元器件，并设置所有元器件的属性，如图 6-6 所示。

步骤 6：绘制导线及放置网络标号

绘制导线，放置电源、接地端子和网络标号，如图 6-7 所示。

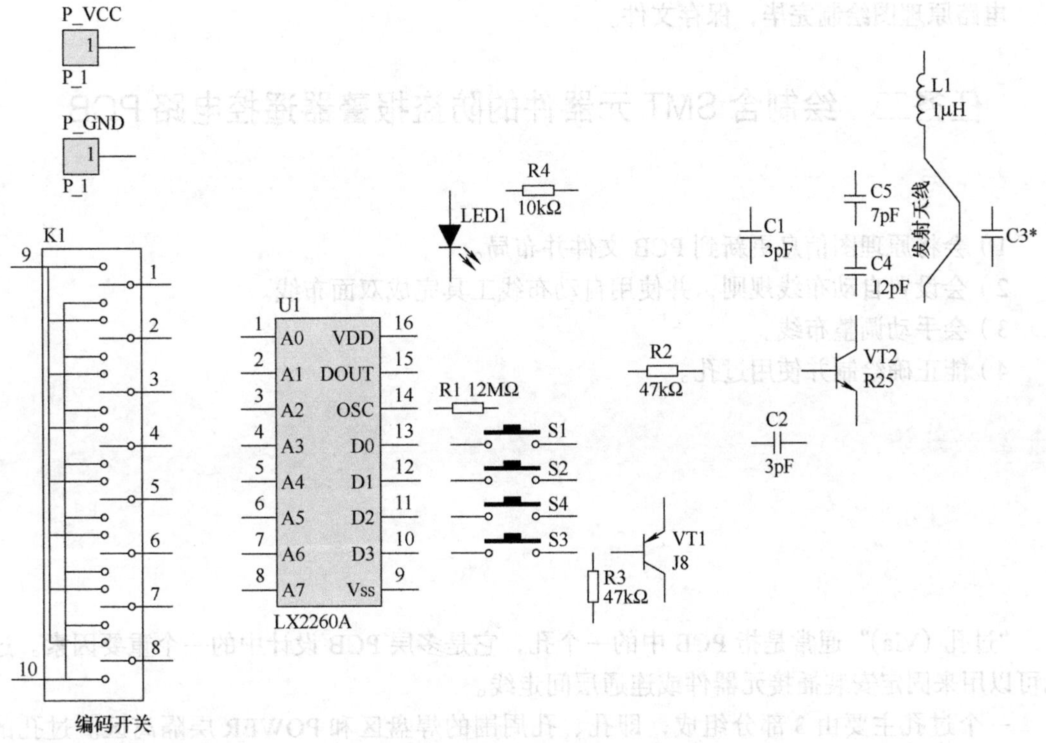

图 6-6　放置所有元器件并设置属性

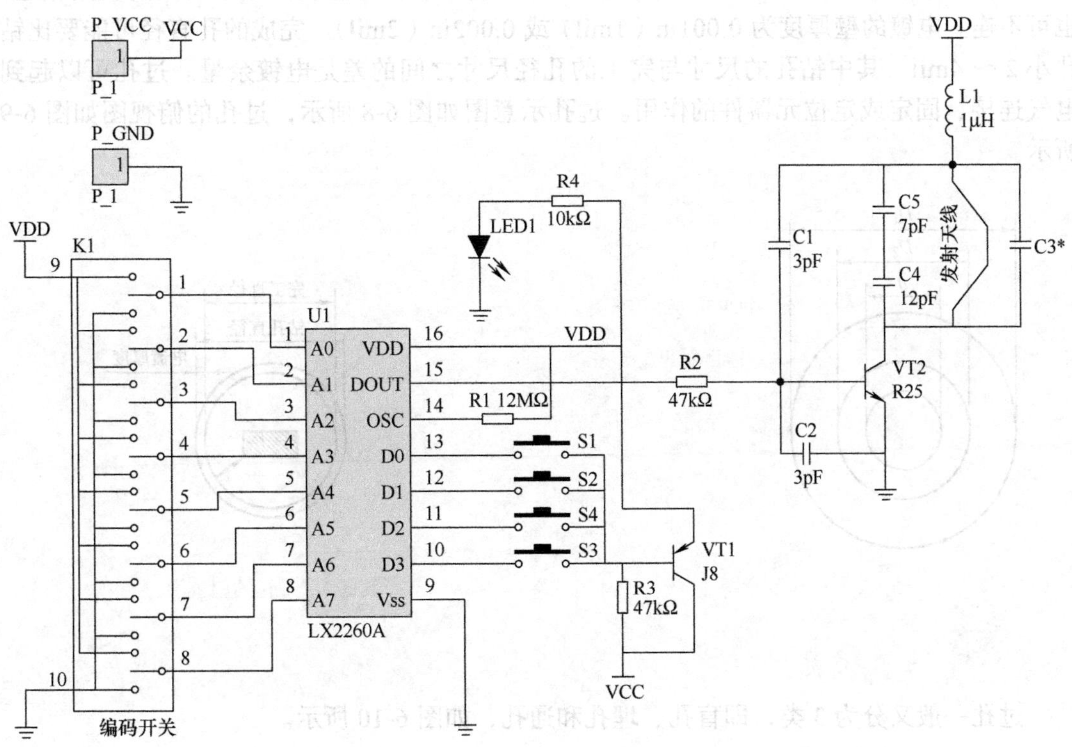

图 6-7　绘制导线及放置网络标号

电路原理图绘制完毕，保存文件。

任务二　绘制含 SMT 元器件的防盗报警器遥控电路 PCB

任务目标

1）会将原理图信息更新到 PCB 文件并布局。
2）会设置自动布线规则，并使用自动布线工具完成双面布线。
3）会手动调整布线。
4）能正确绘制并使用过孔。

相关知识

一、过孔

（一）过孔简述

“过孔（Via）”通常是指 PCB 中的一个孔，它是多层 PCB 设计中的一个重要因素。过孔可以用来固定安装插接元器件或连通层间走线。

一个过孔主要由 3 部分组成，即孔、孔周围的焊盘区和 POWER 层隔离区。过孔的工艺过程是在过孔的孔壁圆柱面上用化学沉积的方法镀上一层金属，用以连通中间各层需要连通的铜箔，而过孔的上下两面做成普通的焊盘形状，可直接与上下两面的线路相通，也可不连。电镀的壁厚度为 0.001in（1mil）或 0.002in（2mil）。完成的孔直径可能要比钻孔小 2 ～ 4mil。其中钻孔的尺寸与完工的孔径尺寸之间的差是电镀余量。过孔可以起到电气连接、固定或定位元器件的作用。过孔示意图如图 6-8 所示，过孔的俯视图如图 6-9 所示。

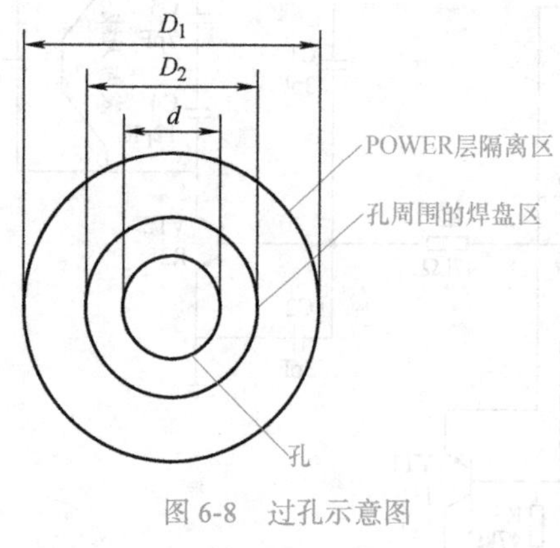

图 6-8　过孔示意图

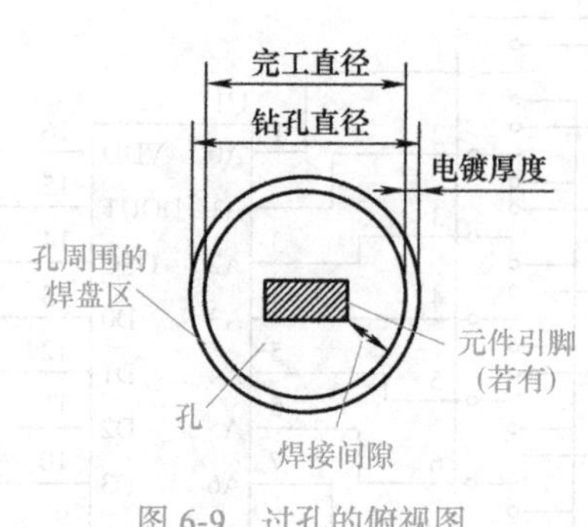

图 6-9　过孔的俯视图

（二）过孔的分类

过孔一般又分为 3 类，即盲孔、埋孔和通孔，如图 6-10 所示。

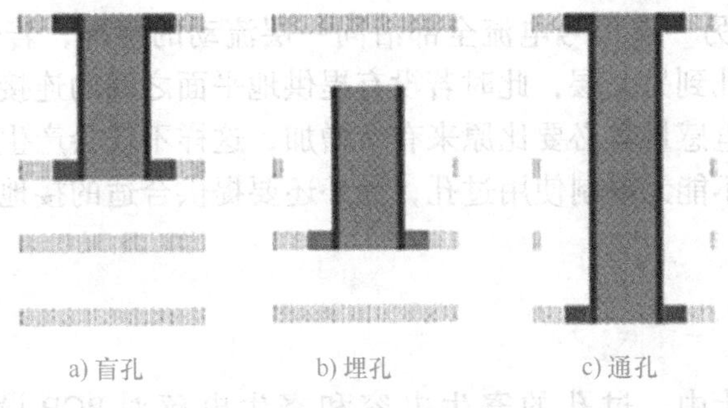

图 6-10　过孔的分类

1）盲孔是指位于 PCB 的顶层和底层表面，具有一定深度，用于表层线路和下面的内层线路的连接，孔的深度与孔径通常不超过一定的比率。

2）埋孔是指位于 PCB 内层的连接孔，它不会延伸到 PCB 的表面。

3）通孔穿过整个 PCB，可用于实现层间走线互连或作为元器件的安装定位孔。由于通孔在工艺上更易于实现，成本较低，所以一般 PCB 均使用通孔，而不用另外两种过孔。

（三）过孔的电磁分析

1. 过孔的寄生电容

过孔本身存在着对地的寄生电容，若过孔在铺地层上的隔离孔直径为 D_2，过孔焊盘的直径为 D_1，PCB 的厚度为 T，板基材介电常数为 ε，则过孔的寄生电容大小近似于

$$C = 1.41\frac{\varepsilon T D_1}{D_2 - D_1}$$

过孔的寄生电容给电路造成的主要影响是延长了信号的上升时间，降低了电路的速度，电容值越小则影响越小。

2. 过孔的寄生电感

过孔本身就存在寄生电感，在高速数字电路的设计中，过孔的寄生电感带来的危害往往大于寄生电容的影响。过孔的寄生串联电感会削弱旁路电容的作用，减弱整个电源系统的滤波效用。若 L 指过孔的电感，h 是过孔的长度，d 是中心钻孔的直径，过孔的寄生电感近似于

$$L = 5.08h\left[\ln\left(\frac{4h}{d}\right)+1\right]$$

从上式中可以看出，过孔的直径对电感的影响较小，而对电感影响最大的是过孔的长度。

3. 返回电流与过孔的关系

返回电流流向的基本原则是高速返回信号电流沿着最小的电感路径前进。对于 PCB 中不止一个地平面的情况，返回信号电流在最靠近信号线的地平面上，直接沿着信号线下面的一条路径行进。对于不同的两个电流环路，如果电感相等，则两条路径产生的总磁通量和电磁辐射也相等。

相对于从一点到另一点信号电流全部沿同一层流动的情况，若使信号在两点之间的某个地方经过一个过孔到另一层，此时若没有提供地平面之间的连接，返回电流将无法跳跃，此时路径包括的电感量势必要比原来有所增加，这样不仅会产生更多的辐射，还将产生更多的串扰，所以不能无限制使用过孔，另外还要提供合适的接地过孔。

（四）过孔的设计原则

1. 普通 PCB 中的过孔选择

在普通 PCB 设计中，过孔的寄生电容和寄生电感对 PCB 设计的影响较小。对 1 ～ 4 层 PCB 设计，一般选用 0.36mm/0.61mm/1.02mm（钻孔 / 焊盘 /POWER 隔离区）的过孔较好，一些特殊要求的信号线（如电源线、地线和时钟线等）可选用 0.41mm/0.81mm/1.32mm 的过孔，也可根据实际选用其余尺寸的过孔。

2. 高速 PCB 中的过孔设计

1）选择合理的过孔尺寸。对于多层一般密度的 PCB 设计来说，选用 0.25mm/0.51mm/0.91mm（钻孔 / 焊盘 /POWER 隔离区）的过孔较好；对于一些高密度的 PCB 可以使用 0.20mm/0.46mm/0.86mm 的过孔，也可以尝试非穿导孔；对于电源或地线的过孔则可以考虑使用较大尺寸以减小阻抗。

2）POWER 隔离区越大越好，考虑 PCB 上的过孔密度，一般有 $D_1 = D_2 + 0.41\text{mm}$。

3. 过孔设计的其他注意事项

1）过孔越小，其自身的寄生电容也越小，更适用于高速电路。

2）PCB 上的信号走线尽量不换层，也就是说尽量减少过孔。

3）使用较薄的 PCB 有利于减小过孔的两种寄生参数。

4）电源和地的引脚要就近做过孔，过孔和引脚之间的引线越短越好，因为它们会导致电感增加。同时电源和地的引线要尽可能粗以减少阻抗。

5）在信号换层的过孔附近放置一些接地过孔，以便为信号提供短距离回路。

6）确保各处都有许多接地过孔，以便为返回电流提供最近的回路，如图 6-11 所示。

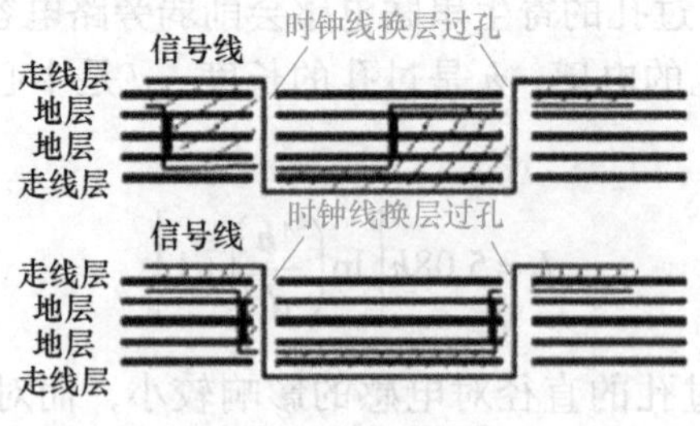

图 6-11　接地过孔

由图 6-11 中可以看出，如果能在过孔附近就近提供接地过孔，则整个回路所包围的面积明显要比在远处提供接地过孔的回路面积小，从而可以有效减小板子的辐射。

（五）过孔的绘制

过孔主要用来连接不同板层之间的布线。一般情况下，在布线过程中，换层时系统会自动放置过孔，用户也可以自己放置。

1）过孔的放置有以下 3 种方法。

方法 1：执行菜单命令“Place（放置）”→“Via（过孔）”。

方法 2：单击工具栏中的按钮。

方法 3：使用快捷键 <P+V>。

2）放置过孔。启动命令后，光标变成十字形并带有一个过孔图形。移动光标到合适位置，单击即可在图纸上放置过孔。此时系统仍处于放置过孔状态，可以继续放置。放置完成后，右击退出。

3）过孔属性设置。在过孔放置状态下按 <Tab> 键，或双击放置好的过孔，打开 Via（过孔）属性设置对话框，如图 6-12 所示。

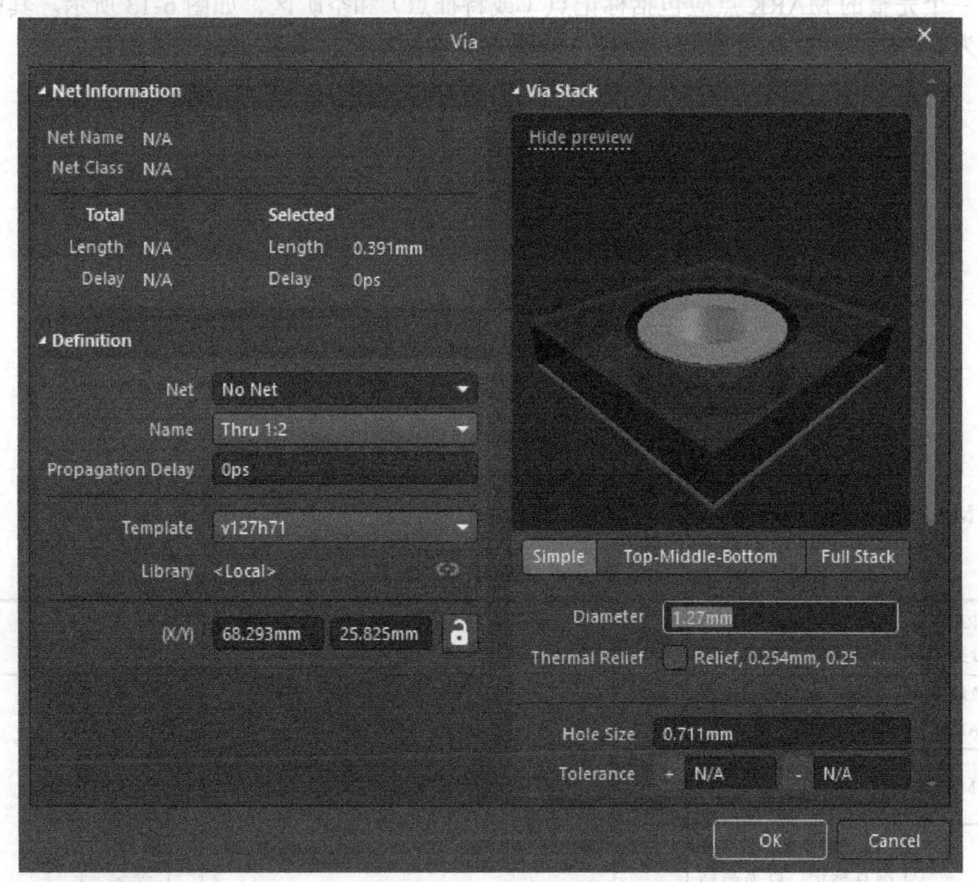

图 6-12　Via（过孔）属性设置对话框

过孔的属性设置与焊盘基本相同，在此不再详述。

4）如果在进行手动布线的过程中放置过孔，可以按下面的方法操作。

例如，在“Bottom Layer”绘制一条水平线，在水平线终点位置（需要换层的位置）

按小键盘的 <*> 键，此时仍处于画线状态，而当前工作层变为“Top Layer”，单击则在水平线终点位置出现一个过孔，继续画线操作，此时是在“Top Layer”画线，直到完成这一条线的绘制任务。

注：小键盘 <*> 键的作用是在“Top Layer”和“Bottom Layer”之间切换。小键盘 <+> 键和 <–> 键的作用是依次切换工作层标签中显示的各层。

二、MARK 点

1. MARK 点及作用

MARK 点也叫基准点或识别点，是供贴片机或插件机识别 PCB 的坐标，方便元器件定位的标记。贴片机对比基准点和程序中设定的 PCB 原点坐标修正 SMT 元器件的坐标，做到准确定位。因此，MARK 点对 SMT 生产至关重要。

2. MARK 点的组成

一个完整的 MARK 点应包括标记点（或特征点）和空旷区，如图 6-13 所示。其中标记点为实心圆，空旷区是标记点周围一块没有其他电路特征和标记的空旷面积。

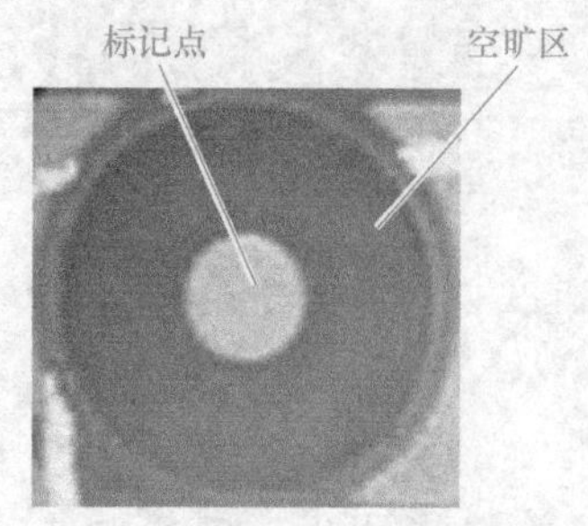

图 6-13　完整的 MARK 点

3. MARK 点的类别

MARK 点的类别见表 6-2。

表 6-2　MARK 点的类别

MARK 点分类	作用	地位	附图	备注
单板 MARK	单板上定位所有电路特征的位置	必不可少	局部MARK 单板MARK 拼板MARK也叫组合MARK	标记点或特征点 MARK点空旷区 完整MARK点组成
拼板 MARK	拼板上辅助定位所有电路特征的位置	辅助定位		
局部 MARK	定位单个元器件的基准点标记，以提高贴装精度 [QFP（四面扁平封装）、CSP（芯片级封装）、BGA（球阵列封装）等重要元器件必须有局部 MARK]	必不可少		

4. MARK 点设计规范

（1）位置

1）MARK 点位于单板或拼板上的对角线相对位置且尽可能分开，最好分布在最长对角线位置，MARK 点位置图如图 6-14 所示。

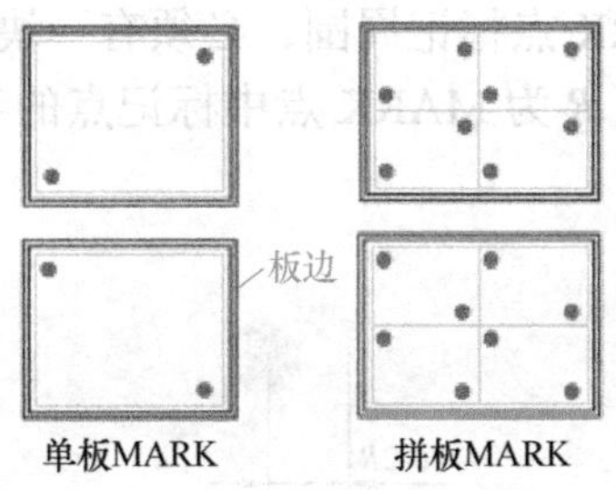

图 6-14　MARK 点位置图

2）为保证贴装精度的要求，SMT 要求：每块 PCB 内必须至少有一对符合设计要求的可供 SMT 机器识别的 MARK 点，同时必须有单板 MARK（拼板时），拼板 MARK 只起辅助定位的作用。

3）拼板时，每一单板的 MARK 点相对位置必须一样。不能因任何原因而挪动拼板中任一单板上 MARK 点的位置，而导致各单板 MARK 点位置不对称。

4）PCB 上所有 MARK 点只有满足在同一对角线上且成对出现才有效。因此 MARK 点都必须成对出现才能使用，如图 6-14 所示。

（2）尺寸

1）MARK 点标记最小的直径为 1.0mm，最大直径是 3.0mm，在同一块 PCB 上尺寸变化不能超过 25μm，示意图如图 6-15 所示。

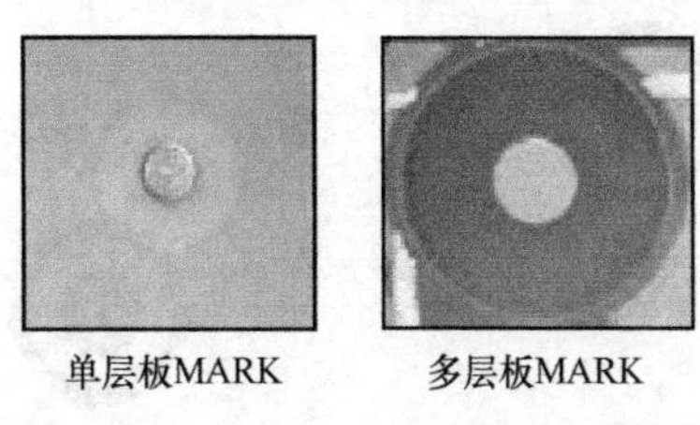

图 6-15　MARK 点尺寸示意图

2）特别强调：同一板号 PCB 上所有 MARK 点的大小必须一致（包括不同厂家生产的同一板号的 PCB）。

3）建议 RD-Layer 将所有图档的 MARK 点标记直径统一设为 1.0mm。

（3）边缘距离　MARK 点（空旷区边缘）距离 PCB 边缘必须大于或等于 5.0mm（机器夹持 PCB 最小间距要求），且必须在 PCB 内而非在板边，并满足最小的 MARK 点空旷度要求，如图 6-16 所示。

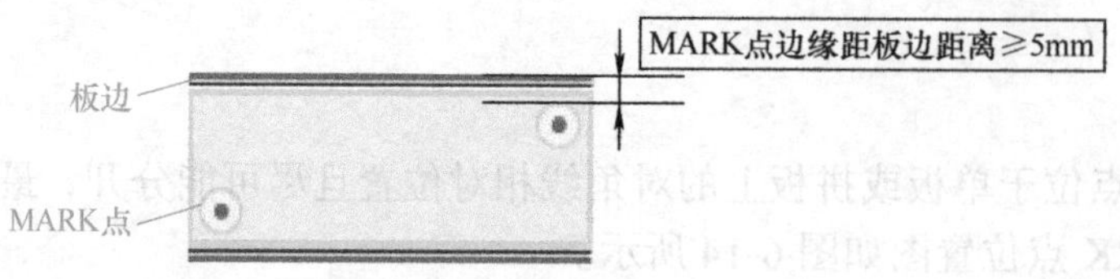

图 6-16　MARK 点边缘距离

（4）空旷区要求　在 MARK 点标记周围，必须有一块没有其他电路特征或标记的空旷面积。空旷区圆半径 $r \geqslant 2R$（R 为 MARK 点中标记点的半径），如图 6-17 所示。r 达到 $3R$ 时，机器识别效果更好。

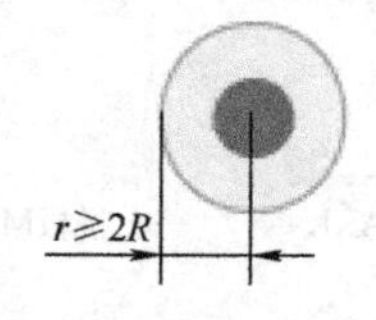

图 6-17　空旷区要求

（5）材料　MARK 点标记可以是裸铜、清澈的防氧化涂层保护的裸铜、镀镍、镀锡或焊锡涂层。如果使用阻焊（Soldermask），不应该覆盖 MARK 点或其空旷区。

（6）平整度　MARK 点标记的表面平整度应该在 15μm 之内。

（7）对比度

1）当 MARK 点标记与 PCB 的基质材料之间出现高对比度时可达到最佳的识别性能。

2）所有 MARK 点的内层背景必须相同。

5. MARK 点的绘制

以如图 6-18 所示某电路左上角 MARK 点的放置为例介绍 MARK 点绘制方法。

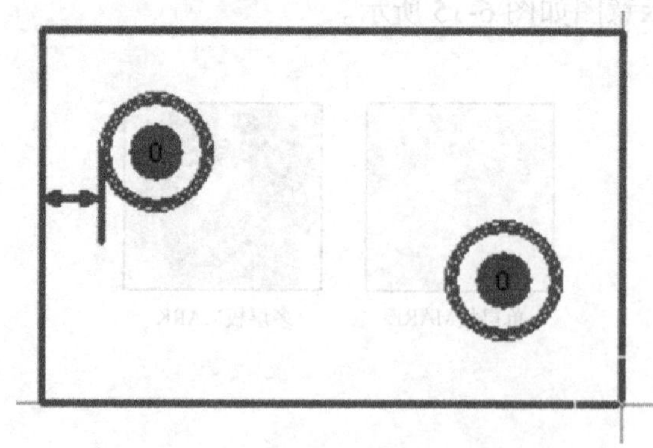
图 6-18　MARK 点的绘制

（1）放置标记点　单击“布线工具栏”中放置焊盘图标，按 <Tab> 键或双击放置好的焊盘，在打开的 Pad（焊盘）属性对话框中设置“（X/Y）”的值均为 2mm，“Layer（层）”选择“Top Layer”，如图 6-19 所示。在距 PCB 的上侧边 220mil、距左侧边 450mil 的位置放置该焊盘。

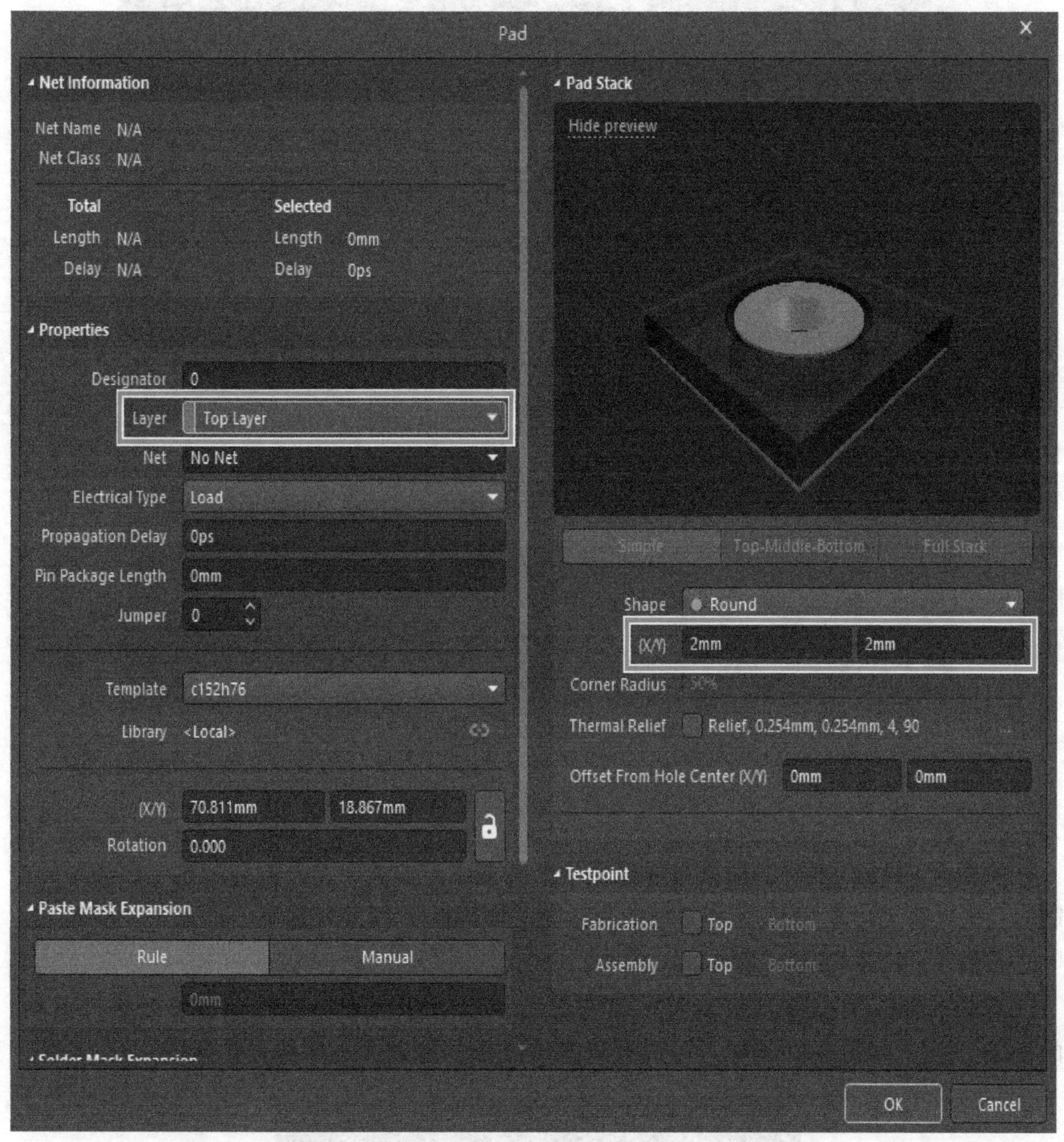

图 6-19　Pad（焊盘）属性对话框

（2）绘制空旷区　单击“应用工具栏”中“Utility Tools（应用工具）”的图标，在下拉列表中单击“Place Full Circle Arc（放置圆环）”的图标；或执行菜单命令“Place（放置）”→“Arc（圆）”→“Full Circle（圆环）”，在放置焊盘的位置绘制一个“Radius（半径）”为 2mm 的同心圆，“Layer（层）”选择“Top Layer”，图 6-20 为同心圆的属性设置。

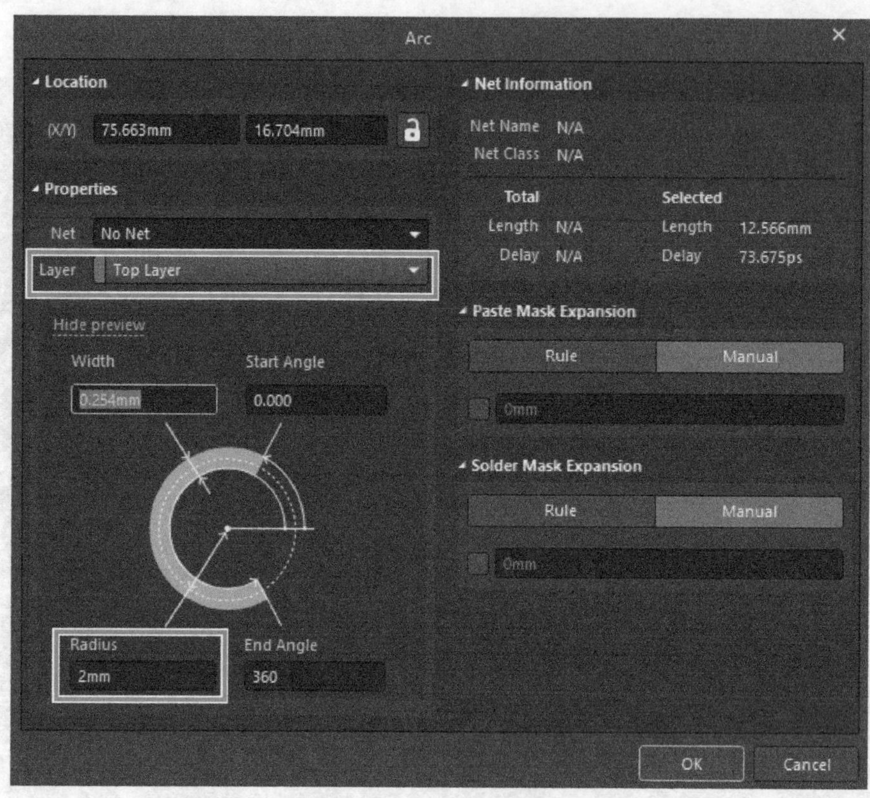

图 6-20 同心圆的属性设置

任务实施

完成含 SMT 元器件的防盗报警器遥控电路集成元器件库的绘制与加载、原理图的绘制后，接下来进行含 SMT 元器件的防盗报警器遥控电路 PCB 的绘制，其基本步骤如下。

步骤 1：打开 PCB 工程

启动 Altium Designer 21 软件，打开名为“含 SMT 元器件的防盗报警器遥控电路”的 PCB 工程，如图 6-21 所示，可以看到 PCB 工程、原理图文件都一并打开。

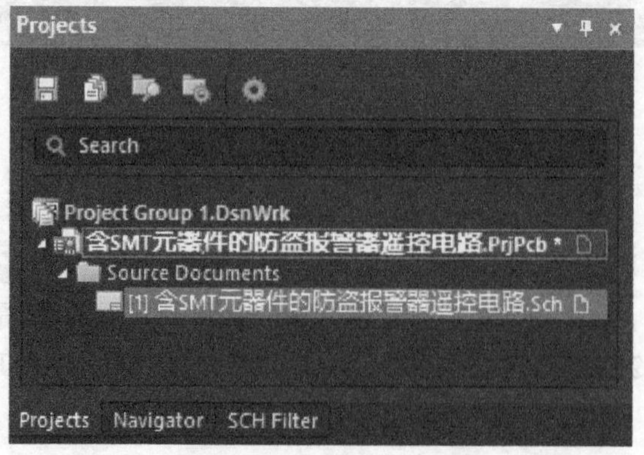

图 6-21 打开 PCB 工程

步骤 2：创建 PCB 文件

在 PCB 设计项目下新建一个 PCB 文件，将其保存为“含 SMT 元器件的防盗报警器遥控电路 .PcbDoc”，如图 6-22 所示。

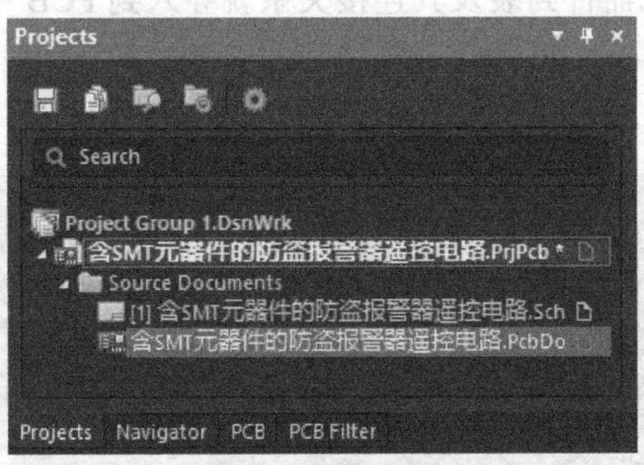

图 6-22　新建 PCB 文件

步骤 3：规划 PCB

1）执行菜单“View（视图）”→“Toggle Units（单位切换）”，将单位制切换为 Metric（公制）。

2）在 PCB 编辑区下方的标签中选择 Keep–Out Layer（禁止布线层），利用圆弧和直线工具按图 6-23 所示的尺寸绘制 PCB 的电气轮廓。

3）在 PCB 编辑区下方的标签中选择 Mechanical1（机械层 1），用和上一步同样的方法和尺寸绘制 PCB 的机械边框。

规划好的 PCB 如图 6-24 所示。

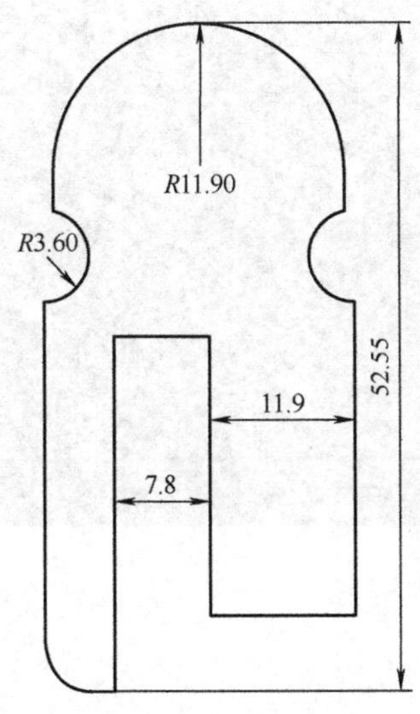

图 6-23　PCB 电气轮廓的尺寸

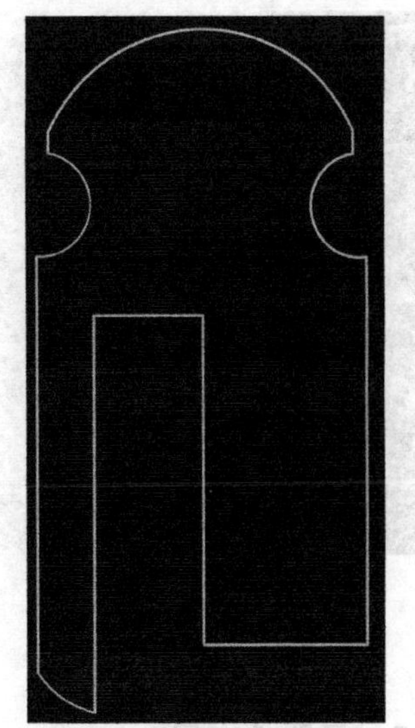

图 6-24　规划好的 PCB

步骤 4：将原理图信息导入 PCB 文件

在原理图编辑器下，单击主菜单中的“设计”→“Update PCB Document 含 SMT 元器件的防盗报警器遥控电路 .PcbDoc”，打开“工程变更指令”对话框，单击“验证变更”和“执行变更”，将原理图信息同步更新到 PCB 图中。如果执行过程中出现错误，则根据系统的提示更改错误，并重新执行此步骤，直到更新成功，如图 6-25 所示。关闭对话框，此时，原理图中的元器件封装及其连接关系就导入到 PCB 中了，PCB 工作区内容如图 6-26 所示。

工程变更指令

启用	动作	受影响对象		受影响文档	检测	完成	消息
	Add Components(20)						
✓	Add	C1	To	含SMT元器件的防盗报警器遥控电	✓	✓	
✓	Add	C2	To	含SMT元器件的防盗报警器遥控电	✓	✓	
✓	Add	C3*	To	含SMT元器件的防盗报警器遥控电	✓	✓	
✓	Add	C4	To	含SMT元器件的防盗报警器遥控电	✓	✓	
✓	Add	C5	To	含SMT元器件的防盗报警器遥控电	✓	✓	
✓	Add	L1	To	含SMT元器件的防盗报警器遥控电	✓	✓	
✓	Add	LED1	To	含SMT元器件的防盗报警器遥控电	✓	✓	
✓	Add	P_GND	To	含SMT元器件的防盗报警器遥控电	✓	✓	
✓	Add	P_VCC	To	含SMT元器件的防盗报警器遥控电	✓	✓	
✓	Add	R1	To	含SMT元器件的防盗报警器遥控电	✓	✓	
✓	Add	R2	To	含SMT元器件的防盗报警器遥控电	✓	✓	
✓	Add	R3	To	含SMT元器件的防盗报警器遥控电	✓	✓	
✓	Add	R4	To	含SMT元器件的防盗报警器遥控电	✓	✓	
✓	Add	S1	To	含SMT元器件的防盗报警器遥控电	✓	✓	
✓	Add	S2	To	含SMT元器件的防盗报警器遥控电	✓	✓	
✓	Add	S3	To	含SMT元器件的防盗报警器遥控电	✓	✓	
✓	Add	S4	To	含SMT元器件的防盗报警器遥控电	✓	✓	
✓	Add	U1	To	含SMT元器件的防盗报警器遥控电	✓	✓	
✓	Add	V1	To	含SMT元器件的防盗报警器遥控电	✓	✓	
✓	Add	V2	To	含SMT元器件的防盗报警器遥控电	✓	✓	

验证变更 执行变更 报告变更(R)... 仅显示错误 关闭

图 6-25 “工程变更指令”对话框

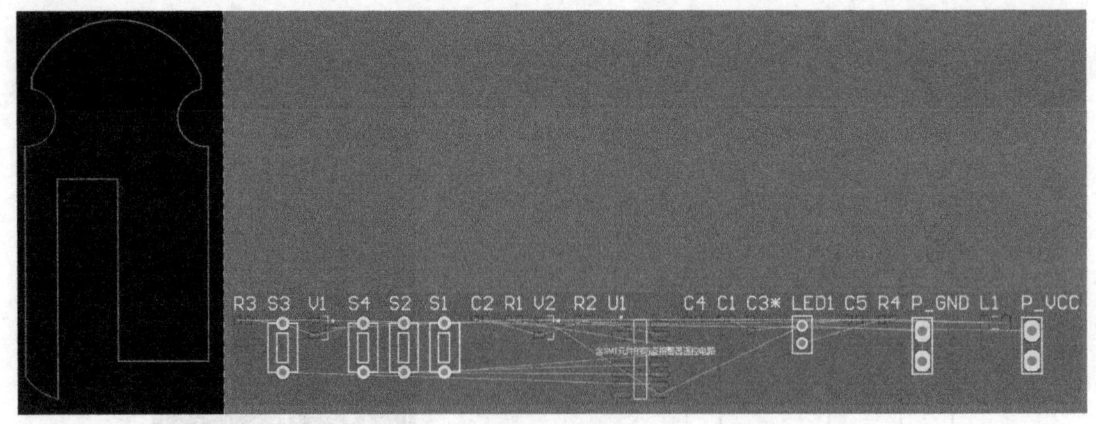

图 6-26 PCB 工作区内容

步骤 5：元器件布局

根据电路中元器件的连接关系，放置元器件时，选择与其他元器件连线最短、交叉最少的方式进行合理的布局。本项目电路元器件的布局如图 6-27 所示。

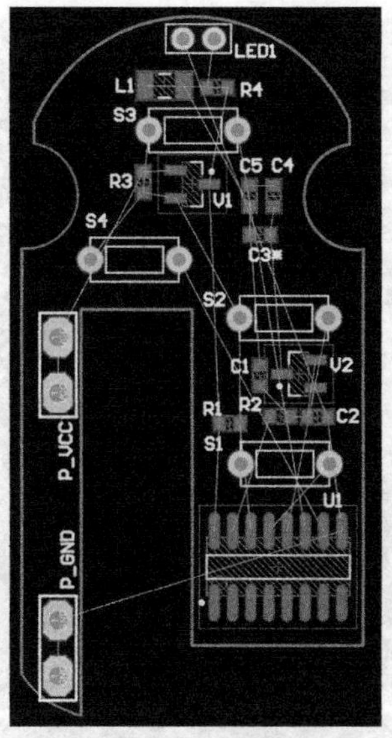

图 6-27　元器件布局

步骤 6：布线

完成元器件布局之后，对其进行布线。

首先执行菜单命令“Design(设计)”→“Rules(规则)”，在弹出的对话框中设置线宽、布线层和拐角形状等参数，设置 PCB 布线规则如图 6-28 所示。

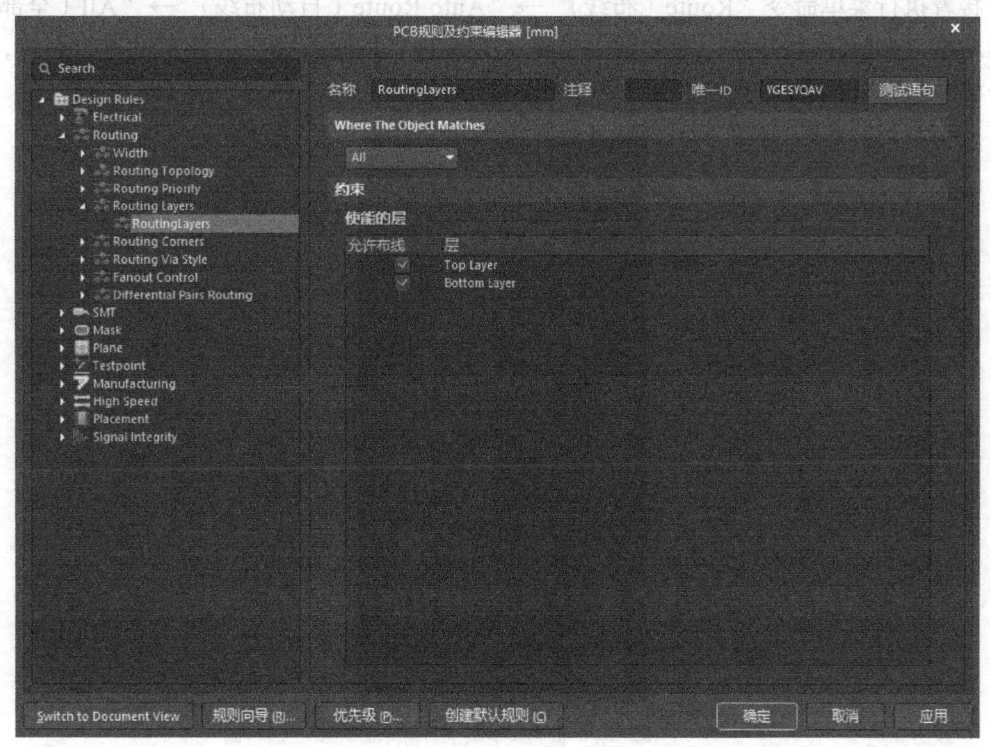

图 6-28　设置 PCB 布线规则

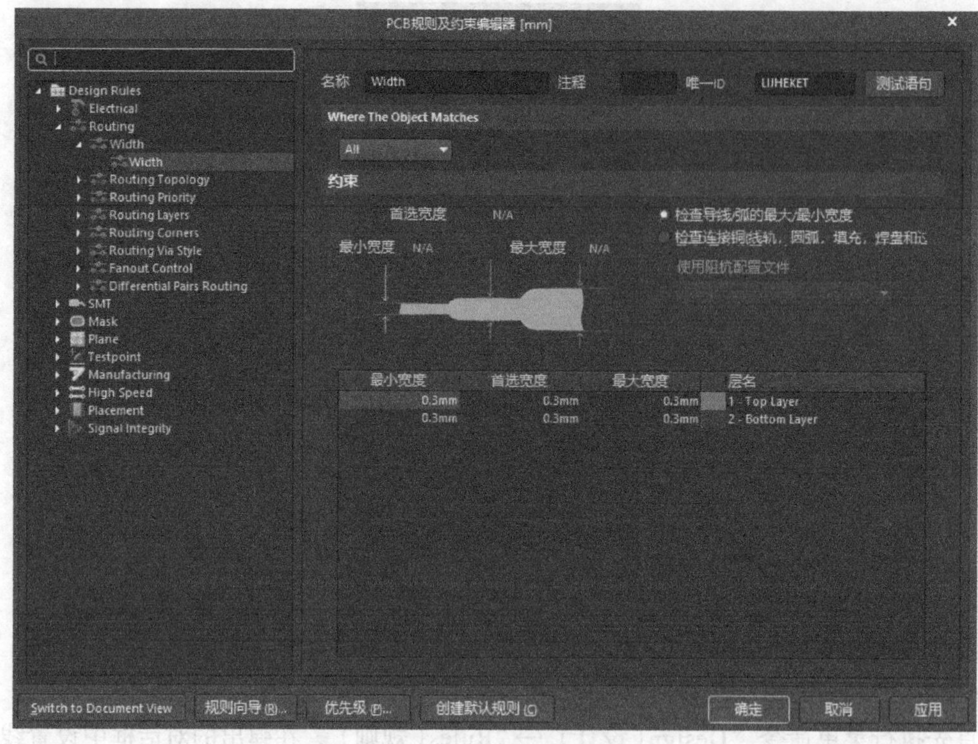

图 6-28　设置 PCB 布线规则（续）

接着执行菜单命令“Route（布线）”→“Auto Route（自动布线）”→“All（全部）”，在弹出的“ Situs 布线策略”对话框中单击右下角的“ Route All”按钮对其进行布线，最后手动修改线路，设计完成的 PCB 图如图 6-29 所示。

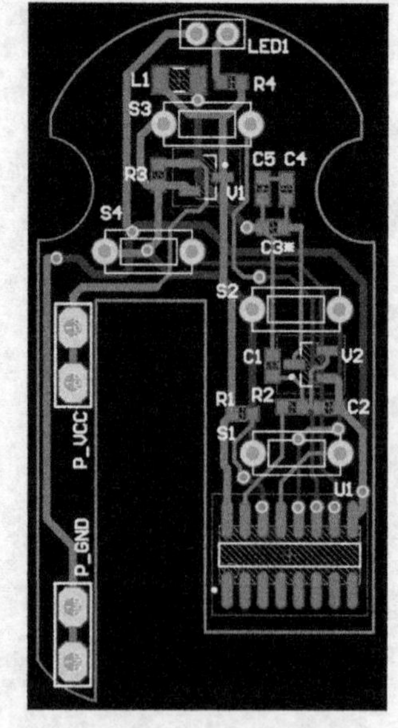

图 6-29　含 SMT 元器件的防盗报警器遥控电路 PCB 图

本项目电路的编码开关没有使用实际元件，而是采用焊盘、过孔和印制导线的组合来实现编码功能，故编码开关在底层进行布线，操作如下。

在 LX2260A 的引脚 1 ～ 8 的正上方和正下方各放置 8 个矩形底层贴片焊盘，焊盘尺寸为 0.8mm × 1mm，并将上面一排 8 个焊盘连接在一起，与 VDD 网络相连，下面一排 8 个焊盘连接在一起，与 GND 网络相连，在 LX2260A 的引脚 1 ～ 8 上依次放置 8 个过孔，过孔尺寸为 0.9mm、孔径为 0.6mm，每个过孔上放置 1 个 0.8mm × 1.7mm 的矩形底层贴片焊盘，以便在底层进行编码设置，如图 6-30 所示。

在 PCB 设计过程中，有时需要设置露铜。铜箔露铜一般是为了在过锡时能上锡，增大铜箔厚度，增大带电流的能力，通常应用于电流比较大的场合。本项目电路中有两处需要设置露铜，即发射天线用的印制电感和编码开关的焊盘和过孔。

发射天线用的印制电感在底层进行绘制、布线，如图 6-31 所示。

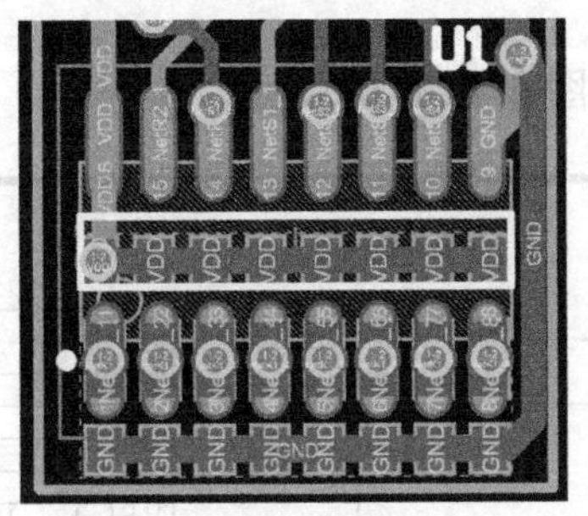

图 6-30　制作好的编码开关图

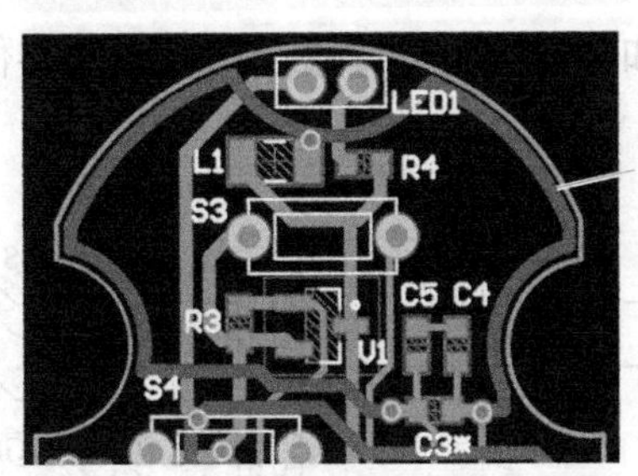

图 6-31　绘制好的印制电感

将工作层切换到底层阻焊层（Bottom Solder），在制作编码开关时放置的 24 个底层焊盘的位置放置略大于焊盘的矩形填充区，在印制电感的相应位置放置圆弧，这样在制板时该区域不会覆盖阻焊漆，而是露出铜箔，如图 6-32 所示。

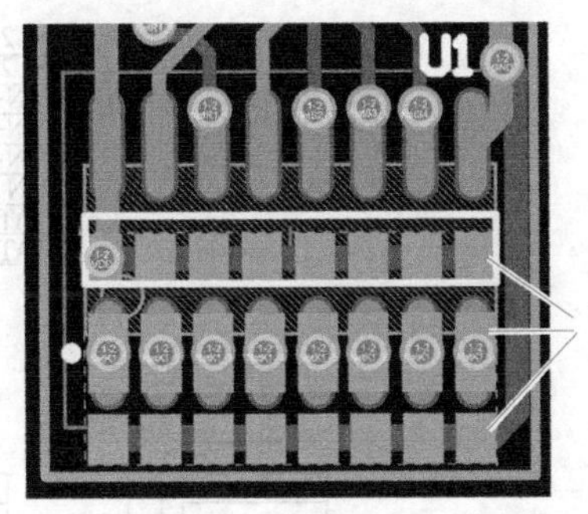

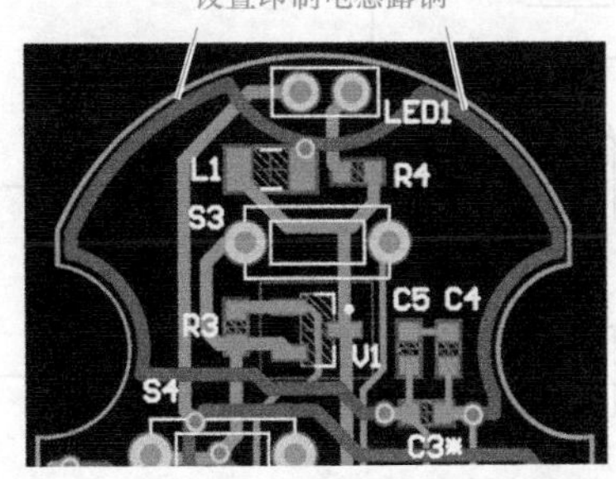

图 6-32　设置露铜

至此，PCB 设计完毕，保存所有文件。

项目验收与评价

1. 项目验收

根据 PCB 设计的相关规范进行项目验收，按照附录五所示的评分标准进行评分。

2. 项目评价

1）各小组学生代表汇报小组完成工作任务情况。

2）填写如附录六所示的小组学习活动评价表。

拓展训练

完成如图 6-33 所示多数为 SMT 元器件电路原理图和 PCB 的设计。

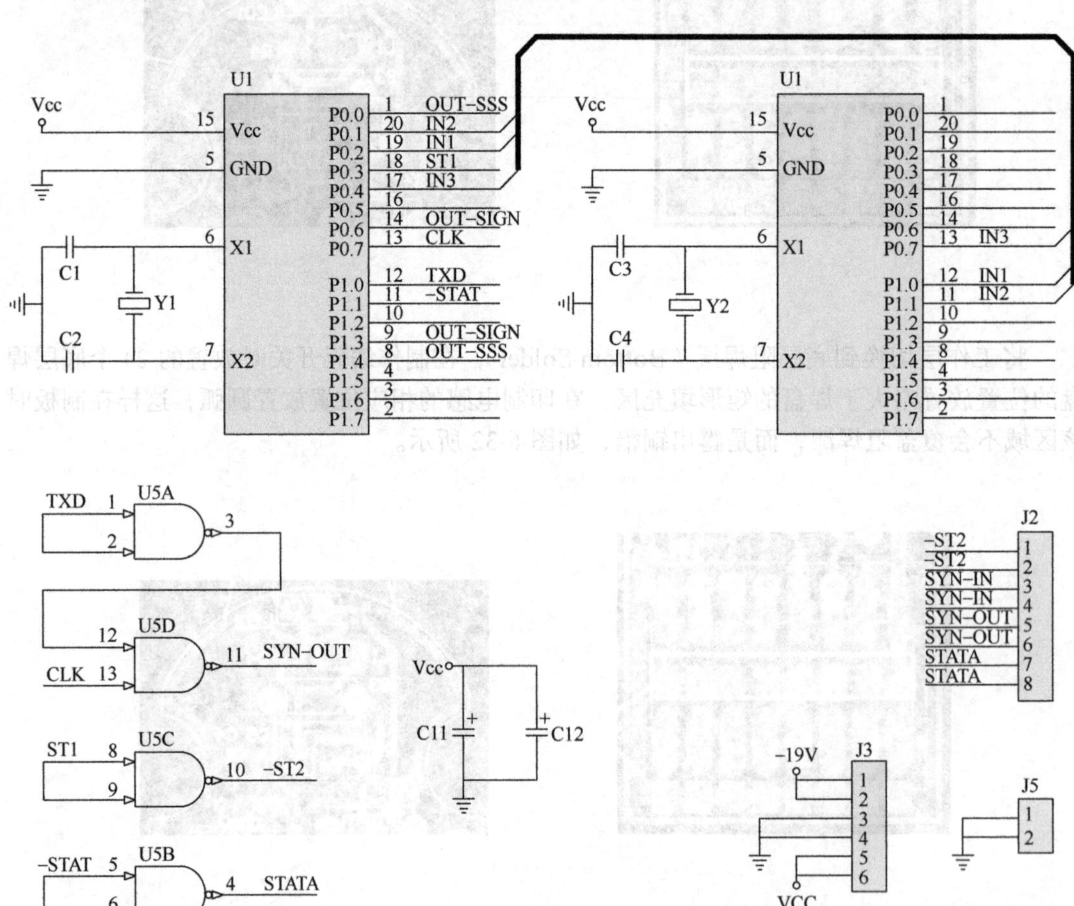

图 6-33　多数为 SMT 元器件电路

各元器件封装分别如下：

J2，SIP8；J3，SIP6；J5，RAD0.1。

U1、U2：SOP–20（自建封装，参数如图 6-34 所示）。

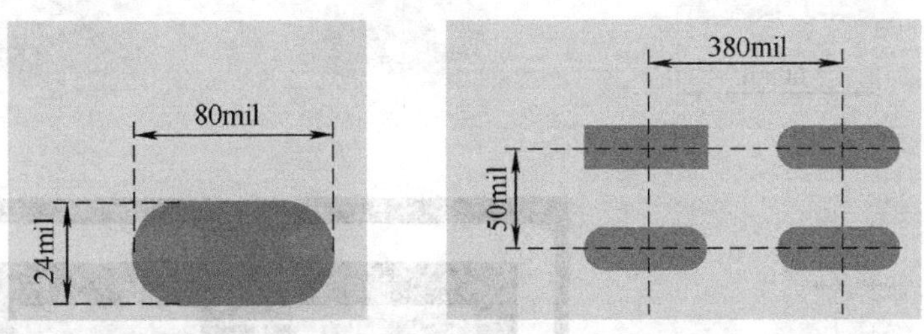

图 6-34　U1、U2 封装参数

U5：SOP–14（自建封装，参数如图 6-35 所示）。

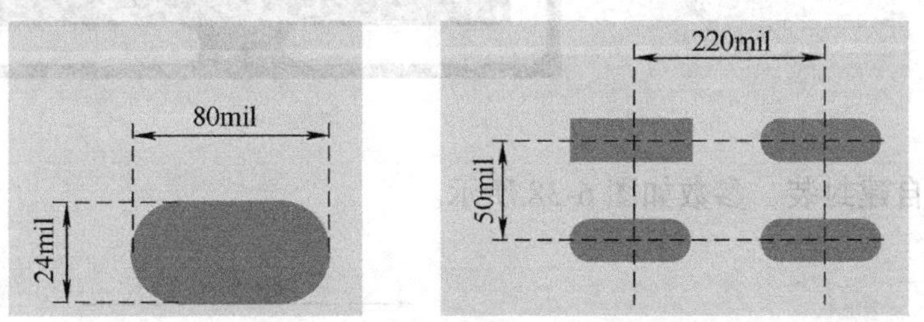

图 6-35　U5 封装参数

C11、C12：1206（自建封装，参数如图 6-36 所示）。

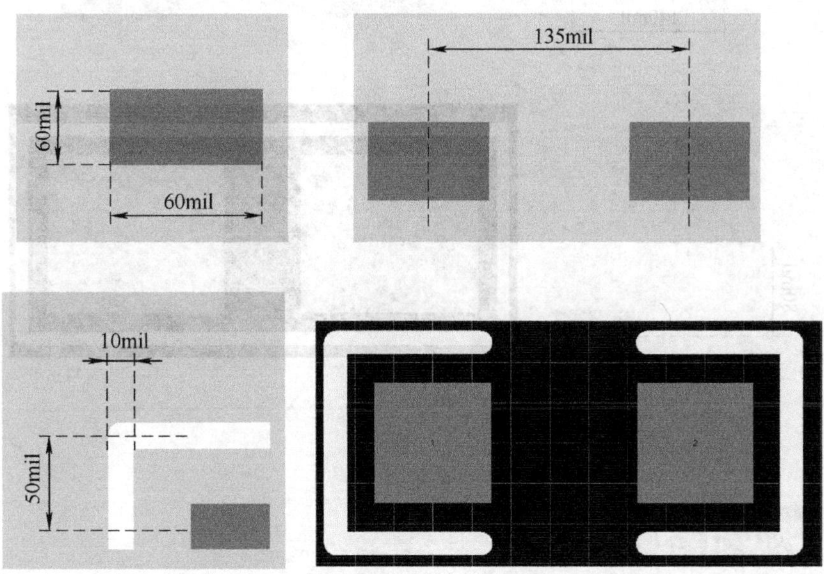

图 6-36　C11、C12 封装参数

C1、C2、C3、C4：0805（自建封装，参数如图 6-37 所示）。

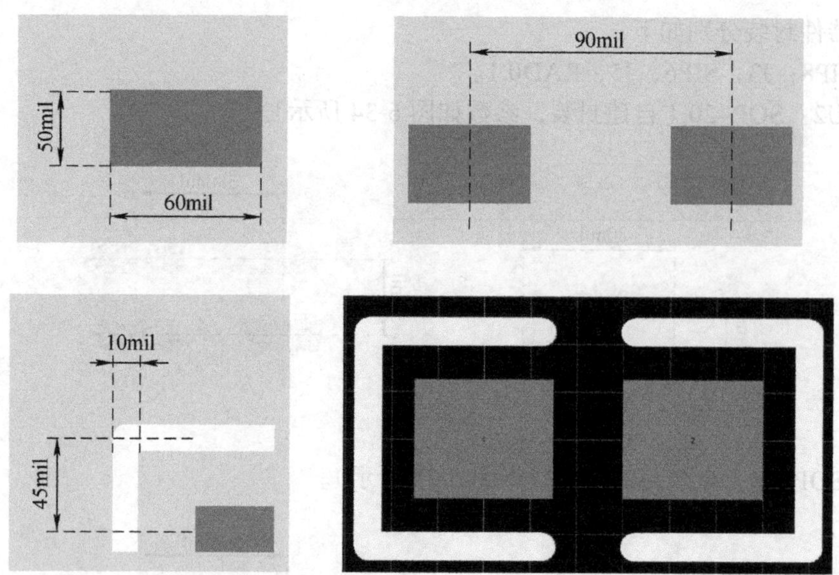

图 6-37　C1、C2、C3、C4 封装参数

Y1、Y2：自建封装，参数如图 6-38 所示。

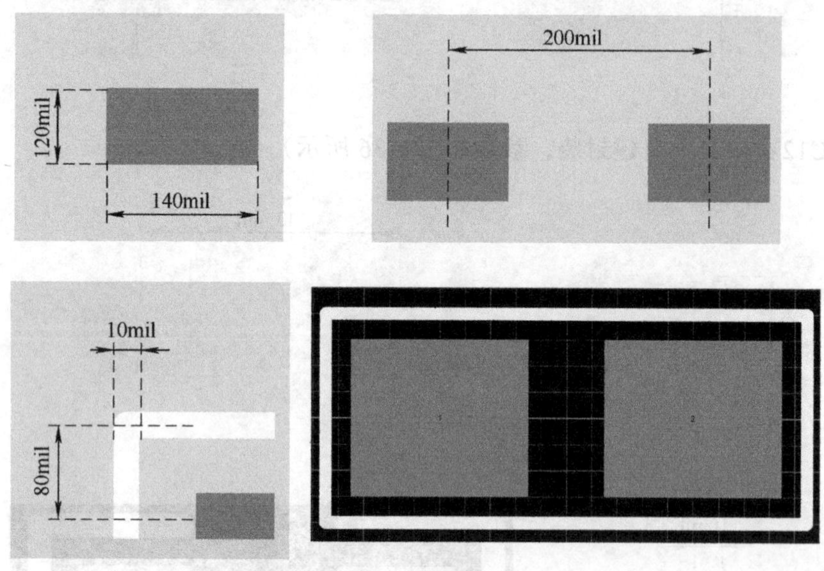

图 6-38　Y1、Y2 封装参数

拓展活动

请读者查阅国产的 EDA 软件有哪些，找出一个比较成熟、用户量比较多、评价比较好的 PCB 设计软件进行介绍。

附 录

附录一 Altium Designer 21 软件中常用原理图库元器件

1. Miscellaneous Devices.IntLib（杂件库）原理图库部分元器件

附表 1

元器件名称	图形符号	库中名称	元器件名称	图形符号	库中名称
电阻器		Res2	电位器		RPot
熔断器		Fuse1	电感器	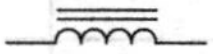	Inductor Iron
送话器	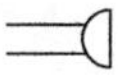	Mic1			Inductor
	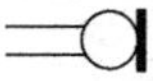	Mic2			Inductor Adj
扬声器	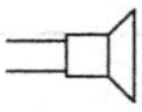	Speak	蜂鸣器	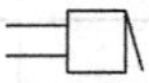	Buzzer
无极性电容	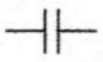	Cap	极性电容	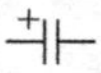	Cap Pol1
	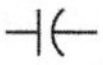	Cap2		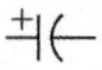	Cap Pol2
		Cap Var	电池组	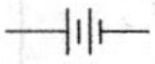	Battery
发光二极管		LED	单向晶闸管		SCR
光电二极管		Photo Sen	双向晶闸管		Triac
NPN 晶体管	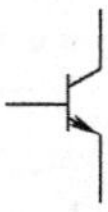	2N3904（NPN）	PNP 晶体管	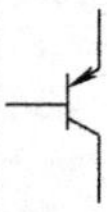	2N3906（PNP）
	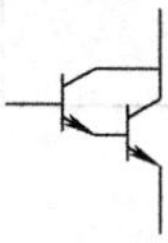	NPN1		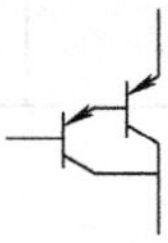	PNP1

（续）

元器件名称	图形符号	库中名称	元器件名称	图形符号	库中名称
结型场效应晶体管	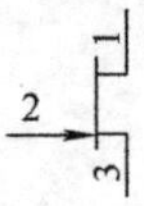 1 2 3	JFET–N	单结晶体管	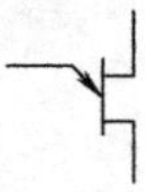	UJT–N
	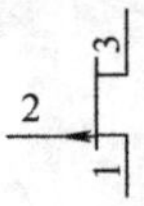 3 2 1	JFET–P		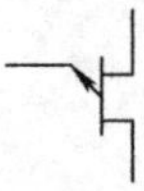	UJT–P
NMOS 管	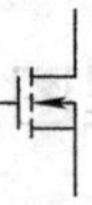	MOSFET–N	PMOS 管	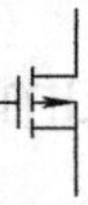	MOSFET–P
	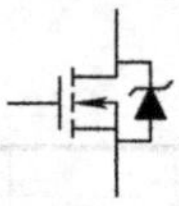	NMOS–2		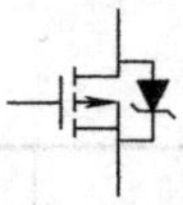	PMOS–2
二极管		Diode	开关		SW–PB
		D Zener			SW–SPST
		D Schottky		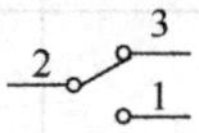 3 2 1	SW–SPDT
		D Varactor		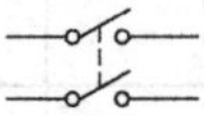	SW–DPST
		D Tunnel2		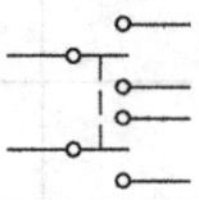	SW–DPDT
拨动开关	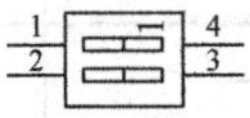 1 2 4 3	SW DIP–2		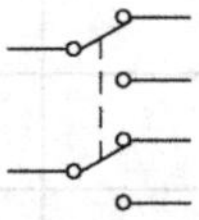	SW DPDT
	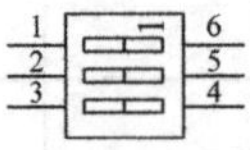 1 2 3 6 5 4	SW DIP–3	整流桥	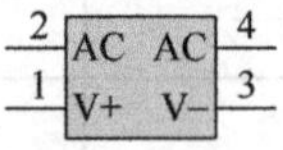 2 AC AC 4 1 V+ V– 3	Bridge2
	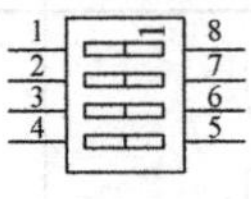 1 2 3 4 8 7 6 5	SW DIP–4		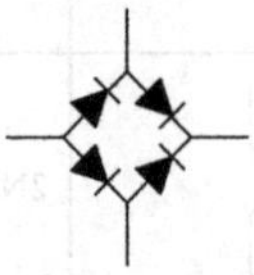	Bridge1
晶振	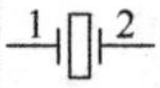 1 2	XTAL	压敏电阻	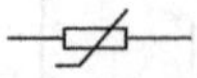	Res Varistor

（续）

元器件名称	图形符号	库中名称	元器件名称	图形符号	库中名称
共阳极数码管		Dpy Blue-CA	共阴极数码管		Dpy Amber-CC
继电器		Realy	三端稳压器		Volt Reg
		Realy-DPDT	变压器		Trans Ideal
		Realy-DPST			Trans
		Realy-SPDT			Trans Adj
		Realy-SPST	光电耦合器		Optoisolator1

2. Miscellaneous Connectors.IntLib（接插件库）原理图库部分元器件

1）单排接插件：Header 2、Header 3、…、Header 24、Header 25、Header 30。

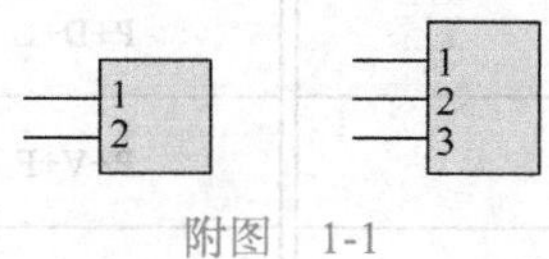

附图 1-1

2）双排接插件：Header 2 × 2、Header 3 × 2、…、Header 25 × 2 、Header 30 × 2。

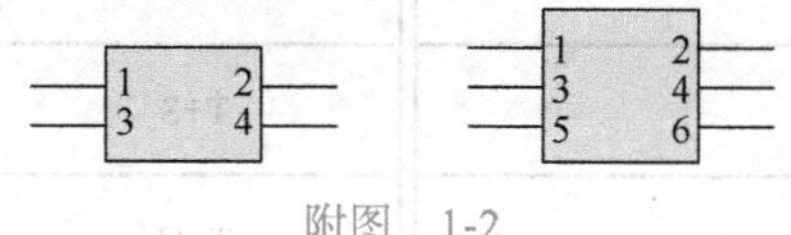

附图 1-2

3）耳机插孔：Phonejack2、Phonejack3。

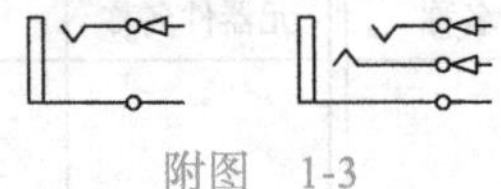

附图 1-3

4）电源插孔：PWR2.5。

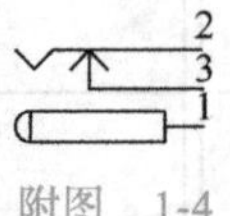

附图 1-4

5）D 形接插件：D Connctor 9、D Connctor 15、D Connctor 25。

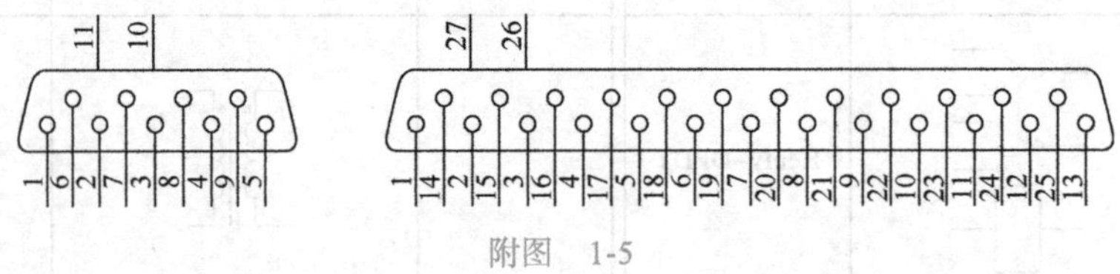

附图 1-5

附录二 Altium Designer 21 软件部分快捷键

1. Altium Designer 21 原理图快捷键

附表 2-1

快捷键	作用	快捷键	作用
X	X 轴镜像	Space	旋转
Y	Y 轴镜像	Q	单位进制切换
L	板层管理	G	栅格设置
A+D	对齐 – 水平	P+W	放置走线
A+I	对齐 – 垂直	P+D+L	放置线
A+T	对齐 – 顶部	P+V+F	放置差分对标识
A+B	对齐 – 底部	P+V+L	放置 Blanket
A+L	对齐 – 左侧	P+V+C	放置网络类
A+R	对齐 – 右侧	T+S	从原理图选择 PCB 器件
E+W	打破线	T+G	封装管理器

（续）

快捷键	作用	快捷键	作用
P+B	放置总线	T+N	强制标注所有器件
P+U	放置总线入库	V+A	查看 – 合适区域
P+J	放置节点	V+D	查看 – 适合文件
P+N	放置网络标号	V+F	查看 – 合适板子
P+R	放置端口	Shift+C	清除蒙版
P+T	放置字符串	Shift+Space	改变走线模式

2. Altium Designer 21 PCB 图快捷键

附表 2-2

快捷键	作用	快捷键	作用
Space	旋转	E+D	编辑 – 删除
X	X 轴镜像	E+K	编辑 – 切断轨迹
Y	Y 轴镜像	E+O+S	编辑 – 设定原点
L	板层管理	E+O+R	编辑 – 复位原点
G	栅格设置	M+M	移动 – 移动
Q	单位进制切换	M+D	移动 – 拖拽
A+D	对齐 – 水平	M+C	移动 – 器件
A+I	对齐 – 垂直	M+B	移动 – 打断走线
A+T	对齐 – 顶部	M+I	移动 – 器件翻转板层
A+B	对齐 – 底部	N+S+N	网络 – 显示网络
A+L	对齐 – 左侧	N+S+O	网络 – 显示器件
A+R	对齐 – 右侧	N+S+A	网络 – 显示全部
D+C	设计 – 类设置	N+H+N	网络 – 隐藏网络

（续）

快捷键	作用	快捷键	作用
D+K	设计－板层管理	N+H+O	网络－隐藏器件
D+R	设计－规则	N+H+A	网络－隐藏全部
D+W	设计－规则向导	P+O	放置－坐标
D+M+C	设计－复制 ROOM 格式	P+P	放置－焊盘
D+M+R	设计－根据选择对象定义板子形状	P+S	放置－字符
D+S+D	设计－放置 ROOM	P+V	放置－过孔
D+N+N	设计－编辑网络	P+R	放置－多边形
S+A	选择－全选	P+F	放置－填充
S+L	选择－线选	P+G	放置－覆铜
S+I	选择－区域（内部）	P+D+L	放置－线性尺寸
S+O	选择－区域（外部）	P+T	放置－走线
T+C	工具－交叉探测对象 （+Ctrl：跳转到目标文件）	P+I	放置－差分对布线
T+E	工具－泪滴选项	P+M+Enter	放置－多根布线
T+D	工具－设计规则检查	U+A	取消布线－全部
T+M	工具－复位错误标志	U+N	取消布线－网络
T+V+B	工具－从选择元素创建板剪切	U+C	取消布线－连接
T+R	工具－网络等长调节	U+O	取消布线－器件
V+A	查看－合适区域	U+R	取消布线 -ROOM
V+B	查看－翻转板子	Shift+C	清除蒙版
V+D	查看－适合文件	Shift+F	查找相似对象

（续）

快捷键	作用	快捷键	作用
V+F	查看 – 合适板子	Shift+G	显示走线长度
V+H	查看 – 合适图纸	Shift+S	单层显示
Ctrl+M	测距	Shift+Space	改变走线模式
2（主键盘）	切换二维显示	*（小键盘）	顶层 / 底层切换
3（主键盘）	切换三维显示	+/–（小键盘）	板层切换

附录三　角色分配表

附表　3

第　　　组角色分配表

实验电路名称：

序号	角色	角色特征	工作内容	姓名
1	组长	了解整个任务流程，管理、沟通和协调能力较强	主要负责与教师沟通，分配、协调班组成员工作，管理、评价小组成员，跟进整个任务过程，参与制作、汇报演示 PPT，展示成果，总结过程	
2	组员 1	会通过纸质资料或网络查询收集信息	1. 查询并记录电路功能 2. 根据电路功能确定电路元器件型号、参数等 3. 查询并记录所选元器件封装信息	
3	组员 2	认真负责，熟练掌握绘图方法	根据所查询资料，建立项目原理图库、PCB 库	
4	组员 3	认真负责，熟练掌握绘图方法	绘制原理图及对应 PCB 电路	
5	组员 4	用相机、手机拍摄任务各步骤图片资料；具备一定文字表达能力	将任务各步骤以图片、文字方式记录下来，制作成产品说明书，并制作汇报 PPT	

附录四　电路元器件清单

附表 4

序号	元器件种类	电路符号	文字符号	型号 / 规格	原理图符号绘制方式	封装绘制方式
例	固定电阻	—▭—	R	10kΩ	直接使用 / 从原有库复制 / 自制	直接使用 / 从原有库复制 / 自制
1						
2						
3						
4						
5						

附录五　评分标准

附表 5

内容		评分细则	配分	扣分	得分
1. 建立工程设计文件（10 分）	文件夹建立	未能在指定的盘符下建立文件夹扣 2 分，未能给所建立的文件夹正确命名扣 1 分	4		
	PCB 工程文件建立	未能在指定的文件夹中建立 PCB 工程文件扣 2 分，未能给所建立的 PCB 工程文件正确命名扣 1 分	6		
2. 建立原理图文件（6 分）	SchDoc 文件建立	未能在指定的位置中正确建立原理图文件扣 6 分，未能给所建立的原理图文件正确命名扣 2 分	6		
3. 画原理图（38 分）	放置元器件	错选一个元器件扣 1 分，元器件方向放错扣 1 分，扣完为止	10		
	元器件编辑	元器件编号、元器件参数和元器件封装等编辑内容错一处扣 1 分，扣完为止	10		
	连线	使用错误的线连接扣 3 分，连错一处扣 1 分，本项目最多扣 10 分	10		

（续）

内容		评分细则	配分	扣分	得分
3. 画原理图（38分）	网络标号	使用字符为网络标号不得分，网络标号错一处扣1分，扣完为止	4		
	电源及地	没使用电源端子，一处扣1分，但形状可以任意，网络标号错一处扣1分，扣完为止	4		
4. 生成网络表（6分）	生成网络表	有电气错误扣2分，未能正确生成网络表扣2分	4		
	保存网络表	未能正确保存网络表扣2分	2		
5. PCB文件建立（6分）	建立文件	未能在指定的位置建立PCB文件扣4分	4		
	文件命名	未能给所建立的PCB文件正确命名扣2分	2		
6. PCB布局（14分）	网络表导出	网络表错误检查及错误排除未完成扣1～7分（一处未完成扣1分），未导出扣1分	8		
	布局	布局位置明显不对，一处扣1分，扣完为止	6		
7. 布线规则（20分）	设置	错误一项扣1分，扣完为止	5		
	自动布线	未能完成自动布线不得分	4		
	手动布线	手动调整后板面合理、美观8～10分；较合理、较美观5～7分；基本合理且布通所有导线3～4分；不合理或有未布通0～2分	10		
	保存PCB图	未能正确保存PCB图扣1分	1		

附录六　小组学习活动评价表

附表 6

评价项目	评价内容及评价分值			本人自评	小组互评	教师评分
实操技能操作	优秀（32～40分）	良好（24～31分）	继续努力（24分以下）			
	能按技能目标要求规范完成每项实操技能任务	基本能按技能目标要求完成每项实操技能任务	不能独立按技能目标要求完成每项实操技能任务			

（续）

<table>
<tr><th>评价项目</th><th colspan="3">评价内容及评价分值</th><th>本人自评</th><th>小组互评</th><th>教师评分</th></tr>
<tr><td rowspan="2">基本知识分析讨论</td><td>优秀（24～30分）</td><td>良好（18～23分）</td><td>继续努力（18分以下）</td><td rowspan="2"></td><td rowspan="2"></td><td rowspan="2"></td></tr>
<tr><td>讨论热烈、各抒己见，概念准确、原理分析思路清晰、理解透彻，逻辑性强，并有自己的见解</td><td>讨论没有间断、各抒己见，分析有理有据，思路基本清晰</td><td>讨论能够展开，分析有间断，思路不清晰，理解不透彻</td></tr>
<tr><td rowspan="2">学习态度</td><td>优秀（24～30分）</td><td>良好（18～23分）</td><td>继续努力（18分以下）</td><td rowspan="2"></td><td rowspan="2"></td><td rowspan="2"></td></tr>
<tr><td>能很好地完成项目的任务要求，熟练利用信息技术进行成果展示</td><td>能较好地完成项目的任务要求，能较熟练利用信息技术进行成果展示</td><td>不能独立地完成项目的任务要求，不能进行成果展示</td></tr>
<tr><td>总分</td><td colspan="3"></td><td></td><td></td><td></td></tr>
</table>

参 考 文 献

[1] 郑振宇，黄勇，龙学飞 . Altium Designer 21（中文版）电子设计速成实战宝典 [M]. 北京：电子工业出版社，2021.

[2] Altium 中国技术支持中心 . Altium Designer 21 PCB 设计官方指南：基础应用 [M]. 北京：清华大学出版社，2022.

[3] Altium 中国技术支持中心 . Altium Designer 21 PCB 设计官方指南：高级实战 [M]. 北京：清华大学出版社，2022.

[4] 胡仁喜，孟培 . 详解 Altium Designer 20 电路设计 [M]. 6 版 . 北京：电子工业出版社，2020.